자가용/사업용/운송용 조종사를 위한

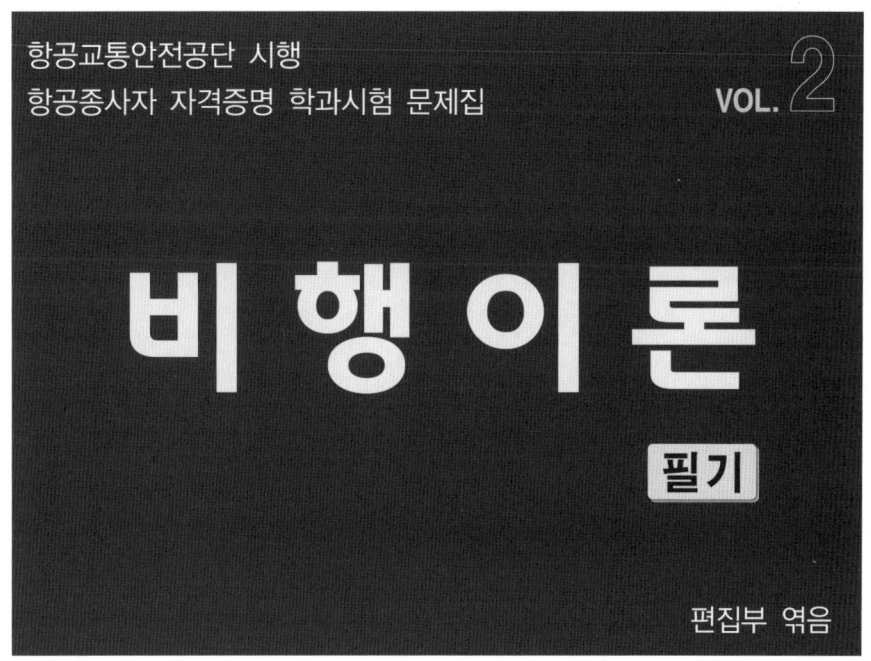

Preface

    1903년 12월 17일 미국의 라이트형제가 인류 최초로 동력비행을 실시한 이후 비행기의 성능은 급속도로 발전하였습니다. 특히 최초의 제트여객기인 B707 항공기가 1954년 2월 승객 100명을 태우고 비행에 성공하여 대형기의 실용화 시대의 막을 열어 주었습니다. 이어 점보제트기의 보급률 증가와 고속화로 대량수송이 가능하게 되었으며, 비행기의 설계, 제작기술 및 생산력의 향상 등 항공기술의 모든 분야에 걸쳐 급격한 발전을 이룩하였습니다.

    우리나라는 1969년 3월 대한항공공사를 민영화하여 오늘날의 대한항공을 설립하였으며, 이후 본격적인 민항공시대로 돌입하여 국제경쟁력을 갖춘 항공운송산업이 발전하는 계기가 되었습니다. 국내 항공운송시장은 2009년 항공운송사업 면허체계 개정으로 국내/국제 항공운송사업과 더불어 소형항공운송사업을 규정함으로써 다양한 항공운송시장의 설립 토대를 마련하였으며, 우리나라의 경제발전과 더불어 세계적인 항공사로 성장하였습니다.

    항공기 제작산업을 살펴보면 1991년 창공-91이 국내기술로 개발한 첫 공식 승인 비행기입니다. 한국 최초의 고유 모델 항공기인 'KT-1'은 터보프롭엔진을 장착한 공군 초등 기본훈련기로 1988년에 개발이 결정되어 1996년에 시험비행을 성공한 후 1999년부터 양산되었으며, 이후 대량 생산되어 외국에도 수출되었습니다. 2002년에는 한국항공우주산업(KAI)이 개발한 초음속 고등 훈련기인 'T-50'의 시험비행에 성공했습니다. 미국의 록히드 마틴과 같은 외국 기술의 도움을 상당히 받긴 했지만, 우리나라는 아음속(亞音速) 비행기와는 차원이 다른 고도의 기술집약체인 초음속 고유 모델 항공기의 세계 12번째 생산국이 된 것입니다. 이후 노후화된 UH-1, 500MD를 대체하기 위해 2006년 6월에 한국형 중형 기동 헬리콥터인 KUH(수리온) 개발에 착수하였고, 2010년에 초도비행에 성공하여 2012년 12월부터 실전 배치되었습니다.

    또한 2021년 4월에는 최초의 국산 전투기인 'KF-21 보라매' 시제기 1호가 출고되었으며, 2022년 7월 초도비행에 성공하였습니다. KF-21 사업은 대한민국의 자체 전투기 개발능력 확보 및 노후 전투기 대체를 위해 추진 중인 공군의 4.5세대 미디엄급 전투기 개발사업입니다. 오는 2026년 6월까지 지상·비행시험을 거쳐 KF-21 개발을 완료하면 우리나라는 세계 8번째 초음속 전투기 독자 개발 국가가 될 전망입니다.

이러한 국내 항공관련 산업 전반에 걸친 확대와 폭넓은 발전에 따라 항공종사자의 역할과 수요도 갈수록 커지고 있습니다.

차후 항공업계에 진출하기 위해 항공종사자 자격증명시험(조종사)을 준비하고 있는 예비 조종사들이나 현재 항공업계에 재직중인 현직 조종사들이 운송용/사업용/자가용 조종사 학과시험 과목인 비행이론을 공부하는 데 있어서 본서가 도움이 되기를 바라며, 본서의 특징을 들면 다음과 같습니다.

1. 전체 내용을 제1편-비행원리, 제2편-항공기 계통, 제3편-항공기 성능으로 구분하여 장절을 구성하고, 항공종사자 자격증명시험 비행이론 학과시험의 과목별 세목에 해당하는 내용을 수록하였습니다.

2. 장마다 학과시험에 주로 출제되는 주요 내용을 요약하여 수록하였습니다. 또한 각 장의 말미에 지난해 기출문제를 분석한 총 590여 문항의 출제예상문제를 수록하여 자격증명시험의 출제경향을 파악하고, 이에 대비할 수 있도록 구성하였습니다. 출제예상문제의 추천하는 학습방법은 다음과 같습니다.
   - 적당한 크기의 시트지를 준비하여 문제 아래에 있는 해설 및 정답을 가립니다.
   - 정답을 보지 않고 문제를 풉니다. 먼저 답지를 보고 정답만 알아서는 안됩니다.
   - 틀린 문제에는 체크를 하고, 해설을 확인하여 관련 내용을 숙지합니다.
   - 예상문제를 전부 풀었다면 틀렸던 문제는 다시 풀어봅니다. 틀렸던 문제를 다시 틀리지 않도록 주의를 기울이는 것이 무엇보다 중요합니다.

3. 출제빈도가 높은 문제 위주로 13회 분량(325문제)의 모의고사를 출제하여 본인의 실력 정도를 테스트해 볼 수 있도록 하였습니다. 또한 문제마다 해설을 수록하여 정답/오답의 관련 내용을 파악하여 이해도를 높일 수 있도록 하였습니다.

끝으로 본서를 발간할 수 있도록 예상문제 및 모의고사의 출제, 편집, 교정/교열과 검수, 그리고 출판에 이르기까지 모든 부분에 걸쳐 도움을 주신 분들에게 깊은 감사의 말씀을 드립니다.

편집부

Table of Contents

I. 비행원리(Principles of Flight)

제1장. 공기역학
- 제1절. 대기의 성질 ·· 6
- 제2절. 공기 흐름의 성질과 법칙 ··· 8
- 제3절. 공기의 점성 효과 ··· 9
- 제4절. 공기의 압축성 효과 ·· 10
- 출제예상문제 ··· 15

제2장. 날개이론
- 제1절. 날개의 모양과 특성 ·· 26
- 제2절. 날개의 공기력 ·· 33
- 제3절. 날개의 공력 보조장치 ·· 37
- 출제예상문제 ··· 40

제3장. 비행성능
- 제1절. 항력과 동력 ·· 66
- 제2절. 일반성능 ··· 67
- 제3절. 특수성능 ··· 72
- 제4절. 기동성능 ··· 74
- 출제예상문제 ··· 77

제4장. 비행기의 안정과 조종
- 제1절. 조종면 이론 ·· 96
- 제2절. 안정 및 조종 ·· 97
- 제3절. 고속기의 비행 불안정 ·· 102
- 출제예상문제 ··· 105

II. 항공기 계통(Aircraft Systems)

제1장. 항공기 엔진(Aircraft Engine)
- 제1절. 가스터빈엔진(Gas Turbine Engine) ································ 120
- 제2절. 왕복엔진(Reciprocating Engine) ····································· 126
- 제3절. 프로펠러(Propeller) ·· 129
- 출제예상문제 ··· 132

제2장. 항공기 계기

제1절. 동정압계통 계기 ···141
제2절. 자기 컴퍼스(Magnetic Compass) ···145
제3절. 자이로 계기(Gyroscopic Instrument) ···146
출제예상문제 ···148

III 항공기 성능(Aircraft Performance)

제1장. 항공기 무게중심과 균형

제1절. 항공기 무게중심의 계산 ···156
제2절. 무게중심과 안정성 ···158
출제예상문제 ···160

제2장. 항공기 성능

제1절. 항공기 성능 ···164
제2절. 비행성능 ···169
출제예상문제 ···174

IV 모의고사

항공종사자 자격증명시험(비행이론) 제1회 모의고사 ·································189
항공종사자 자격증명시험(비행이론) 제2회 모의고사 ·································194
항공종사자 자격증명시험(비행이론) 제3회 모의고사 ·································199
항공종사자 자격증명시험(비행이론) 제4회 모의고사 ·································204
항공종사자 자격증명시험(비행이론) 제5회 모의고사 ·································209
항공종사자 자격증명시험(비행이론) 제6회 모의고사 ·································214
항공종사자 자격증명시험(비행이론) 제7회 모의고사 ·································219
항공종사자 자격증명시험(비행이론) 제8회 모의고사 ·································224
항공종사자 자격증명시험(비행이론) 제9회 모의고사 ·································229
항공종사자 자격증명시험(비행이론) 제10회 모의고사 ·······························234
항공종사자 자격증명시험(비행이론) 제11회 모의고사 ·······························239
항공종사자 자격증명시험(비행이론) 제12회 모의고사 ·······························245
항공종사자 자격증명시험(비행이론) 제13회 모의고사 ·······························250

별표. 주요 공식 ···255

비행이론(Flight Theory)

PART 1

비행원리 (Principles of Flight)

- 공기역학
- 날개이론
- 비행성능
- 비행기의 안정과 조종

1 공기역학

제1절 대기의 성질

1. 대기의 성분

대기는 끊임없이 변화하고 있는 복잡한 혼합기체로서 그 성분은 시간과 장소에 따라 다르나, 수증기를 제외한 건조공기의 성분은 거의 일정한 비율로 구성되어 있다.

해발고도에서 건조공기의 주성분은 다음 표 1-1과 같으며, 대기 중에 가장 많이 포함되어 있는 기체 성분은 체적비 약 78%의 질소이며, 다음은 약 21%의 산소, 그리고 아르곤, 탄산가스의 순으로 이들 네 가지 성분이 전체의 99.9%를 차지하고 있다.

표 1-1. 해발고도에서 건조공기의 주성분 (ICAO)

기 체	분자 기호	체적비(%)
질소(Nitrogen)	N_2	78.09
산소(Oxygen)	O_2	20.95
아르곤(Argon)	Ar	0.93
이산화탄소(Carbon dioxide)	CO_2	0.03
기 타		0.01

2. 대기권의 구조

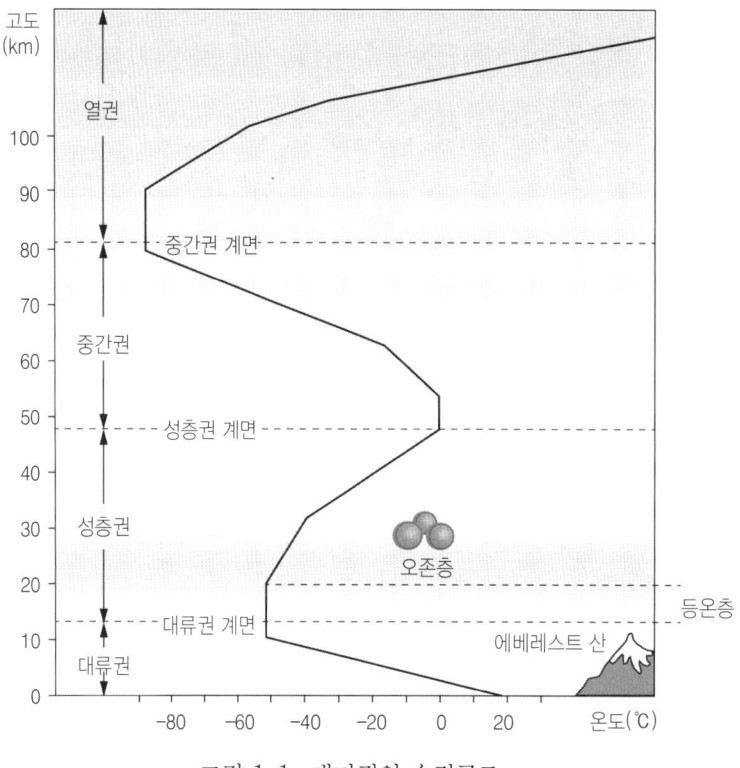

그림 1-1. 대기권의 수직구조

가. 대류권(Troposphere)

기상현상이 거의 이 영역에서 일어나며 1 km 올라갈 때마다 기온이 약 6.5℃씩 낮아진다. 대류권과 성층권의 경계면을 대류권 계면이라 하며, 그 높이는 평균 11 km 정도이다. 이 고도 부근에서는 대기가 안정되어 구름이 없고, 기온이 낮으며 공기가 희박하여 제트기의 순항고도로 적합하다.

나. 성층권(Stratosphere)

성층권 아래층의 기온은 높이에 관계없이 대체로 일정하지만 위층에서는 높아지고, 높이 약 30 km에 있는 오존층으로 인하여 50 km에서 최고 온도가 된다. 50 km 이상의 층을 중간권이라 하며, 성층권과 중간권의 경계면을 성층권 계면이라 한다.

다. 중간권(Mesosphere)

중간권에서는 높이에 따라 기온이 감소한다. 중간권과 열권의 경계면을 중간권 계면이라 하며, 그 높이는 약 80 km로서 대기권에서는 이곳의 기온이 가장 낮다.

라. 열권(Thermosphere)

고도가 높아짐에 따라 온도가 계속 높아지며 공기는 매우 희박하다. 이곳에는 전리층이 있어서 전파를 흡수, 반사하는 작용을 하여 통신에 영향을 끼친다.

마. 극외권

열권과 극외권의 경계면을 열권 계면이라 하며, 그 높이는 약 500 km 이다.

3. 국제표준대기(ISA: International Standard Atmosphere)

가. 국제표준대기(ISA)

대기 속을 비행하는 항공기의 비행특성이나 성능은 대기의 물리적 상태량인 기온, 기압, 밀도 등에 좌우되며, 이들 상태량은 시간, 장소, 고도에 따라 변한다. 따라서 국제민간항공기구(ICAO)에서는 항공기의 설계, 운용에 기준이 되는 대기상태를 정하였는데 이를 국제표준대기, 또는 표준대기라고 한다.

나. 국제표준대기의 조건

(1) 공기는 건조공기로서 이상기체의 상태 방정식을 만족해야 한다.
(2) 표준 해면고도의 기압, 밀도, 온도 및 중력 가속도는 다음과 같이 정한다.
- 기압(P_0) = 760 mmHg = 29.92 inHg = 1013.25 hPa(mb) = 14.7 psi = 10332.3 kg/m^2
- 밀도(ρ_0) = 1.225 kg/m^3
- 온도(t_0) = 15℃ = 59°F = 288.16K
- 중력 가속도(g_0) = 9.8066 m/s^2 = 32.1742 ft/s^2
- 음속(a_0) = 340.429 m/s

(3) 고도 11 km까지는 기온이 1,000 m 당 6.5℃ [1,000 ft 당 약 2℃(3.5°F)]의 일정한 비율로 감소하고, 그 이상의 고도에서는 -56.5℃로 일정한 기온을 유지한다고 가정한다. 이와 같이 고도가 높아짐에 따라 기온이 감소하는 비율을 표준기온감률(standard temperature lapse rate)이라고 한다.

(4) 대기압은 고도 10,000 ft까지는 1,000 ft 당 약 1 inHg의 비율로 감소하며, 18,000 ft에서의 대기압은 해면 대기압의 약 1/2 이다. 이와 같이 고도가 높아짐에 따라 기압이 감소하는 비율을 표준기압감률(standard pressure lapse rate)이라고 한다.

제2절 공기 흐름의 성질과 법칙

1. 공기의 흐름

가. 압축성 유체(compressible fluid)와 비압축성 유체(incompressible fluid)

(1) 압축성 유체: 압력이나 흐름의 속도 변화에 대하여 유체의 밀도 변화를 고려해야 하는 유체 (공기를 포함한 대부분의 기체)

(2) 비압축성 유체: 밀도 변화가 아주 작아서 무시될 수 있는 유체 (대부분의 액체 및 마하 0.3 이하의 저속으로 흐르는 기체)

나. 정상 흐름(steady flow)과 비정상 흐름(unsteady flow)

(1) 정상 흐름: 시간이 경과해도 주어진 한 점을 흐르는 공기의 밀도, 압력과 속도 등이 일정한 흐름

(2) 비정상 흐름: 시간의 경과에 따라 주어진 한 점에서의 밀도, 압력과 속도 등이 계속해서 변하는 흐름

다. 점성 흐름(real fluid)과 비점성 흐름(ideal fluid)

(1) 점성 흐름(또는 실제 흐름): 점성의 영향을 고려하여 흐름을 해석하는 경우의 유체 흐름

(2) 비점성 흐름(또는 이상 흐름): 점성을 고려하지 않은 유체 흐름

2. 베르누이의 정리(Bernoulli's theorem)

가. 정압과 동압

(1) 정압(static pressure): 유체 속에 잠겨 있는 어느 한 점에 작용하는 압력은 상하, 좌우 방향에 관계없이 일정하게 작용하는데, 이러한 압력을 유체의 정압이라 한다. (예; 대기압, 수압)

(2) 동압(dynamic pressure): 유체가 흐를 때 유체의 입자는 속도를 가지게 되며 이때 유체의 운동에너지는 압력으로 변환된다. 이와 같이 변환된 압력을 동압이라 하며, 그 값은 속도의 제곱에 비례한다.

유체의 밀도를 ρ, 유체의 속도를 V라고 하면, 유체의 동압(q)은 다음과 같은 식으로 나타낼 수 있다.

$$동압(q) = \frac{1}{2}\rho V^2$$

(3) 전압(total pressure): 이상 유체의 정상 흐름에서 동일한 유선상의 정압과 동압을 합한 값은 일정한데, 이 압력을 전압이라 한다.

$$전압(P_t) = 정압(P) + 동압(\frac{1}{2}\rho V^2) = 일정$$

나. 베르누이의 정리(Bernoulli's theorem)

베르누이의 정리는 정상 흐름의 경우에 정압과 동압을 합한 결과가 항상 일정하다는 것을 나타내며, 어느 한 점에서 흐름의 속도가 빨라지면 그곳에서의 정압은 감소함을 나타낸다. 베르누이의 정리는 흐름의 중간에서 에너지의 공급을 받지 않을 때에만 성립한다.

베르누이의 정리를 식으로 나타내면 다음과 같다.

$$P + \frac{1}{2}\rho V^2 = 일정(constant)$$

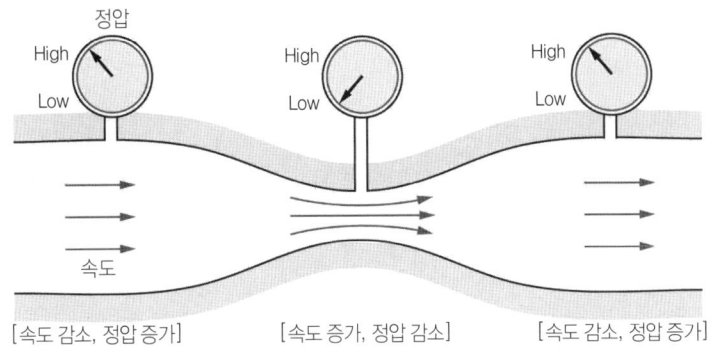

그림 1-2. 단면적에 따른 유체의 속도와 정압의 변화

제3절 공기의 점성 효과

1. 레이놀즈 수(Reynolds number)

가. 레이놀즈 수

레이놀즈 수는 동압으로 인한 관성력과 점성에 의한 마찰력(점성력)의 비로 표시하며, 유체 속에서 운동하는 물체에 작용하는 점성력의 특성을 나타내는 무차원수이다. 레이놀즈 수가 작다는 것은 점성의 영향이 상대적으로 크다는 것을 나타낸다.

$$R_e = \frac{관성력}{점성력} = \frac{\rho VL}{\mu} = \frac{VL}{\nu}$$

여기에서 ν는 동점성계수(kinematic viscosity)로 점성계수(μ)를 밀도(ρ)로 나눈 값이고, V는 속도, L은 앞전으로부터의 거리이다.

나. 층류와 난류
   (1) 층류(laminar flow): 유체의 입자들이 층을 이루면서 흘러가는 흐름으로 레이놀즈 수가 작은 경우에 발생한다.
   (2) 난류(turbulent flow): 유체의 입자들이 매우 불규칙하게 완전 혼합된 상태로 흐르는 흐름으로 레이놀즈 수가 큰 경우에 발생한다.

다. 천이 현상
   (1) 천이(transition) 현상: 층류 흐름 상태에서 레이놀즈 수가 증가하면 흐름이 불안정한 상태로 되는 현상으로, 천이 현상이 발생하면 흐름이 부분적으로 혼합되고 불규칙적인 현상을 나타낸다. 층류 흐름이 난류 흐름으로 바뀌는 지점을 천이점(transition point)이라고 하며, 천이점은 레이놀즈 수가 클수록 전방으로 이동한다.
   (2) 임계 레이놀즈 수(critical Reynolds number): 천이 현상이 일어나는 레이놀즈 수

2. 층류 경계층과 난류 경계층

경계층(boundary layer)은 점성의 영향이 뚜렷한 벽 가까운 구역의 가상적인 층으로 대단히 얇은 층이며, 이 층 내에서의 점성의 영향은 중요하고 점성으로 인하여 물체에 표면 마찰력이 발생한다.

그림 1-3은 평판 위에 형성된 경계층과 속도 분포를 나타내고 있다.

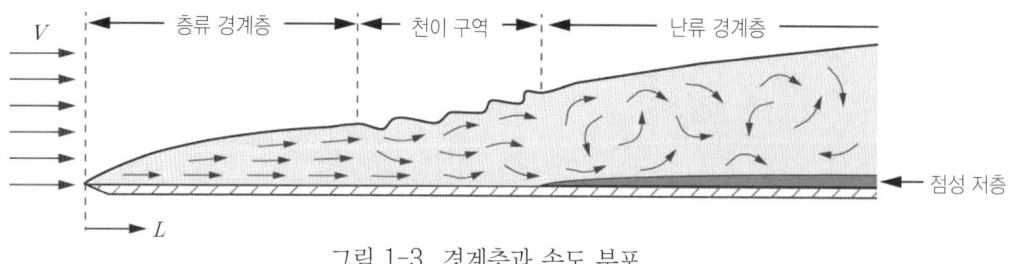

그림 1-3. 경계층과 속도 분포

앞전 부근에 형성된 경계층은 층류 상태이며, 이 경계층을 층류 경계층이라 한다. 불규칙한 변화를 나타내는 천이 구역이 끝나면 흐름은 난류 상태로 되고, 이 구역을 난류 경계층이라 한다. 난류 경계층의 두께는 층류 경계층의 두께보다 급격히 증가하며, 흐름의 속도가 빠를수록 경계층은 대단히 얇아진다.

난류 경계층에서는 벽면 가까운 곳에 점성 저층(viscous sublayer)이라고 부르는 새로운 층이 형성되는데, 흐름의 특성은 층류와 유사하다.

3. 흐름의 떨어짐

가. 흐름의 떨어짐(Flow separation)

받음각을 크게 하면 경계층 속을 흐르는 유체 입자가 뒤쪽으로 갈수록 점성 마찰력으로 인하여 운동량을 계속 잃게 되어 운동 에너지는 감소한다. 뒤쪽에서 가해지는 압력이 계속 증가하면 유체 입자는 더 이상 날개골을 따라 흐르지 못하고 표면으로부터 떨어져 나가게 되는데, 이러한 현상을 흐름의 떨어짐[박리(剝離)]라고 한다.

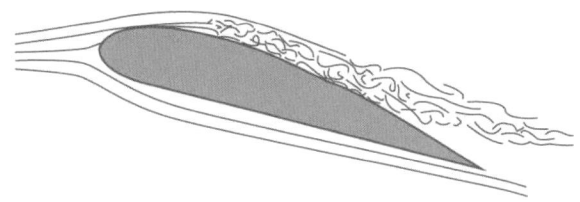

그림 1-4. 흐름의 떨어짐[Flow separation, 박리(剝離)]

경계층 속에서 흐름의 떨어짐이 일어나면 후류가 발생하여 압력이 높아지고, 날개골의 양력은 급격히 감소하게 된다.

나. 흐름의 떨어짐 방지 방법

난류 유체 입자들이 층류 경계층의 층류 유체 입자보다 점성 마찰력과 높아지는 뒤쪽 압력에 잘 견디기 때문에 흐름의 떨어짐은 난류 경계층보다 층류 경계층에서 쉽게 일어난다. 그래서 어떤 항공기에서는 날개의 표면에 와류 발생장치(vortex generator)를 붙이거나, 날개의 윗면을 거칠게 하여 난류 경계층이 발생되도록 함으로서 흐름의 떨어짐을 방지한다.

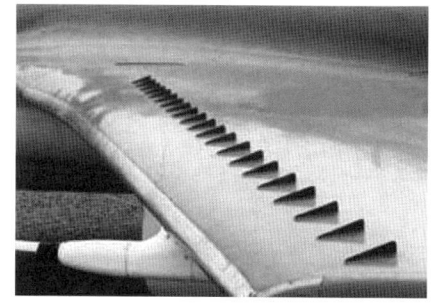

그림 1-5. 와류 발생장치
(Vortex generator)

제4절 공기의 압축성 효과

1. 압축성 흐름

가. 음속(Speed of sound)

음속이란 공기 중에 미소한 교란이 전파되는 속도로서 온도가 증가할수록 빨라지며, 15℃인 공기 중에서 음속은 약 340 m/s 이다. 음속(C)은 절대온도(T)의 제곱근에 비례한다.

$$C \propto \sqrt{T}$$

나. 마하수

(1) 마하수(Mach number)

비행체의 속도(V)와 음속(C)과의 비를 마하수(Mach number)라고 한다. 고도가 증가하면 온도가 감소하여 음속이 작아지므로 마하수는 증가한다.

$$Ma = \frac{V}{C}$$

(2) 마하수와 흐름의 특성

마하수 0.3 이하의 속도에서 공기는 비압축성으로 고려되므로 일정한 고도에서 압력이 변하여도 공기밀도는 일정하다고 가정한다. 마하수에 따른 흐름의 특성은 다음과 같다.

표 1-2. 마하수에 따른 흐름의 특성

마하수(Ma)	흐름의 특성
0.3 이하	아음속 흐름, 비압축성 흐름
0.3~0.8	아음속 흐름, 압축성 흐름
0.8~1.2	천음속 흐름, 압축성 흐름, 부분적 충격파 발생
1.2~5.0	초음속 흐름, 압축성 흐름, 충격파 발생
5.0 이상	극초음속 흐름, 충격파 발생

2. 충격파

가. 마하파(Mach wave)

비행체의 속도가 음속보다 커지면 비행체에서 발생된 교란의 전파 범위는 비행 방향의 뒤쪽에 한정되며 원추형을 이룬다. 원추 밖은 교란이 전혀 없는 구역으로서 이 구역을 고요한 구역이라 하고, 원추 안은 교란이 있는 구역으로서 이곳을 작용 구역이라 한다.

원추 표면은 고요한 구역과 작용 구역의 경계이며, 종소리가 전파되는 한계를 나타내는 면으로서 이 면을 마하파 또는 마하선이라 한다. 마하파(마하선)는 초음속 흐름에서 미소한 교란이 전파되는 면 또는 선을 나타낸다.

나. 충격파(Shock wave)

(1) 수직 충격파(normal shock wave)와 경사 충격파(oblique shock wave)

흐름의 속도가 음속보다 빠르면 공기 입자들은 물체 가까운 곳까지 도달한 후에 흐름 방향을 급격히 변화하게 된다. 이 흐름의 급격한 변화로 인하여 압력이 급격히 증가되고, 밀도와 온도 역시 불연속적으로 증가하게 되는데 이러한 현상을 충격파라 한다. 충격파는 그 강도와 방향에 따라 뾰족한 물체 앞에 생기는 약한 충격파를 부착 충격파(attached shock wave), 뭉툭한 물체 앞에 생기는 강한 충격파를 이탈 충격파(bow shock wave)라고 한다. 이 파가 표면에 수직으로 생기면 수직 충격파(normal shock wave)가 된다.

초음속 흐름이 수직 충격파를 지나게 되면 항상 아음속 흐름이 된다. 또, 이 파가 표면에서 경사지면 경사 충격파(oblique shock wave)라고 하는데, 이 경사 충격파를 지나는 마하수는 항상 앞의 마하수보다 작다. 경사 충격파는 초음속 흐름에서만 생긴다.

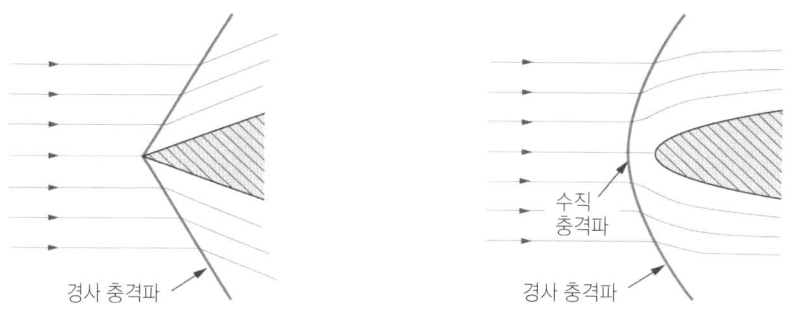

그림 1-6. 수직 충격파와 경사 충격파

(2) 팽창파(expansion wave)

마하파는 물체의 한 점에서 발생된 미소한 교란이 초음속 흐름에서 전달되는 파인데, 물체가 커지고 물체로 인하여 흐름 방향이 급격히 변하게 되면 많은 마하파가 발생하게 되고 많은 마하파가 중첩되면 충격파를 형성한다.

또 초음속 흐름에서 생기는 파로 팽창파란 것이 있다. 유체가 이 팽창파를 통과할 경우 속도가 증가하고 압력이 감소한다. 팽창파는 초음속 흐름에서만 생기고 항상 표면에 경사지게 된다.

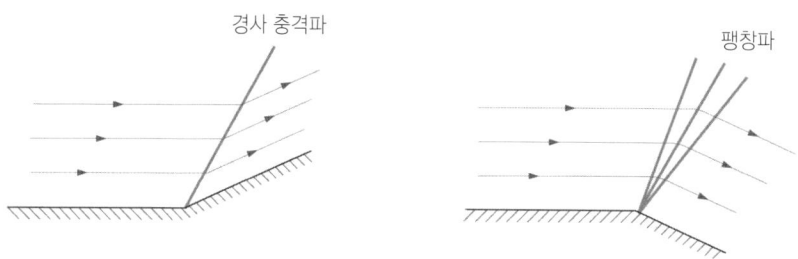

그림 1-7. 수축 단면과 확대 단면의 초음속 흐름

(3) 충격파의 특성

어떤 통로를 통하여 초음속으로 공기가 흐를 때는 아음속 흐름과는 반대로 통로의 단면적이 감소하면 속도는 감소하고 압력은 증가하며, 단면적이 증가하면 속도는 증가하고 압력은 감소하는 특성이 있다.

충격파의 종류별 특성은 다음과 같다.

표 1-3. 충격파의 종류별 특성

파장 형성의 형태	경사 충격파	수직 충격파	팽창파
흐름 방향의 변화	코너(corner)로 흐른 후 면과 평행하게 흐른다.	변화가 없다.	코너로 흐르고 이전 흐름으로부터 떨어진다.
속도의 변화	감소되나 계속 초음속	아음속으로 감소	더 큰 마하수로 증가
정압과 밀도의 변화	증가	급격하게 증가	감소
에너지나 전압의 영향	감소	급격하게 감소	변화가 없다

3. 날개골 주위의 초음속 흐름

가. 임계 마하수(Critical Mach number)

임계 마하수란 날개 윗면에서의 최대 속도가 마하수 1이 될 때 날개 앞쪽에서의 흐름의 마하수를 말한다. 어떤 날개의 임계 마하수가 0.72라면, 마하수 0.5에서는 날개골 윗면과 아랫면 모두 아음속 흐름에 놓이게 된다. 마하수 0.72에서는 날개골 윗면의 최대 속도 지점에서 마하수는 1이 되고, 최대 속도인 지점을 지나면서 흐름은 서서히 감소되어 아음속 흐름이 된다.

마하수가 증가되어 0.77인 경우에는 날개골 윗면의 앞부분은 초음속 흐름이 되고 이 흐름은 조금 진행하다가 충격파를 발생시킨다. 마하수가 증가할수록 충격파의 위치는 날개골 뒤쪽으로 이동하고, 날개골 아랫면을 지나는 흐름도 초음속 흐름이 되어 이곳에서도 충격파가 발생한다. 마하수 0.95에서는 날개골 윗면과 아랫면의 충격파가 더욱 뒤로 밀려나서 날개골 뒷전까지 이동된다.

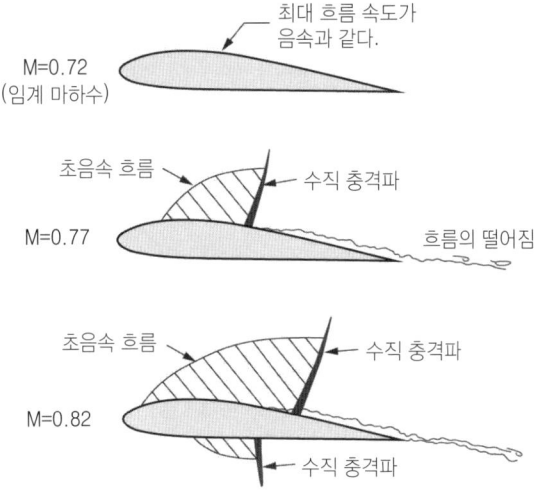

그림 1-8. 임계 마하수(Critical Mach number)

나. 다이아몬드형 날개골 주위의 초음속 흐름

균일하게 초음속으로 흐르는 공기 흐름 중에 다이아몬드형 날개골을 놓았을 때 앞전의 위와 아래에 경사 충격파가 발생하고, 두께가 가장 큰 부분에서 흐름이 꺾이면서 팽창파가 발생한다. 표면을 따라 흐르는 공기 입자는 뒤쪽에서 방향을 수평으로 바꾸어야 하므로 뒷전에서 다시 충격파가 발생한다.

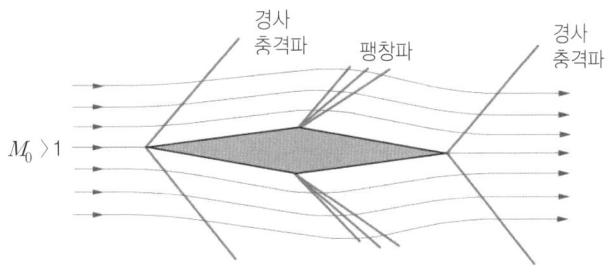

그림 1-9. 다이아몬드형 날개골 주위의 초음속 흐름

다. 충격실속(Shock stall)

충격파가 발생하면 흐름 속도는 급격히 감소되어 아음속이 되고, 밀도와 압력은 증가되며 물체 표면 가까이에 존재하는 경계층에서 흐름의 떨어짐이 일어나게 된다. 이 결과 양력은 감소하고 항력은 급격하게 증가되는데, 이러한 현상은 날개골의 받음각을 크게 할 때의 실속 현상과 비슷하므로 이를 충격실속이라 한다.

라. 충격파에 의한 항력

초음속 흐름에서 충격파로 인하여 발생하는 항력을 조파항력(wave drag)이라 한다. 따라서 초음속 날개의 전체항력은 공기의 점성으로 인한 마찰항력과 흐름의 떨어짐으로 인한 압력항력에 조파항력을 추가하여야 한다.

충격파로 인한 조파항력을 최소화하기 위해서는 초음속 날개골의 앞전은 뾰족하게 하고, 두께는 가능한 범위 내에서 얇게 해야 한다.

출제예상문제

I. 대기의 성질

【문제】1. 대기권에 대한 다음 설명 중 맞는 것은?
① 국제민간항공기구(ICAO)는 극외권까지만 규정을 한다.
② 성층권에서는 고도 증가에 따라 기온이 급격하게 감소한다.
③ 대류권에서는 구름의 발생이 빈번하며, 끊임없이 대류가 발생한다.
④ 대류권 계면 부근에서는 100 km/h 정도의 바람이 서쪽으로 불어 항공기 운항에 이용된다.

【문제】2. 대기권 중에서 기상현상이 발생하는 구역은?
① 대류권   ② 성층권   ③ 중간권   ④ 열권

【문제】3. 대류현상이 일어나는 대기권은?
① Tropopause   ② Troposphere
③ Thermosphere   ④ Stratosphere

【문제】4. 다음 중 기온이 가장 낮은 곳은?
① 대류권 계면   ② 성층권 계면   ③ 열권 계면   ④ 중간권 계면

〈해설〉 대기권의 특성은 다음과 같다.
1. 민간 항공기는 고고도 비행이라 하더라도 성층권 이상으로 비행하지 않기 때문에 ICAO의 표준대기는 성층권까지만 규정하고 있으며, 그 이상의 대기권에 대한 구분은 미 공군에서 규정하고 있다. 미 공군 규정은 대류권, 성층권을 포함한 중간권, 열권까지를 모두 대기권에 포함하고 있다.
2. 대류권(troposphere)에서는 높이 올라갈수록 기온이 낮아지므로 대류현상이 발생한다. 또한 이러한 대류현상과 대류권에 존재하는 수증기로 인하여 구름, 비와 눈 등의 기상현상이 일어난다.
3. 성층권 아래층의 기온은 높이에 관계없이 대체로 일정하지만 고도가 높아짐에 따라 온도는 점점 높아진다.
4. 중간권에서는 높이에 따라 기온이 감소한다. 중간권과 열권의 경계면을 중간권 계면이라 하며, 대기권에서는 이곳의 기온이 가장 낮다.
5. 제트기류(jet stream)는 중위도 지역에서 북극을 중심으로 서쪽에서 동쪽으로 부는 약 100 km/h 정도의 아주 빠른 바람으로, 강물과 같은 물결모양을 이루는 공기의 강한 흐름을 말한다.

【문제】5. 현용 jet 항공기가 비행을 할 때 대기의 현상에 의하여 생기는 jet stream을 이용하는 경우 상당히 경제적인 비행을 할 수 있다. 이 jet stream이 부는 대기권은?
① 대류권 계면   ② 성층권 계면   ③ 열권 계면   ④ 중간권 계면

〈해설〉 제트기류(jet stream)는 중위도 지역에서 북극을 중심으로 서쪽에서 동쪽으로 부는 아주 빠른 바람이다. 항공기가 비행하는 순항고도는 일반적으로 9~13 km로 제트기류가 흐르는 대류권 계면의 높이에 해당된다.

[정답] 1. ③   2. ①   3. ②   4. ④   5. ①

【문제】 6. 대기의 성분 중에 가장 큰 부피비를 갖는 성분은?
　　　　① 산소(Oxygen)　　　　　　　② 질소(Nitrogen)
　　　　③ 이산화탄소(Carbon dioxide)　④ 아르곤(Argon)

【문제】 7. 대기를 구성하는 주요 가스의 성분비가 맞는 것은?
　　　　① 질소: 80%, 산소: 14%, 아르곤: 6%
　　　　② 질소: 70%, 산소: 26%, 아르곤: 4%
　　　　③ 질소: 72%, 산소: 18%, 아르곤: 10%
　　　　④ 질소: 78%, 산소: 21%, 아르곤: 1%
〈해설〉 해발고도에서 건조공기의 주성분은 질소(N_2) 78.09%, 산소(O_2) 20.95%, 아르곤(Ar) 0.93%, 이산화탄소(CO_2) 0.03%, 그리고 기타 0.01% 이다.

【문제】 8. 국제표준대기(ISA)에서 해면고도의 표준치가 아닌 것은?
　　　　① 온도 0℃　　　　　　　② 압력 1013.25 hPa
　　　　③ 음속 340 m/s　　　　　④ 중력가속도 9.8 m/s^2

【문제】 9. 국제표준대기(ISA)의 표준대기압이 아닌 것은?
　　　　① 1013.25 mb　　　　　② 1.0332 kgf/cm^2
　　　　③ 29.92 psi　　　　　　④ 760 mmHg

【문제】 10. 표준대기 상태에서의 해면상 표준대기온도는?
　　　　① 0℃　　② 15℃　　③ 20℃　　④ 25℃

【문제】 11. 표준대기 상태에서 고도 1,000 ft 당 기온감률은?
　　　　① 1℃　　② 2℃　　③ 3℃　　④ 4℃

【문제】 12. 고도가 1,000 ft 높아짐에 따라 기압은 얼마 감소하는가?
　　　　① 0.5 inHg　　② 1.0 inHg　　③ 1.5 inHg　　④ 2.0 inHg

【문제】 13. 대기압이 해면 대기압의 1/2로 감소하는 고도는?
　　　　① 10,000 ft　　② 14,000 ft　　③ 18,000 ft　　④ 20,000 ft

【문제】 14. 다음 중 국제표준대기(International Standard Atmosphere)에 대한 설명으로 맞지 않는 것은?
　　　　① 국제민간항공기구(ICAO)에서 정하였다.
　　　　② 대기 중을 비행하는 항공기의 성능을 평가하기 위한 것이다.
　　　　③ 표준 해면고도에서의 온도는 15℃ 이다.
　　　　④ 표준 해면고도에서의 기압은 29.92 mmHg 이다.

정답　6. ②　7. ④　8. ①　9. ③　10. ②　11. ②　12. ②　13. ③　14. ④

〈해설〉 국제표준대기(ISA)의 조건은 다음과 같다.
1. 표준 해면고도의 기압, 밀도, 온도 및 중력 가속도는 다음과 같이 정한다.
   - 기압(P_0) = 760 mmHg = 29.92 inHg = 1013.25 hPa(mb) = 14.7 psi = 1.033 kgf/cm^2
   - 밀도(ρ_0) = 1.225 kg/m^3
   - 온도(t_0) = 15℃ = 59°F
   - 중력 가속도(g_0) = 9.8066 m/s^2
   - 음속(a_0) = 340.429 m/s
2. 고도 11 km까지는 기온이 1,000 m 당 6.5℃(1,000 ft 당 약 2℃)의 일정한 비율로 감소하고, 그 이상의 고도에서는 -56.5℃로 일정한 기온을 유지한다고 가정한다.
3. 대기압은 고도 10,000 ft까지 1,000 ft 당 약 1 inHg의 비율로 감소하며 18,000 ft에서의 대기압은 해면 대기압의 약 1/2 이다.

【문제】 15. 고도 20,000 ft의 표준대기온도는 약 얼마인가?
① -5℃   ② -15℃   ③ -25℃   ④ -40℃

〈해설〉 표준대기에서 해면고도의 온도는 15℃이고, 고도 11 km까지 1,000 ft 당 약 2℃의 비율로 감소한다. 따라서 고도 20,000 ft의 표준대기온도는 15-(2×20) = -25℃ 이다.

Ⅱ. 공기 흐름의 성질과 법칙

【문제】 1. 일반적으로 공기를 비압축성 유체로 정의하는 경우는?
① 공기의 흐름이 음속 이하일 때
② 항공기의 속도가 마하수 0.3 이하일 때
③ 비행기 표면을 흐르는 공기의 속도가 마하수 0.5 이하일 때
④ 비행기의 속도가 마하수 0.3 이상일 때 날개 표면의 공기 흐름

〈해설〉 대부분의 액체 및 마하수 0.3 이하의 저속으로 흐르는 기체는 압력이나 흐름의 속도 변화에 비하여 밀도 변화가 아주 작아서 비압축성 유체(incompressible fluid)로 간주한다.

【문제】 2. 아음속의 마하수 범위는?
① 0.75 미만   ② 0.75~1.2   ③ 1.2~1.5   ④ 1.5~2.0

【문제】 3. 천음속의 마하수 범위는?
① 0.75 미만   ② 0.75~1.2   ③ 1.2~1.5   ④ 1.5~2.0

【문제】 4. 공기를 압축성 유체로 간주하는 마하수는?
① M 0.3 이상   ② M 0.5 이상   ③ M 0.9 이상   ④ M 1.0 이상

【문제】 5. 아음속 흐름과 초음속 흐름을 비교할 때 가장 두드러진 차이점은?
① 점성 작용   ② 마찰력 효과   ③ 압축성 효과   ④ 가속 작용

정답 15. ③ / 1. ② 2. ① 3. ② 4. ① 5. ③

〈해설〉 마하수에 따른 흐름의 특성은 다음과 같다.

마하수(Ma)	흐름의 특성
0.3 이하	아음속 흐름, 비압축성 흐름
0.3~0.8(또는 0.75)	아음속 흐름, 압축성 흐름
0.8(또는 0.75)~1.2	천음속 흐름, 압축성 흐름, 부분적 충격파 발생
1.2~5.0	초음속 흐름, 압축성 흐름, 충격파 발생
5.0 이상	극초음속 흐름, 충격파 발생

【문제】6. 다음 중 베르누이의 정리를 옳게 설명한 것은?
　① 유체의 속도가 증가하면 압력은 증가한다.
　② 유체의 속도가 증가하면 압력은 감소한다.
　③ 유체의 속도가 증가하면 동압은 감소한다.
　④ 유체의 속도가 증가하더라도 압력은 항상 일정하다.

【문제】7. 베르누이의 정리에 대한 설명 중 맞는 것은?
　① 유체의 속도가 커지면 동압은 감소한다.　② 유체의 속도가 커지면 전압은 증가한다.
　③ 유체의 속도가 커지면 정압은 감소한다.　④ 유체의 속도가 커지면 정압은 증가한다.

【문제】8. 튜브 내의 흐름에 있어서 베르누이 이론으로 올바른 설명은?
　① 튜브의 면적이 작아지면 동압도 작아진다.
　② 튜브의 면적이 커지면 동압은 커지고, 정압은 작아진다.
　③ 튜브의 면적이 작아지면 동압과 정압 모두 커진다.
　④ 튜브의 면적이 변해도 동압과 정압의 합은 일정하다.

【문제】9. 비압축성 유체의 흐름에서 베르누이의 정리를 옳게 설명한 것은?
　① 정상흐름에서 정압과 동압의 합은 일정하다.
　② 유체의 속도와 단면적의 곱은 일정하다.
　③ 동압과 마찰력의 비를 나타낸다.
　④ 속도가 빠른 쪽의 압력은 높고, 속도가 느린 쪽의 압력은 낮다.

【문제】10. 베르누이의 정리에 대한 다음 설명 중 옳은 것은?
　① 유체의 속도가 0인 경우, 전압은 0이다.
　② 동압은 정체점에서 최대가 된다.
　③ 정압이 감소하면 동압은 증가한다.
　④ 정압이 감소하면 동압은 감소한다.

【문제】11. 베르누이의 정리를 식으로 맞게 표시한 것은?〔여기에서, P_t＝전압(total pressure), P_s＝정압(static pressure), q＝동압(dynamic pressure) 이다〕
　① $P_t = q - P_s$　② $P_t + P_s = q$　③ $P_t = P_s - q$　④ $P_t - q = P_s$

정답　6. ②　7. ③　8. ④　9. ①　10. ③　11. ④

【문제】12. 비행기 날개의 양력 발생과 관련된 법칙은?
　　① 베르누이의 법칙　　　　　　② 관성의 법칙
　　③ 작용과 반작용의 법칙　　　　④ 뉴턴의 법칙

【문제】13. "유체의 속도가 빠르면 정압은 낮고, 유체의 속도가 느리면 정압은 높다."는 것은 무슨 이론인가?
　　① 관성의 법칙　　　　　　　　② 뉴턴의 법칙
　　③ 작용과 반작용의 원리　　　　④ 베르누이의 정리

【문제】14. 풍판(airfoil)의 굴곡진 상부 표면 위를 빠르게 이동하는 공기는 상부 표면에 보다 낮은 압력을 유발시킨다는 이론은?
　　① 관성의 법칙　　　　　　　　② 베르누이의 정리
　　③ 뉴턴의 법칙　　　　　　　　④ 파스칼의 원리

〈해설〉 베르누이의 정리는 정상흐름의 경우에 정압과 동압을 합한 결과가 항상 일정하다는 것을 나타낸다. 따라서 어느 한 점에서 흐름의 속도가 빨라지면 동압은 증가하고, 그곳에서의 정압은 감소한다. 단순히 압력이라고 할 때 이때의 압력은 정압을 의미한다.

$$정압(P) + 동압(\frac{1}{2}\rho V^2) = 일정(\text{const.})$$

튜브의 경우 면적이 작아져서 흐름 속도가 증가하면 동압은 커지고 정압은 작아진다. 반대로 튜브의 면적이 커지면 흐름 속도는 감소하여 동압은 작아지고 정압은 커진다.

Ⅲ. 공기의 점성 효과

【문제】1. 레이놀즈 수의 물리적 의미는?
　　① $\frac{관성력}{중력}$　　② $\frac{관성력}{점성력}$　　③ $\frac{관성력}{탄성력}$　　④ $\frac{관성력}{표면장력}$

【문제】2. 다음 중 레이놀즈 수와 관계가 있는 것은
　　① 모멘트계수　　② 동점성계수　　③ 압력계수　　④ 탄성계수

【문제】3. 레이놀즈 수에 대한 설명 중 틀린 것은?
　　① 레이놀즈 수가 작으면 흐름은 층류이다.
　　② 레이놀즈 수가 크면 흐름은 난류가 된다.
　　③ 레이놀즈 수는 동점성계수에 비례하고, 날개 길이와 면적에 반비례한다.
　　④ 레이놀즈 수가 증가하면 천이 현상이 일어난다.

【문제】4. 레이놀즈 수와 관련된 설명 중 틀린 것은?
　　① 레이놀즈 수는 관성력과 점성력의 비로 나타낸다.
　　② 유체의 흐름이 층류에서 난류로, 또는 난류에서 층류로 바뀌는 것을 천이라고 한다.

정답　12. ①　13. ④　14. ②　/　1. ②　2. ②　3. ③

③ 층류보다 난류의 마찰력이 더 크다.
④ 유체의 흐름 속도가 빠르면 레이놀즈 수는 적어진다.

【문제】5. 레이놀즈 수(Reynolds number)에 관한 다음 설명 중 틀린 것은?
① 관성력과 점성력의 비이다.
② 레이놀즈 수의 단위는 kg/cm^2 이다.
③ 레이놀즈 수가 작다는 것은 점성의 영향이 크다는 의미이다.
④ 층류와 난류를 구분하는 척도가 된다.

〈해설〉 레이놀즈 수(Reynolds number)
1. 레이놀즈 수란 동압으로 인한 관성력과 점성에 의한 마찰력(점성력)의 비로 표시하며, 유체 속에서 운동하는 물체에 작용하는 점성력의 특성을 나타내는 무차원수이다. 레이놀즈 수가 작다는 것은 점성의 영향이 상대적으로 크다는 것을 나타낸다.
2. 레이놀즈 수는 ρ(유체의 밀도), V(유체의 속도)와 L(앞전으로부터의 거리)에 비례한다. 그리고 μ(점성계수)와 ν(동점성계수)에 반비례한다.

$$R_e = \frac{관성력}{점성력} = \frac{\rho VL}{\mu} = \frac{VL}{\nu} \quad (\because \nu = \frac{\mu}{\rho})$$

【문제】6. 항공기 날개에 경계층이 생기는 근본적인 원인은?
① 공기가 점성이 있는 유체이기 때문에
② 날개에 작용하는 공기의 압력차 때문에
③ 날개 표면의 마찰 때문에
④ 불연속적인 공기 흐름 때문에

【문제】7. 다음 레이놀즈 수에 대한 설명 중 틀린 것은?
① 레이놀즈 수가 작으면 흐름은 난류가 된다.
② 층류에서 난류로 변할 때의 레이놀즈 수를 임계 레이놀즈 수라고 한다.
③ 레이놀즈 수는 유체의 관성력/점성력의 비를 표시한다.
④ 흐름의 속도가 빠르면 레이놀즈 수는 커진다.

【문제】8. 다음 레이놀즈 수(Reynolds number)에 관한 설명 중 옳은 것은?
① 레이놀즈 수가 크다는 것은 점성의 영향이 크다는 것이다.
② 아임계와 초임계를 구분하는 척도가 된다.
③ 균속도 유동과 비균속도 유동을 구분해 주는 척도이다.
④ 층류와 난류를 구분하는 척도가 된다.

【문제】9. 비행기 날개의 위 표면에서는 천이(transition) 현상이 일어난다. 천이 현상이란?
① 표면에서 공기가 떨어져 나가는 현상
② 충격파에 의해서 압력이 급격하게 증가하는 현상
③ 층류 경계층이 난류 경계층으로 변화하는 현상
④ 풍압중심이 이동하는 현상

정답 4. ④ 5. ② 6. ① 7. ① 8. ④ 9. ③

【문제】 10. 임계 레이놀즈 수(Critical Reynolds Number) 란?
① 흐름의 떨어짐이 발생하는 레이놀즈 수
② 층류에서 난류로 변하는 레이놀즈 수
③ 충격파가 발생하는 레이놀즈 수
④ 실속이 발생하는 레이놀즈 수

【문제】 11. 천이점(transition point) 이란?
① 날개 표면으로부터 흐름의 떨어짐이 발생하는 지점
② 유체의 속도가 시간에 따라 변화하는 지점
③ 층류에서 난류 상태로 바뀌는 지점
④ 충격파가 발생하는 지점

〈해설〉 층류 흐름 상태에서 레이놀즈 수가 증가하면 흐름이 불안정한 상태로 되는 현상을 천이(transition) 현상이라고 하며, 천이 현상이 일어나는 레이놀즈 수를 임계 레이놀즈 수라고 한다. 레이놀즈 수가 클수록 천이 현상이 일어나는 천이점은 전방으로 이동된다.
 1. 층류(laminar flow) : 유체의 입자들이 층을 이루면서 흘러가는 흐름으로 레이놀즈 수가 작은 경우에 발생한다.
 2. 난류(turbulent flow) : 유체의 입자들이 매우 불규칙하게 완전 혼합된 상태로 흐르는 흐름으로 레이놀즈 수가 큰 경우에 발생한다.

【문제】 12. 레이놀즈 수에 따른 특성과 관련된 설명 중 맞는 것은?
① 레이놀즈 수가 증가하면 층류가 된다.
② 레이놀즈 수가 증가하면 박리가 일어나는 받음각(AOA)이 커진다.
③ 레이놀즈 수는 유체의 흐름 속도에 반비례한다.
④ 레이놀즈 수가 작다는 것은 점성의 영향이 작다는 의미이다.

【문제】 13. 레이놀즈 수가 커지면 최대양력계수($C_L$max)와 실속각(α)은?
① $C_L$max와 α는 작아진다.
② $C_L$max는 작아지고 α는 커진다.
③ $C_L$max와 α는 커진다.
④ $C_L$max는 커지고 α는 작아진다.

【문제】 14. 저속에서 어떤 에어포일의 실속 특성에 대한 설명으로 맞는 것은?
① 실속 받음각은 레이놀즈 수가 큰 경우 커진다.
② 실속 받음각은 레이놀즈 수가 큰 경우 작아진다.
③ 실속 받음각은 레이놀즈 수와 관계가 없다.
④ 실속 받음각은 레이놀즈 수의 제곱근의 함수이다.

【문제】 15. 다음 층류 경계층과 난류 경계층에 대한 설명 중 옳지 못한 것은?
① 난류 경계층은 층류 경계층보다 두껍다.
② 박리는 난류에서보다 층류에서 더 잘 일어난다.
③ 임계 레이놀즈 수란 층류에서 난류로 변하는 천이가 일어나는 레이놀즈 수를 말한다.
④ 층류는 난류보다 마찰력이 크다.

정답 10. ②   11. ③   12. ②   13. ③   14. ①   15. ④

⟨해설⟩ 층류 경계층과 난류 경계층
1. 난류에서는 유체들이 불규칙한 운동을 하면서 유체 입자의 혼합이 발생하므로 층류에 비해서 마찰력이 크고, 경계층의 두께는 두꺼워 진다. 또한 유체 입자의 혼합 작용으로 속도가 빠른 외측에서 속도가 느린 내측으로 운동 에너지가 공급되므로 층류 경계층보다 상대적으로 흐름의 떨어짐(박리)이 잘 일어나지 않는다.
2. 레이놀즈 수가 커지면 날개 윗면을 흐르는 흐름이 난류로 천이된다(난류 경계층 형성). 난류는 큰 받음각에서도 쉽게 흐름의 떨어짐이 발생하지 않으므로, 레이놀즈 수가 커지면 실속각(α)과 최대양력계수(C_Lmax)는 커지고 실속속도는 감소한다. 그러나 마찰항력은 증가한다.
3. 동일한 면적의 날개에서 시위(chord) 길이가 길어지면 시위 길이가 짧은 날개골보다 레이놀즈 수가 커진다.

【문제】16. 날개 윗면에 난류 경계층이 발생하도록 하여 날개 공기 흐름의 떨어짐을 지연시키는 것은?
  ① Flap   ② Spoiler   ③ Slat   ④ Vortex generator

【문제】17. Vortex generator의 역할은?
  ① 난류 경계층을 층류 경계층으로 변화시켜 실속을 방지한다.
  ② 층류 경계층을 난류 경계층으로 변화시켜 흐름의 분리를 지연시킨다.
  ③ 와류(vortex)를 만들어 양력을 감소시킨다.
  ④ 충격파를 발생시켜 양력을 증가시킨다.

【문제】18. 와류 발생장치(vortex generator) 란?
  ① 층류를 난류로 바꾸어 경계층의 박리현상을 방지시켜 주는 장치이다.
  ② 항력을 증가시키는 장치이다.
  ③ 항력 발산 마하수를 증가시켜 주는 장치이다.
  ④ 날개끝 실속을 방지하는 장치이다.

【문제】19. 다음 중 실속을 지연시키는 장치에 해당하는 것은?
  ① Vortex generator   ② Spoiler
  ③ Ventral fin   ④ Stall strip

⟨해설⟩ 난류 유체 입자들이 층류 유체 입자보다 점성 마찰력과 높아지는 뒤쪽 압력에 잘 견디기 때문에 흐름의 떨어짐은 난류 경계층보다 층류 경계층에서 쉽게 일어난다. 그래서 어떤 항공기에서는 날개의 표면에 와류 발생장치(vortex generator)를 붙이거나, 날개의 윗면을 거칠게 하여 난류 경계층이 발생되도록 한다.

Ⅳ. 공기의 압축성 효과

【문제】1. 마하수의 설명으로 맞는 것은?
  ① 비행속도의 제곱과 음속의 비   ② 가속도와 음속의 비
  ③ 비행속도와 음속의 비   ④ 가속도의 제곱과 음속의 비

정답 16. ④   17. ②   18. ①   19. ①   /   1. ③

【문제】2. Mach Number를 구하는 공식으로 맞는 것은? (여기에서, a = 음속)
  ① M=TAS/a   ② M=a/TAS   ③ M=TAS×a   ④ M=IAS/a

【문제】3. M0.75는 무엇을 나타내는가?
  ① 항공기가 750 knots로 비행 중이다.
  ② 항공기가 750 mph로 비행 중이다.
  ③ 항공기가 0.75 ft/sec로 비행 중이다.
  ④ 항공기가 음속의 75%로 비행 중이다.

【문제】4. 다음 중 음속에 가장 큰 영향을 미치는 요소는?
  ① 공기의 온도   ② 공기의 밀도   ③ 공기의 압력   ④ 공기의 습도

【문제】5. 동일한 대기속도로 비행 시 고도가 증가하면?
  ① 음속은 증가하고 마하수는 감소한다.   ② 음속과 마하수 모두 증가한다.
  ③ 음속은 감소하고 마하수는 증가한다.   ④ 음속과 마하수 모두 감소한다.

【문제】6. 순항비행 중 외기온도가 상승할 때 동일한 Mach수로 비행한다면 TAS는?
  ① 변하지 않는다.   ② 증가한다.
  ③ 감소한다.   ④ 초기에는 증가했다가 감소한다.

【문제】7. 표준대기 상태의 대류권 계면 미만 고도에서 일정한 마하수로 상승하면, Calibrated Airspeed (CAS)는?
  ① 감소한다.   ② 일정한 비율로 증가한다.
  ③ 급격하게 증가한다.   ④ 변하지 않고 일정하다.

〈해설〉 마하수(Mach number)
1. 비행체의 속도(V)와 음속(C)과의 비를 마하수(Mach number)라고 한다. 음속은 유체 온도(절대온도)의 제곱근에 비례하고, 마하수는 음속에 반비례한다. 따라서 고도가 증가할수록 온도가 낮아지므로 음속은 감소하고, 음속이 감소하면 마하수는 증가한다.
   외기온도가 상승하면 음속은 증가한다. 따라서 본래의 마하수를 유지하여 비행하면 TAS는 증가한다.
2. 비행기의 고도가 증가하여 음속이 감소하면 마하수는 증가한다. 따라서 일정한 마하수를 유지하기 위해서는 비행기의 속도를 줄여야 한다.

【문제】8. 고도 23,000 m 상공에서 TAS 240 m/s의 속도로 비행하는 항공기의 마하수는? (단, 음속 C = 330 m/s 이다)
  ① 0.58   ② 0.73   ③ 1.12   ④ 1.38

〈해설〉 항공기의 속도를 V, 음속을 C, 그리고 마하수를 Ma라고 하면,
$$\therefore Ma = \frac{V}{C} = \frac{240}{330} = 0.727$$

정답 2. ①   3. ④   4. ①   5. ③   6. ②   7. ①   8. ②

【문제】9. 표준대기 해면상을 680 m/s로 비행하는 항공기의 Mach No.는?
　　① 0.5　　② 0.85　　③ 1.2　　④ 2.0

〈해설〉 항공기의 속도를 V, 음속을 C, 그리고 마하수를 Ma라고 하면,
$$\therefore \text{Ma} = \frac{V}{C} = \frac{680}{340} = 2.0 \ (\because \text{표준대기 해면상의 음속} = 340 \text{ m/s})$$

【문제】10. 충격파를 지난 공기의 속도와 압력은?
　　① 속도는 증가하고 압력은 감소한다.
　　② 속도와 압력이 동시에 감소한다.
　　③ 속도는 감소하고 압력은 증가한다.
　　④ 속도와 압력이 동시에 증가한다.

【문제】11. 충격파(shock wave)를 지난 공기의 특성으로 맞는 것은?
　　① 정압 증가, 밀도 감소, 온도 증가　　② 정압 감소, 밀도 증가, 온도 감소
　　③ 정압 감소, 밀도 감소, 온도 감소　　④ 정압 증가, 밀도 증가, 온도 증가

【문제】12. 수직 충격파를 지난 공기의 특성에 대한 설명으로 맞는 것은?
　　① 공기의 온도는 증가한다.　　② 공기의 압력은 감소한다.
　　③ 공기의 온도는 감소한다.　　④ 공기의 속도는 증가한다.

【문제】13. 초음속 비행 시 수직 충격파(normal shock wave)가 발생했다면 충격파 뒤의 흐름은?
　　① 초음속이 된다.　　② 아음속이 된다.
　　③ 처음의 흐름 속도보다 감소한다.　　④ 흐름 속도는 변하지 않는다.

【문제】14. Supersonic flow에서 나타나는 shock wave가 아닌 것은?
　　① Oblique shock wave　　② Normal shock wave
　　③ Expansion wave　　④ Loop shock wave

〈해설〉 충격파 또는 팽창파를 지난 공기의 특성은 다음과 같다.

구 분		속 도	압력/밀도
충격파	경사 충격파 (Oblique shock wave)	감소되나 계속 초음속	증가
	수직 충격파 (Normal shock wave)	아음속으로 감소	급격하게 증가
팽창파(Expansion wave)		더 큰 마하수로 증가	감소

【문제】15. 임계 마하수(Critical Mach number) 란?
　　① 항공기가 음속에 도달했을 때의 마하수
　　② 버핏(buffet)이 발생할 때의 항공기 속도
　　③ 공기의 압축성 영향으로 비행기의 항력이 급격하게 증가하기 시작하는 마하수
　　④ 날개 윗면 어느 점에서의 공기 흐름 속도가 음속에 도달했을 때의 항공기 속도

정답　9. ④　10. ③　11. ④　12. ①　13. ②　14. ④　15. ④

【문제】 16. 임계 마하수(Critical Mach number)가 "1"이라는 의미는?
① 날개 상부 표면의 음속이 처음으로 Mach No.1에 도달할 때의 항공기 속도
② 최대 작동온도에 도달했을 때의 항공기 속도
③ 날개 상부 표면에 충격파가 발생할 때의 항공기 속도
④ 날개 하부 표면에 국지적으로 초음속 흐름이 발생할 때의 항공기 속도

〈해설〉 날개 윗면의 공기 흐름이 가장 빠른 지점에서 공기 흐름 속도가 음속(마하수 1)에 도달할 때의 항공기 속도를 마하수로 나타낸 것을 임계 마하수(Critical Mach number)라고 한다.

【문제】 17. 다음 중 충격파에 의해 발생하는 것은?
① 충격파 실속　　② 조파 실속　　③ 완전 실속　　④ 날개끝 실속

【문제】 18. 날개의 충격파에 대한 설명 중 맞는 것은?
① 날개 윗면에 충격파가 발생한 후 비행속도가 빨라지면서 충격파의 위치가 앞으로 이동한다.
② 충격파 뒤쪽의 경계층이 박리되면서 와류가 발생하고, 뒤쪽으로부터 역류가 발생한다.
③ 충격파 뒤쪽의 압력은 급격히 감소한다.
④ 충격파가 발생하면 조파항력이 증가하고, 경계층에 에너지가 공급되어 기류의 박리가 지연된다.

【문제】 19. 충격실속이 발생했을 경우 이를 벗어나는 방법은?
① 비행기 기수를 올린다.　　② 비행기 기수를 내린다.
③ 비행기 속도를 감소시킨다.　　④ 비행기 속도를 증가시킨다.

【문제】 20. 조파항력을 줄이기 위한 날개의 모양으로 적합한 것은?
① 날개의 두께를 두껍게 한다.　　② 날개의 모양을 뭉툭하게 한다.
③ Leading edge를 뾰족하게 한다.　　④ 최대 두께를 날개의 전방에 위치시킨다.

【문제】 21. 고속 항공기에 적합하지 않은 날개의 특성은?
① 양항비가 크다.　　② Sweep back wing
③ 날개 캠버가 작다.　　④ 날개 두께가 두껍다.

〈해설〉 충격실속(shock stall) 및 조파항력(wave drag)
1. 충격파가 발생하면 흐름 속도는 급격히 감소되어 아음속이 되고, 밀도와 압력은 증가되며 물체 표면 가까이에 존재하던 경계층에서 흐름의 떨어짐이 일어나게 된다. 이 결과 양력은 감소하고 항력은 급격하게 증가되는데, 이러한 현상은 날개골의 받음각을 크게 할 때의 실속 현상과 비슷하므로 이를 충격실속(충격파 실속, shock stall)이라고 한다.
2. 날개 윗면에 초음파가 발생한 후 비행속도가 증가할수록 충격파의 위치는 날개골 뒷전으로 이동한다.
3. 초음속 흐름에서 충격파로 인하여 발생하는 조파항력(wave drag)을 최소화하기 위해서 초음속 날개골의 앞전(leading edge)은 뾰족하게 하고, 두께는 가능한 범위 내에서 얇게 해야 한다.

정답　16. ①　17. ①　18. ②　19. ③　20. ③　21. ④

2 날개이론

제1절 날개의 모양과 특성

1. 날개골(airfoil)의 특성

비행기의 날개를 수직으로 자른 유선형의 단면을 날개골(airfoil)이라 하며, 날개의 공기력 특성에 영향을 미치는 기본 요소가 된다.

가. 날개골의 명칭

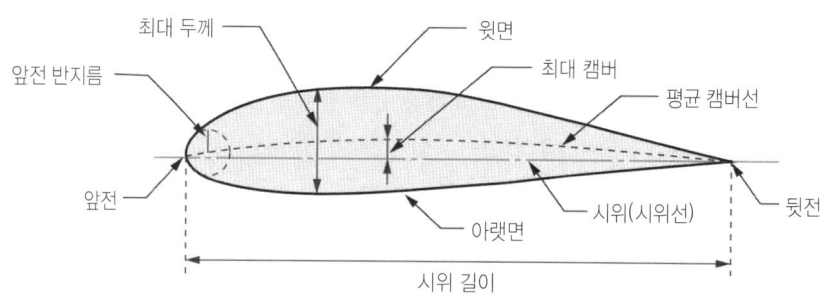

그림 1-10. 날개골의 명칭

(1) 앞전(leading edge): 날개골 앞부분의 끝을 말하며, 앞전의 모양은 둥근 원호나 뾰족한 쐐기 모양을 하고 있다.
(2) 뒷전(trailing edge): 날개골 뒷부분의 끝을 말하며, 뒷전의 모양은 뾰족한 모양을 이루어서 날개를 유선형이 되도록 한다.
(3) 시위(chord) 또는 시위선(chord line): 앞전과 뒷전을 연결한 직선으로, 익현선(翼弦線)이라고도 한다.
(4) 두께(thickness): 시위선에서 수직선을 그었을 때 윗면과 아랫면 사이의 수직거리
(5) 평균 캠버선(mean camber line): 두께의 2등분점을 연결한 선
(6) 캠버(camber): 시위선에서 평균 캠버선까지의 길이
(7) 앞전 반지름(leading edge radius): 앞전에서 평균 캠버선 상에 중심을 두고 앞전 곡선에 내접하도록 그린 원의 반지름
(8) 윗면과 아랫면: 날개골의 위쪽과 아래쪽의 곡면
(9) 받음각(angle of attack): 공기 흐름의 속도 방향과 날개골의 시위선이 만드는 사잇각
(10) 최대 두께의 위치 및 최대 캠버의 위치: 앞전에서부터 최대 두께 및 최대 캠버까지의 시위선 상의 거리를 말하며, 시위선 길이와의 비(%)로 나타낸다.

나. 날개골의 공력 특성
 (1) 날개골의 공기력
  (가) 날개골에 작용하는 공기력
   일반적으로 날개골에 작용하는 공기력은 공기의 밀도, 물체의 면적 및 속도의 제곱에 비례한다.
$$R \propto \rho V^2 S$$

날개골을 공기의 흐름 속에 놓았을 때 날개골에는 그림 1-11과 같이 공기의 흐름 방향에 수직으로 양력(lift)이 발생하고, 흐름 방향과 같은 방향으로 항력(drag)이 생긴다. 이때, 흐름의 방향과 시위선이 이루는 각을 받음각 또는 영각(迎角, angle of attack)이라고 한다.

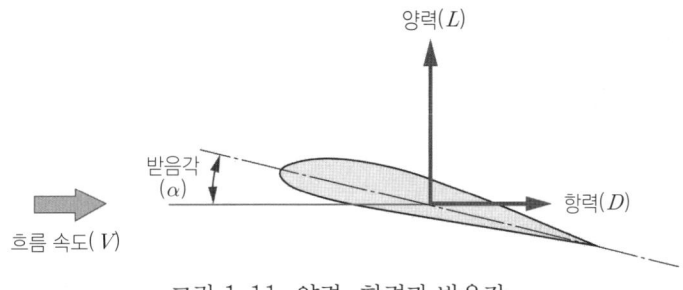

그림 1-11. 양력, 항력과 받음각

(나) 양력계수와 항력계수

양력과 항력도 공기력의 일종이므로 양력은 양력계수(C_L), 공기의 밀도, 날개의 면적 및 비행속도의 제곱에 비례한다. 항력은 항력계수(C_D), 공기의 밀도, 날개의 면적 및 비행속도의 제곱에 비례한다.

$$양력: L = C_L \frac{1}{2} \rho V^2 S$$

$$항력: D = C_D \frac{1}{2} \rho V^2 S$$

(2) 받음각과 C_L, C_D와의 관계

대표적인 날개골인 클라크(Clark) Y형의 받음각에 대한 C_L, C_D의 변화는 다음과 같다.

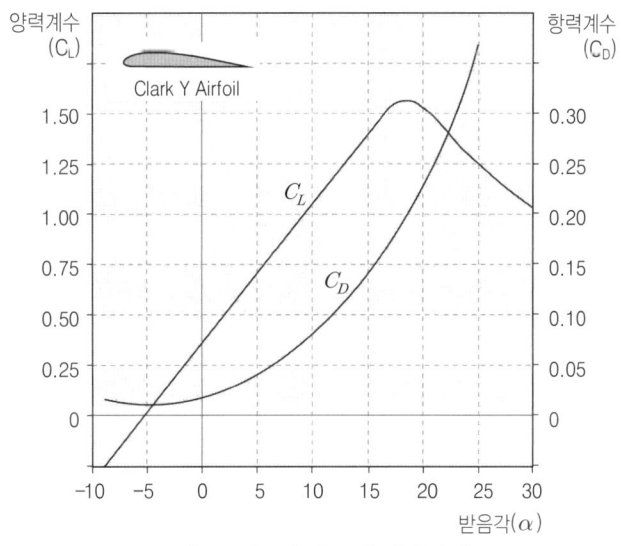

그림 1-12. 날개골의 양항특성

(가) $\alpha = -5.3°$ 일 때 $C_L = 0$, 즉 양력이 "0"이 된다. 이때의 받음각을 영양력 받음각이라 한다.
(나) 영양력 받음각으로부터 받음각을 증가시키면 거의 직선적으로 양력계수가 증가한다.
(다) 받음각 약 18°에서 양력계수는 최대가 된다. 이때의 양력계수를 최대양력계수라 하고 $C_L$max로 표시한다. 또, 이때의 받음각을 실속각(stalling angle)이라 한다.

(라) 실속각을 넘으면 양력계수는 급격히 감소하는데, 이 현상을 실속(stall)이라 한다.
(마) 항력계수는 받음각 α=-5°에서 최소가 되며, 이를 최소항력계수라 하고 CDmin으로 표시한다. 실속각을 넘으면 항력계수는 급격히 증가한다. 그리고 항력계수는 절대로 "0"이나 음의 값을 가질 수 없다.

날개골이 다르면 날개골의 특성곡선이 달라지는 것은 당연하나 그 경향은 비슷하다. 날개골은 $C_L max$이 크고 $C_D min$이 작을수록 좋다.

(3) 날개골의 모양에 따른 특성

(가) 두께

구 분	받음각이 작을 때	받음각이 클 때	특 징
얇은 날개골	항력이 작다.	항력이 급증하며 양력이 작다.	· 날개의 강도가 작다. · 고속 비행기에 많이 사용
두꺼운 날개골	항력이 크다.	큰 양력을 얻을 수 있다.	· 날개의 강도가 크다. · 저속 비행기에 많이 사용

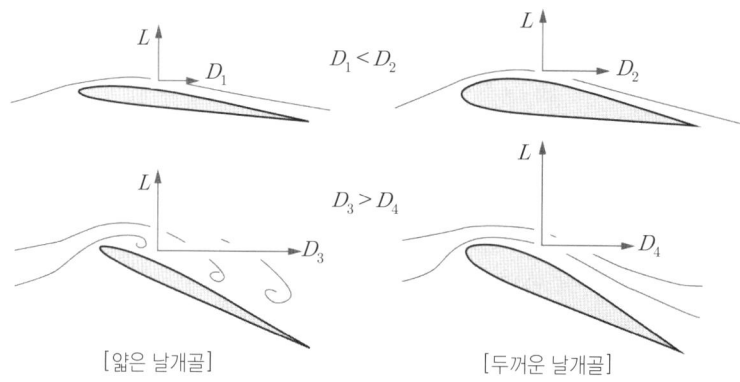

[얇은 날개골]   [두꺼운 날개골]

그림 1-13. 날개골 두께의 영향

(나) 앞전 반지름

구 분	받음각이 작을 때	받음각이 클 때	특 징
작은 날개골	항력이 작다.	항력이 급증하며 양력이 작다.	고속 비행기에 많이 사용
큰 날개골	항력이 크다.	큰 양력을 얻을 수 있다.	저속 비행기에 많이 사용

(다) 캠버(camber)

같은 받음각에 대해서는 캠버가 큰 날개일수록 큰 양력을 얻을 수 있으며, 최대양력계수도 커진다. 그러나 캠버가 크면 항력도 증가하므로 저속 비행기에서는 캠버가 큰 날개골을 사용하고, 고속 비행기에서는 속도를 빠르게 하기 위해서 항력이 작아야 되므로 캠버가 작은 날개골을 사용한다.

받음각이 0°일 때 캠버가 0인 날개골은 양력계수도 0이 되지만, 캠버가 있는 경우에는 양력계수가 0보다 크다.

(라) 시위(chord)

같은 모양의 날개골이라도 시위 길이가 길면 레이놀즈 수가 커지므로, 날개 윗면을 흐르는 흐름이 난류로 천이되어 큰 받음각에도 쉽게 흐름의 떨어짐이 생기지 않는다. 또한 고도가 달라지면 밀도가 변함에 따라 레이놀즈 수의 차이에 의해 그 효과가 달라지므로 비행기는 비행조건이 다르면 비행특성에 변화가 생긴다. 이러한 레이놀즈 수에 의한 특성변화를 레이놀즈 수 효과 또는 치수효과(scale effect)라 한다.

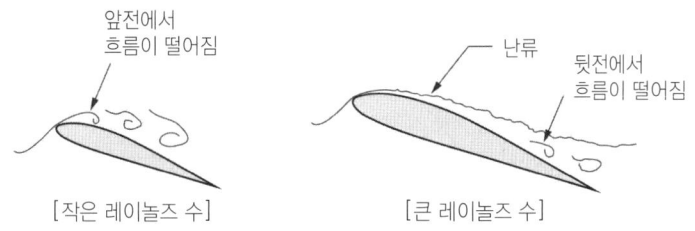

그림 1-14. 레이놀즈 수의 영향

(4) 압력 중심과 공기력 중심

 (가) 압력 중심(CP; center of pressure), 또는 풍압 중심

날개는 날개 윗면에 발생하는 부압(-)과 아랫면에 발생하는 정압(+)의 차이에 의하여 날개를 뜨게 하는 양력이 발생하게 된다. 이 압력이 작용하는 합력점을 압력 중심이라 한다.

이 압력 중심은 받음각이 변화하면 이동한다. 보통의 날개에서는 받음각이 클 때 앞으로 이동하여 시위 길이의 1/4 정도인 곳이 된다. 반대로 받음각이 작을 때는 시위 길이의 1/2 정도까지 이동하며, 비행기가 급강하할 때는 압력 중심은 더 많이 후퇴한다. 압력 중심의 이동이 크면 비행기의 안정성과 날개의 구조 강도상으로 볼 때 좋지 않다.

압력 중심의 위치는 일반적으로 앞전에서부터 압력 중심까지의 거리와 시위 길이와의 비(%)로 나타낸다.

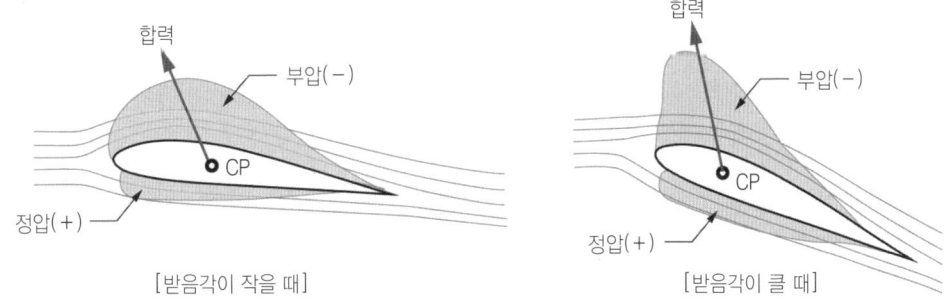

그림 1-15. 압력 중심(Center of pressure)

 (나) 공기력 중심(AC; aerodynamic center)

압력 중심은 공기력 중심과 일치하지 않는 것이 일반적이며, 받음각이 변화하면 날개면의 압력 분포가 변화하여 압력 중심이 이동하므로 공기력 모멘트는 변화한다. 그러나 날개골의 어떤 한 점은 받음각이 변하더라도 모멘트 계수의 크기가 변하지 않는 점이 있는데 이 점을 공기력 중심이라 하며, 이 점을 중심으로 하는 모멘트 계수를 Mac로 나타낸다. 대칭형 날개골에서는 Mac가 "0"이 된다.

대부분의 날개골에 있어서 이 공기력 중심은 $25\%\,C$(앞전에서부터 시위 길이의 25%)인 점에 위치한다.

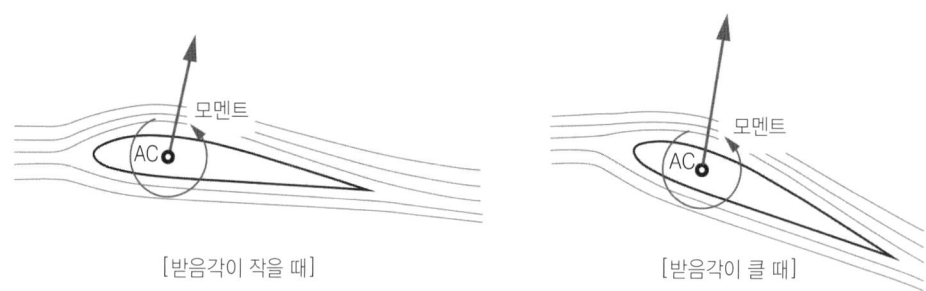

그림 1-16. 공기력 중심(Aerodynamic center)

다. NACA 표준 날개골

(1) 4자 계열: 4개의 숫자로 표시되는 날개골로서 첫 자리 숫자는 최대 캠버의 크기를 표시하고, 두 번째 숫자는 최대 캠버의 위치, 그리고 세 번째와 네 번째 숫자는 날개골의 최대 두께의 크기를 나타낸다.

〔예〕 NACA 2415
　　2 : 최대 캠버의 크기가 시위의 2% 이다.
　　4 : 최대 캠버의 위치가 앞전에서부터 시위의 40% 뒤에 있다.
　　15 : 최대 두께의 크기가 시위의 15% 이다.

(2) 5자 계열: 4자 계열의 날개골을 개선하여 만든 것으로서 다섯 자리 숫자로 되어 있다. 첫 자리 숫자와 마지막 두 자리 숫자가 의미하는 것은 4자 계열과 같고, 두 번째 숫자는 최대 캠버의 위치를 2 배하여 시위의 백분율로 표시한다. 세 번째 숫자(0이나 1)는 평균 캠버선의 모양을 나타낸다.

〔예〕 NACA 23015
　　2 : 최대 캠버의 크기가 시위의 2% 이다.
　　3 : 최대 캠버의 위치가 앞전에서부터 시위의 15% 뒤에 있다.
　　0 : 평균 캠버선의 뒤쪽 반이 직선이다. (1이면 뒤쪽 반이 곡선임을 뜻한다)
　　15 : 최대 두께의 크기가 시위의 15% 이다.

2. 날개의 모양과 특성

가. 날개의 용어

(1) 날개 면적(wing area) : 보통 날개 윗면의 투영 면적을 말한다. 동체나 기관 나셀(nacelle)에 의해서 가려진 부분의 면적도 포함된다.

(2) 날개 길이(wing span) : 한쪽 날개끝에서 다른 쪽 날개끝까지의 투영 길이

(3) 시위(chord) 또는 시위선(chord line) : 날개골의 앞전과 뒷전을 연결하는 직선거리를 말한다.

특히 주날개의 항공 역학적 특성을 대표하는 부분의 시위를 평균공력시위(MAC; mean aerodynamic chord)라고 하며, 이것은 날개를 직사각형 날개라고 가정했을 때의 시위이다.

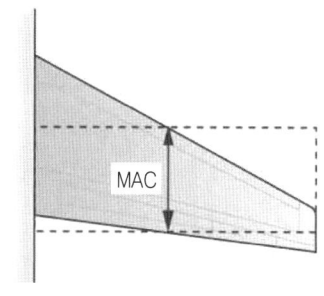

그림 1-17. 평균공력시위(MAC)

(4) 날개의 가로세로비(aspect ratio)

날개 길이(wing span)를 b라 하고 시위(chord) 길이를 c라 하면, 직사각형 날개를 가진 항공기의 날개 면적 $S = bc$가 된다. 이때 날개의 길이를 시위로 나눈 값, 즉 날개 길이와 시위 길이의 비를 가로세로비라 하며 AR로 표시한다.

$$AR = \frac{b}{c} = \frac{b \times b}{c \times b} = \frac{b^2}{S}$$

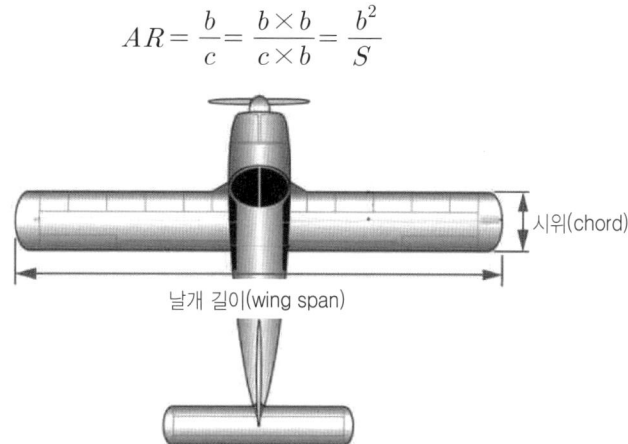

(5) 테이퍼비(taper ratio): 날개 뿌리 시위(C_r)와 날개 끝 시위(C_t)와의 비를 테이퍼비라고 한다. 직사각형 날개의 테이퍼비는 1이 되고, 삼각 날개의 테이퍼비는 0이 된다.

$$\lambda = \frac{C_t}{C_r}$$

(6) 뒤젖힘각(sweepback angle): 앞전에서 25% C(시위의 25%)되는 점들을 날개 뿌리에서 날개 끝까지 연결한 직선과 기체의 가로축이 이루는 각을 말한다.

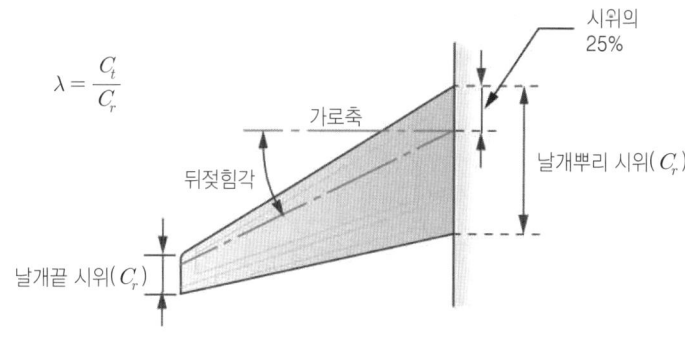

그림 1-18. 테이퍼비와 뒤젖힘각

(7) 쳐든각과 처진각
 (가) 쳐든각(dihedral angle): 기체를 수평으로 놓고 앞에서 보았을 때, 날개가 수평을 기준으로 위로 올라간 각
 (나) 처진각(cathedral angle): 기체를 수평으로 놓고 앞에서 보았을 때, 날개가 수평을 기준으로 아래로 내려간 각
(8) 붙임각(angle of incidence, incidence angle): 기체의 세로축과 날개의 시위선이 이루는 각으로 취부각이라고도 한다.

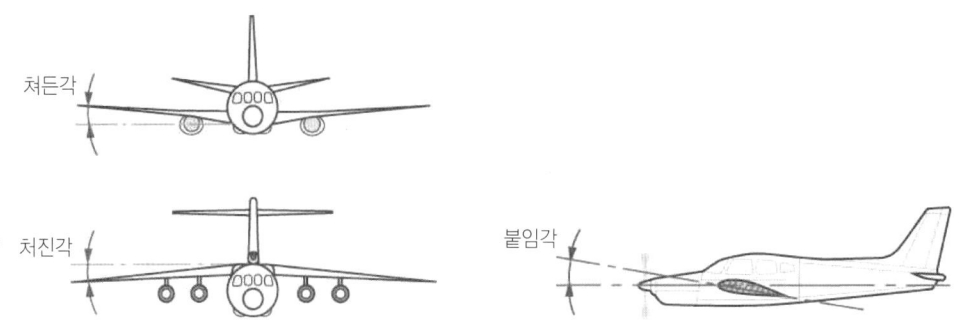

그림 1-19. 쳐든각, 처진각과 붙임각

(9) 기하학적 비틀림: 날개 끝의 붙임각을 날개 뿌리의 붙임각보다 작게 하는 경우가 있는데, 이것을 기하학적 비틀림이라 한다.

나. 날개의 모양에 따른 특성

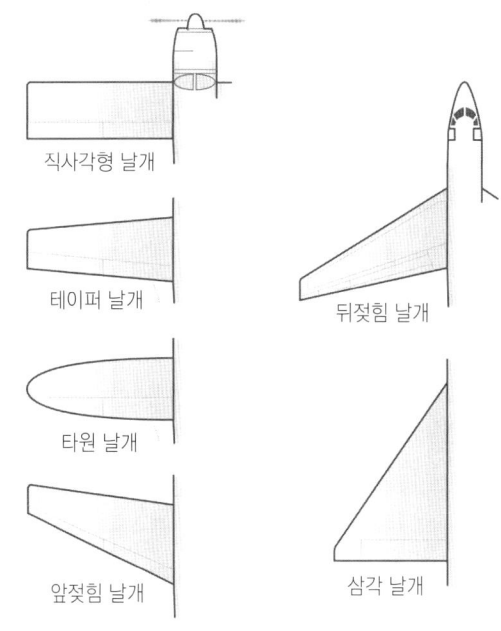

그림 1-20. 날개의 모양

(1) 직사각형 날개(rectangular wing) 또는 직선날개(straight wing): 제작이 쉽기 때문에 소형 비행기에 주로 사용된다. 구조면에서 테이퍼 날개에 비해 다소 무리가 있으나, 날개끝 실속의 경향이 없기 때문에 안정성이 있다.
(2) 테이퍼 날개(taper wing): 날개 뿌리의 단면적 및 두께가 날개 끝보다 크므로 붙임 강도가 높다. 현재 제작되는 비행기의 대부분은 이 테이퍼 날개를 사용한다.
(3) 타원 날개(elliptic wing): 날개 길이 방향의 유도속도가 일정하고 유도항력이 최소이나, 구조상 제작이 어렵다. 또한 실속이 발생하면 회복이 어렵고, 속도가 빠른 비행기에는 적합하지 않아 현재는 거의 사용하지 않는다.
(4) 앞젖힘 날개(swept forward wing): 날개끝 실속이 생기지 않으며 고속 특성도 좋다.

(5) 뒤젖힘 날개(sweep back wing)

임계 마하수를 높일 수 있으나 날개끝 실속이 먼저 일어나게 되므로 실속 특성이 좋지 않다는 단점을 가진다. 이와 같은 날개끝 실속을 방지하기 위하여 뒤젖힘 날개에는 경계층 판(boundary layer fence, stall fence)을 장착하는 경우가 있다. 이 경계층 판은 높이가 15~20 cm이고, 날개의 앞전에서부터 뒷전으로 항공기 대칭면에 평행하게 붙인다.

뒤젖힘각이 커짐에 따라 항력계수의 최댓값이 작아지고, 항력계수의 최댓값이 생기는 마하수는 그만큼 늦어진다. 또 양력계수의 기울기와 최대양력계수는 감소하나 실속각은 커진다.

(가) 장점
  ① 임계 마하수가 증가한다.
  ② 방향 안정성이 증가한다.
  ③ 항력 발산 마하수가 증가한다.
  ④ 고속 시 저항을 감소시킬 수 있다.
(나) 단점: 날개끝 실속이 발생한다.

(6) 삼각 날개(delta wing): 임계 마하수가 높고, 구조면으로도 강하다. 뒤젖힘 날개 비행기보다 더욱 빠른 속도로 비행하는 초음속기에 적합하다.

다. 항력 발산 마하수(Drag divergence Mach number)

(1) 항력 발산 마하수

날개골의 특성이 달라지는 마하수로 항력이 급격히 증가하므로 추력이 크게 필요하다. 그리고 항력 발산 마하수는 높을수록, 그 때의 항력이 작을수록 항공기는 고속 비행에 적합하다. 일반적으로 항력 발산 마하수는 임계 마하수보다 약 10~15% 가량 더 크다.

(2) 항력 발산 마하수를 증가시키는 방법
  (가) 얇은 날개를 사용하여 날개 표면에서의 속도 증가를 줄인다.
  (나) 날개에 뒤젖힘각을 준다.
  (다) 가로세로비가 작은 날개를 사용한다.
  (라) 경계층을 제어한다.
  (마) 이상의 조건을 서로 잘 조합해서 설계한다.

제2절 날개의 공기력

1. 날개의 양력

가. 순환이론

날개에 흐르는 흐름은 두 개의 흐름으로 분리시킬 수 있는데 한 개는 자유흐름이고, 또 한 가지는 날개 주위를 회전하는 흐름이 존재하게 된다. 이 흐름을 순환이라 하며 순환흐름에 자유흐름이 합성되면 양력이 발생하게 되는데, 이러한 양력을 쿠타-쥬코브스키(Kutta-Joukowsky) 양력이라 한다.

이와 같이 날개 주위에 순환이 생기는 현상을 이용하여 날개의 양력을 해석하는 것을 날개의 순환이론이라 한다. 회전원통에 의해서 생긴 순환이 선형흐름과 조합될 경우 양력이 발생하게 된다. 이 현상을 마그누스 효과(magnus effect)라 하며, 야구에서 곡구(curve)가 생기게 하는 원인이 되는 것이다.

나. 날개 주위의 순환
  (1) 출발와류(starting vortex)
    날개가 움직이기 시작하는 순간 공기 입자가 뒷전을 회전하여 윗면으로 올라가게 된다. 이 때문에 뒷전에는 와류가 생기게 되는데 이 와류를 출발와류라 한다.
  (2) 속박와류(bound vortex)
    날개의 뒷전에 출발와류가 생기게 되면 날개 주위에도 이것과 크기가 같고 방향이 반대인 와류가 생기게 된다. 날개 주위에 생기는 이 순환은 항상 날개에 붙어 다니므로 속박와류라 하고, 이 와류로 인하여 날개에 양력이 발생하게 된다.

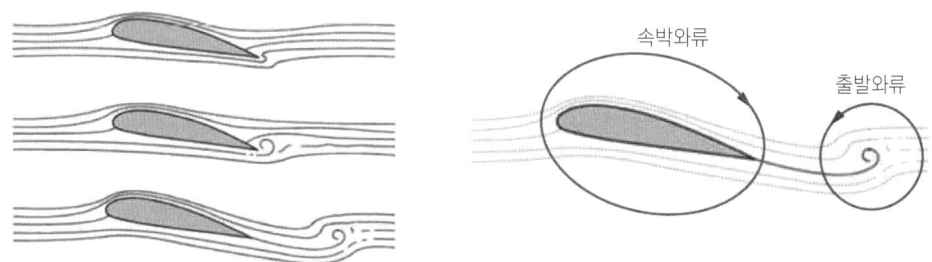

그림 1-21. 출발와류의 발생과 날개 주위의 순환

  (3) 날개끝 와류(wingtip vortex)
   (가) 날개끝 와류와 내리흐름
    날개를 지나는 흐름은 윗면에서는 부압(-)이고 아랫면에서는 정압(+)이다. 이 때문에 날개끝에서는 안쪽으로 말려드는 흐름, 즉 와류가 발생하는데 이 와류를 날개끝 와류라 한다. 이 날개끝 와류는 날개 뒤쪽 부분의 공기흐름을 아래로 내려 흐르게 하는 유도흐름을 생기게 한다. 이 흐름을 내리흐름(downwash)이라 한다.

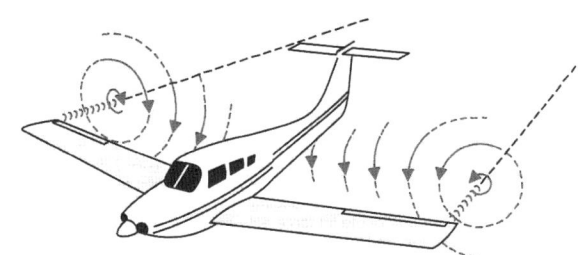

그림 1-22. 날개끝 와류(Wingtip vortex)

   (나) 와류의 강도(vortex strength)
    와류(vortex)의 강도는 와류를 발생시키는 항공기의 중량, 속도 및 날개의 형상에 좌우된다. 또한 항공기 와류의 특성은 속도 변화는 물론 플랩(flap) 또는 그 밖의 날개형태 변경장치(wing configuring device)를 펼침으로서도 변경될 수 있다. 그러나 기본요인은 무게이며, 와류의 강도는 무게에 비례하여 증가한다. 그리고 날개 길이와 속도에 반비례한다. 따라서 무게가 무겁고 속도가 느린 항공기일수록 큰 받음각과 강한 날개끝 와류가 형성된다.
    최대 와류강도는 와류를 발생시키는 항공기가 무겁고(heavy), 외부 장착물이 없으며(clean), 그리고 저속(slow)일 때 발생한다.

2. 날개의 항력

항공기 날개에 작용하는 항력은 다음과 같다.

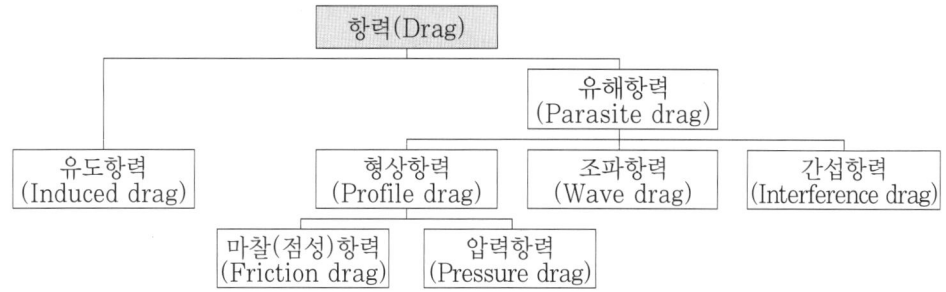

가. 유도항력(Induced drag)

날개에 의한 내리흐름으로 날개의 유효 받음각이 작아지면 날개의 양력이 기울어져 그 흐름 방향의 성분이 항력으로 작용한다. 이것은 유도속도 때문에 생기는 항력이므로 유도항력이라 한다. 유도항력을 D_i라 하면 다음 식으로 표시된다.

$$D_i = C_{Di} \frac{1}{2} \rho V^2 S$$

일반날개의 유도항력계수(C_{Di})는 다음 식으로 표시된다.

$$C_{Di} = \frac{C_L^2}{\pi e AR}$$

여기서, e는 스팬 효율계수(또는 오스왈드 효율계수)라 한다. 타원 날개의 경우는 e의 값이 1로서 유도항력이 가장 작은 날개이고, 그 밖의 날개는 e의 값이 1보다 작다. 이 스팬 효율계수는 날개의 평면형상에 따른 유도항력의 크기를 나타내는 계수이며, 스팬 효율계수를 크게 하면 유도항력이 작아진다. 또, 가로세로비가 커질수록 유도항력계수는 작아진다.

나. 유해항력(Parasite drag)

항력 중, 양력을 발생시키지는 않지만 비행기의 운동을 방해하는 항력을 통틀어 유해항력이라 한다. 즉 유도항력을 제외한 모든 항력은 유해항력이라 할 수 있다.

(1) 형상항력(profile drag)

물체의 모양에 따라서 다른 값을 가지는 항력으로 공기가 점성을 가지기 때문에 생기는 마찰항력과 압력항력이며, 날개골의 형태에 따라 다른 값을 가지는 항력이 되기 때문에 형상항력이라 부른다.

(2) 조파항력(wave drag)

날개면상에 초음속 흐름이 형성되면 충격파가 발생하고 이 결과로 인하여 생기는 모든 항력

(3) 간섭항력(interference drag)

날개와 동체 또는 꼬리날개, 착륙장치, 엔진의 냉각장치, 엔진 나셀 등을 통과하는 흐름의 간섭효과로 인한 항력

다. 전체항력(Total drag)

비행기가 아음속으로 비행할 때 날개에 작용하는 전체항력은 형상항력과 유도항력의 합으로 나타내며, 천음속이나 초음속으로 경우에는 조파항력이 추가로 발생된다. 즉 유도항력을 제외한 모든 항력을 유해항력이라 할 수 있다. 따라서 비행기의 항력(D)은 유해항력(D_p)과 유도항력(D_i)의 합으로 나타낼 수 있다.

$$전체항력(D) = 유해항력(D_p) + 유도항력(D_i)$$

아래 그림 1-23는 수평비행 시 항공기 속도에 따른 전체항력의 변화를 보여준다. 유도항력은 속도의 제곱에 반비례하며 속도가 증가함에 따라 감소한다. 반면에, 유해항력은 속도의 제곱에 비례하며 속도가 증가함에 따라 증가한다. 그림과 같이 유도항력과 유해항력이 동일한 속도로 비행할 때 전체항력이 최소가 된다. 즉 양항비가 최대가 된다.

항공기의 전체항력은 저속에서는 유도항력이 크고 고속에서는 유해항력이 크다. 따라서 수평비행 상태에서 최대 양항비를 얻을 수 있는 속도보다 낮은 속도로 비행을 하면 유도항력의 증가로 인하여 전체항력이 증가하며, 높은 속도로 비행을 하면 유해항력의 증가로 인하여 전체항력이 증가한다.

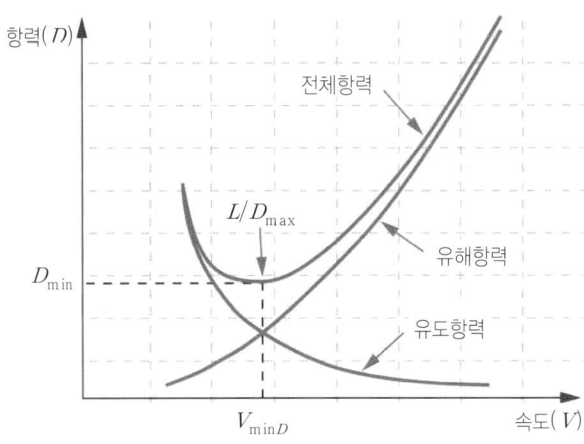

그림 1-23. 항공기 속도(V)와 항력(D)

3. 날개의 실속성

가. 실속(Stall)

받음각이 실속각 이상이 되면 날개 표면에는 흐름의 떨어짐이 생기게 된다. 이에 따라 지금까지는 받음각이 커질수록 증가하던 양력계수가 감소하기 시작하고, 반대로 항력계수는 더욱 증가해서 흐름의 떨어짐이 뚜렷해진다. 이 같은 현상이 생기면 날개에서 발생하는 양력이 비행기 무게를 떠받칠 만큼 크지 못해서 비행기가 떨어지는 경우가 발생하는데, 이러한 현상을 실속(stall)이라 한다.

나. 날개 모양에 따른 실속 특성

두께가 얇고 앞전 반지름과 캠버가 작은 고속용 날개일수록, 그리고 가로세로비가 큰 날개일수록 실속 특성이 불량하다. 이러한 날개는 받음각이 실속각보다 크게 되면 흐름의 떨어짐이 날개 앞전에서부터 일어나기 때문에 양력이 급격히 감소하고, 갑자기 실속할 위험이 있다.

(1) 직사각형 날개(rectangular wing)

받음각을 크게 할수록 날개 뿌리 부분에서 먼저 실속이 일어나고 날개 끝으로 퍼져 나간다.

(2) 테이퍼형 날개(taper wing)

테이퍼비가 작아질수록 날개 뿌리보다 날개 끝 쪽에서 먼저 실속이 생긴다.

(3) 타원형 날개(elliptic wing)

내리흐름 분포는 날개 길이 전체에 걸쳐 거의 변화가 없어 실속도 균일하게 생긴다. 따라서 부분적인 실속이 생기지 않는 이점을 가지고 있으나, 일단 실속에 들어가면 날개 전체에 실속 영역이 확장되어 실속으로부터 회복이 늦어지는 결점이 있다.

(4) 뒤젖힘 날개(sweep back wing)

받음각을 크게 할수록 날개 끝에서 먼저 실속이 일어난다.

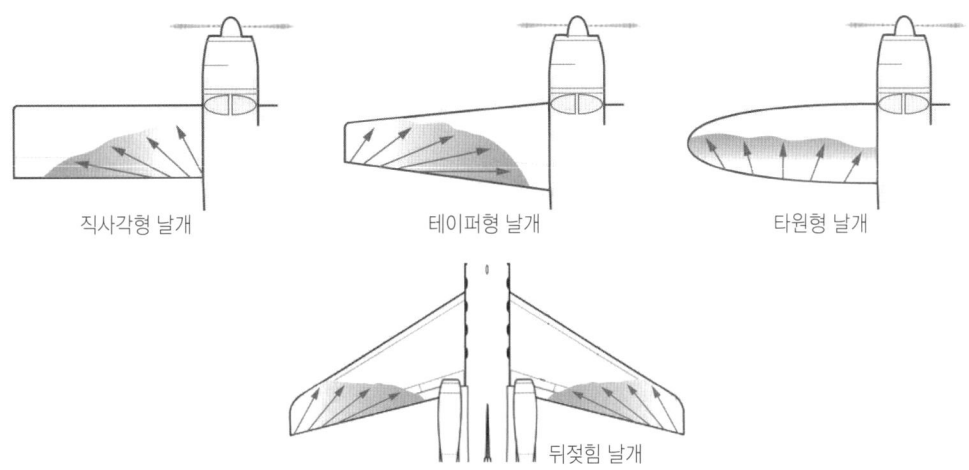

그림 1-24. 날개 모양에 따른 실속 특성

다. 날개끝 실속 방지법

날개끝 실속(wingtip stall)이 발생하면 비행기 중심에서부터 먼 부분에 실속에 의한 공기력의 변화로 비행기의 가로안정을 좋지 않게 한다. 또, 날개끝 부분의 도움날개의 효과를 나쁘게 하여 비행기의 조종 특성에 좋지 않은 영향을 끼친다.

(1) 날개의 테이퍼를 너무 크게 하지 않는다.
(2) 날개 끝으로 감에 따라 받음각이 작아지도록 날개에 앞내림(washout)을 준다. 이것을 기하학적 비틀림이라 한다.
(3) 날개 끝 부분에 두께비, 앞전 반지름, 캠버 등이 큰 날개골을 사용한다. 이것을 공력적 비틀림이라고 한다. 또 날개 뿌리 부분에 역 캠버인 날개골을 사용하기도 한다.
(4) 날개 뿌리에 실속판인 스트립(strip)을 붙인다.
(5) 날개 끝 부분의 앞전 안쪽에 슬롯(slot)을 설치한다.

제3절 날개의 공력 보조장치

양력이나 항력을 목적에 따라 변화시키기 위해 날개 면이나 동체에 덧붙이는 장치를 일반적으로 공력 보조장치라 한다.

1. 고양력 장치(High lift device)

날개의 양력을 증가시켜 주는 장치이다. 양력계수를 증가시켜 이착륙 속도를 줄여 이착륙 거리를 단축시켜 준다.

가. 뒷전 플랩(Trailing edge flap)

날개의 뒷전을 구부려 캠버를 증가시킴으로 해서 양력을 증가시키는 장치로 플랩을 작동시키면 양력이 커지고 받음각도 증가하는 효과가 발생한다. 플랩을 사용하면 양력도 증가하나 동시에 항력도 증가한다.

(1) 단순 플랩(plain flap): 날개 뒷전을 단순히 밑으로 굽히는 것으로 소형, 저속기에 사용한다. 최대양력계수를 50% 가량 증가시킬 수 있다.

(2) 스플릿 플랩(split flap): 날개 뒷전 밑면의 일부를 내림으로써 날개 윗면의 흐름을 강제적으로 빨아들여 흐름의 떨어짐을 지연시키는 것으로 최대양력계수를 60% 가량 증가시킬 수 있다. 단순 플랩보다 더 많은 양력을 얻을 수 있지만, 뒷전에 심한 흐름의 떨어짐이 생기기 때문에 항력도 더 많이 증가한다.

(3) 슬롯 플랩(slotted flap): 플랩을 내렸을 때에 플랩의 앞에 틈이 생겨 이를 통하여 날개 밑면의 흐름을 윗면으로 올려 뒷전 부분에서 흐름의 떨어짐을 방지하기 위한 것으로, 최대양력계수를 65% 가량 증가시킬 수 있다.

(4) 피울러 플랩(fowler flap): 플랩을 내리면 우선 날개 뒷전과 플랩 앞전 사이에 틈을 만들면서 밑으로 굽히도록 만들어진 것이다. 이 플랩은 날개 면적을 증가시키고 틈의 효과와 캠버 증가의 효과로 최대양력계수를 90% 가량 증가시킬 수 있다. 또한 항력 증가가 작기 때문에 이륙 시에도 사용된다.

(5) 이중 간격 플랩(double slotted fowler flap): 날개 뒷전과 플랩 사이에 간격을 이중으로 설치한 것으로 최대양력계수를 100% 가량 증가시킬 수 있다. 성능이 가장 우수하나 구조가 복잡하여 대형, 고속기에 사용된다.

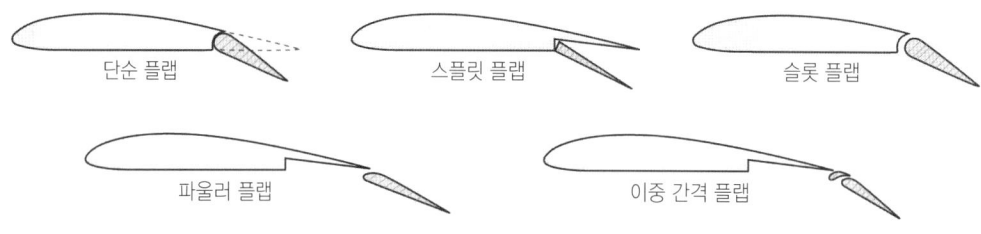

그림 1-25. 뒷전 플랩(Trailing edge flap)

나. 앞전 플랩(Leading edge flap)

뒷전 플랩만으로 충분히 실속속도를 줄일 수 없는 고속기용 날개에 사용할 목적으로 장착하며, 단독으로 사용할 경우 너무 큰 실속각을 가지게 하므로 뒷전 플랩과 함께 사용된다.

(1) 슬롯(slot)과 슬랫(slat): 날개 앞전의 약간 안쪽 밑면에서 윗면으로 틈을 만들어, 큰 받음각 일 때 밑면의 흐름을 윗면으로 유도하여 흐름의 떨어짐을 지연시켜 실속이 일어나지 않고 큰 받음각을 얻을 수 있도록 한다.

큰 받음각일 때에 앞전 상하의 압력 차이로 인해 앞전의 일부가 앞쪽으로 이동해서 슬롯을 형성하는 자동 슬랫에서 앞쪽으로 나간 부분을 슬랫(slat)이라 한다.

(2) 크루거 플랩(kruger flap): 날개 밑면에 접혀져 날개의 일부를 구성하고 있으나, 조작하면 앞쪽으로 꺾여 구부러지고 앞전 반지름을 크게 하여 양력 증가의 효과를 얻는 장치이다.

(3) 드루프 앞전(drooped leading edge): 날개 앞전 부분이 밑으로 꺾여서 굽혀지기 때문에 붙여진 이름이다. 앞전 반지름과 그 부분의 캠버의 증가 효과를 얻을 수 있는 장치이다.

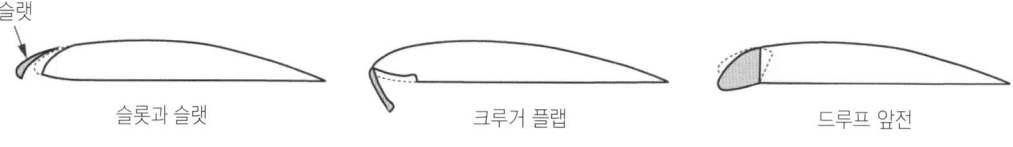

그림 1-26. 앞전 플랩(Leading edge flap)

2. 고항력 장치(High drag device)

가. 스포일러(Spoiler)

날개 중앙 부분에 부착하는 일종의 평판으로, 이것을 날개 윗면 또는 밑면에 펼침으로써 흐름을 강제로 떨어지게 하여 양력을 감소시키고 항력을 증가시키는 장치이다.

(1) 공중 스포일러(flight spoiler): 비행 중에 필요에 따라 스피드 브레이크의 역할과 도움날개의 역할을 수행하는 스포일러로 플랩과 함께 사용하는 것은 금지되어 있다.

(2) 지상 스포일러(ground spoiler): 착륙 시 착륙 활주거리를 줄이기 위해 사용하는 스포일러이다. 지상 스포일러와 같은 공기역학적 브레이크(aerodynamic braking)는 접지속도의 약 60~70%의 속도로 감속할 때에만 유용하다. 이 속도보다 낮은 속도에서는 공기역학적 항력이 너무 적어서 브레이크의 효과가 없으므로 휠 브레이크(wheel brake)를 사용하여 정지하여야 한다.

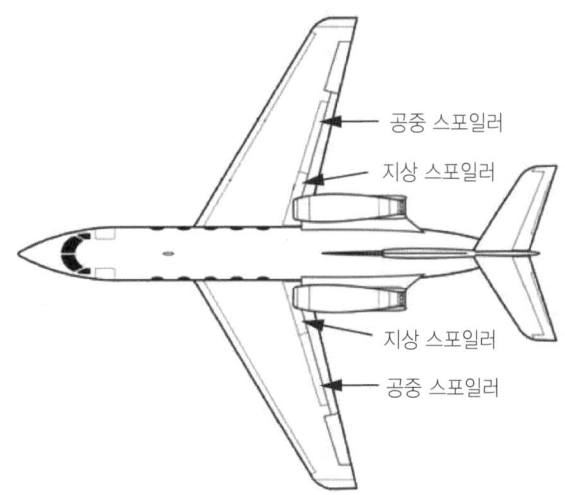

그림 1-27. 스포일러(Spoiler)

나. 역추력 장치(Thrust reverser)

제트기에서는 엔진의 배기가스를 막는 판, 또는 편류시키는 판을 이용해서 배기가스 흐름을 역류시켜 추력의 방향을 반대로 바꾸는 방법이 있다. 이 장치를 역추력 장치라 한다.

다. 드래그 슈트(Drag chute)

기체의 뒷부분에서 파라슈트(parachute)를 펼쳐 속도를 감소시키는 장치이다.

Ⅰ. 날개의 모양과 특성

【문제】 1. 익현선(chord line)을 바르게 설명한 것은?
① 날개의 윗면과 아랫면의 중간 위치가 연결된 선
② 날개의 윗면과 아랫면까지 연결된 선
③ 날개의 익단에서 익근까지 연결된 선
④ 날개의 앞전에서 뒷전까지 연결된 선

【문제】 2. 날개 앞부분의 끝과 뒷부분의 끝을 연결한 길이를 무엇이라 하는가?
① Airfoil ② Chord ③ Camber ④ Thickness

【문제】 3. 날개에서 시위선(chord line)이란 무엇인가?
① 날개의 앞전과 뒷전을 이은 선
② 날개의 윗면과 아랫면의 중간 위치를 연결한 선
③ 날개의 가장 두꺼운 부분
④ 날개의 앞전부터 가장 두꺼운 부분까지의 거리

【문제】 4. Chord line에 대한 설명으로 맞는 것은?
① The line drawn equidistant between the upper and lower surfaces of an airfoil
② The maximum distance between the mean camber line and the chord line
③ A straight line joining the leading and trailing edges of a wing
④ The maximum distance between the upper and lower surfaces

【문제】 5. 비행기 날개의 받음각이란?
① 후퇴각과 상반각의 차이
② 상반각과 취부각의 차이
③ 비행기의 진행방향과 시위선이 이루는 각
④ 기축선과 시위선이 이루는 각

【문제】 6. 받음각의 설명으로 맞는 것은?
① Angle between the airplane's longitudinal axis and chord line of the wing
② Angle between the airplane's center line and the relative wind
③ Angle between the airplane's longitudinal axis and the relative wind
④ Angle between the chord line of the wing and the relative wind

---

정답 1. ④ 2. ② 3. ① 4. ③ 5. ③ 6. ④

【문제】7. 항공기 날개의 시위선과 상대풍이 이루는 각을 무엇이라 하는가?
① 받음각　　　② 붙임각　　　③ 상반각　　　④ 후퇴각

【문제】8. 캠버(camber)에 대한 설명으로 맞는 것은?
① 시위선에서 평균 캠버선까지의 거리
② 앞전에서 뒷전까지의 직선거리
③ 위 캠버와 아래 캠버의 평균율
④ 윗면과 아랫면 사이의 거리

【문제】9. 다음과 같은 airfoil에서 화살표가 가리키는 선의 명칭은?

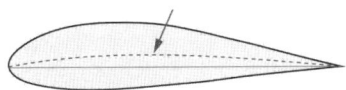

① Mean thickness
② Camber
③ Chord line
④ Mean camber line

【문제】10. 다음 그림에서 max camber는?

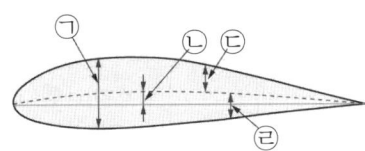

① ㉠
② ㉡
③ ㉢
④ ㉣

【문제】11. 다음 에어포일 그림에서 각 부분의 용어가 잘못된 것은?

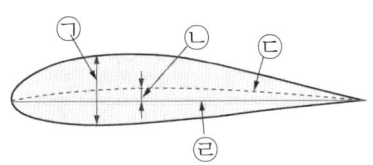

① ㉠: 최대 캠버
② ㉡: 캠버
③ ㉢: 평균 캠버선
④ ㉣: 시위선

【문제】12. 다음 용어에 대한 설명 중 틀린 것은?
① AOA - Angle between chord line and relative wind
② Relative wind - The direction of the airflow with respect to the wing
③ Chord line - Straight line from the upper surfaces to the lower surfaces
④ Maximum camber - The maximum distance of the mean line from the chord line

〈해설〉 날개골(airfoil)의 주요 명칭은 다음과 같다.

명 칭	설 명
시위(chord, chord line)	앞전(leading edge)과 뒷전(trailing edge)을 연결한 직선
평균 캠버선(mean camber line)	두께의 2등분점을 연결한 선
캠버(camber)	시위선에서 평균 캠버선까지의 길이
받음각(angle of attack)	공기 흐름의 속도 방향과 날개골의 시위선이 만드는 사잇각

정답　7. ①　8. ①　9. ④　10. ②　11. ①　12. ③

【문제】 13. 항공기가 수평선과 날개의 chord line을 20°로 유지한 채 상승비행을 하고 있다. 상승각이 17°라면 이때 받음각은?
　　① 20°　　　　② 17°　　　　③ 23°　　　　④ 3°

〈해설〉 받음각이란 항공기의 진행방향인 상승각과 시위선 사이의 각이므로, 받음각=20°−17°=3°

【문제】 14. 비행 중 날개의 양력에 영향을 주는 요소는?
　　① 양력계수, 항공기 속도, 날개 면적, 공기 온도
　　② 양력계수, 공기 밀도, 항공기 속도, 항공기 무게
　　③ 항공기 속도, 날개 면적, 공기 밀도, 공기 온도
　　④ 양력계수, 항공기 속도, 날개 면적, 공기 밀도

【문제】 15. 양력에 대한 설명 중 틀린 것은?
　　① 시위선에 수직으로 작용한다.
　　② 날개 주위를 지나는 공기 속도의 제곱에 비례하여 증가한다.
　　③ 날개 주위의 공기 밀도에 비례하여 증가한다.
　　④ 항공기 날개 면적에 비례하여 증가한다.

【문제】 16. 비행기 날개에 작용하는 양력은?
　　① 공기의 유속에 비례한다.　　　　② 공기 유속의 제곱에 비례한다.
　　③ 공기 유속의 3승에 비례한다.　　　④ 공기의 유속에 반비례한다.

【문제】 17. 비행기 날개에 작용하는 양력에 대한 설명 중 맞는 것은?
　　① 항공기 속도의 3승에 비례한다.　　② 날개 면적에 반비례한다.
　　③ 공기 밀도에 비례한다.　　　　　　④ 레이놀즈 넘버에 반비례한다.

【문제】 18. 비행기 날개의 양력과 항력에 대한 설명 중 맞는 것은?
　　① 양력과 항력은 속도에 비례한다.
　　② 양력은 날개의 면적과 속도에 비례하고, 항력은 날개의 면적과 속도에 반비례한다.
　　③ 양력은 양력계수에 반비례하고, 항력은 항력계수에 반비례한다.
　　④ 양력과 항력은 공기의 밀도, 날개의 면적, 속도의 제곱에 비례한다.

【문제】 19. 비행 중 항력에 가장 큰 영향을 미치는 요소는?
　　① 공기 밀도　　② 비행 속도　　③ 날개 면적　　④ 공기 온도

【문제】 20. 수평비행 시 비행기의 속도가 두 배로 증가하면 유해항력은?
　　① 1/2배 증가한다.　　　　　　② $\sqrt{2}$ 배 증가한다.
　　③ 2배 증가한다.　　　　　　　④ 4배 증가한다.

정답　13. ④　14. ④　15. ①　16. ②　17. ③　18. ④　19. ②　20. ④

【문제】21. 80 mph의 속도로 비행하는 항공기의 양력이 40 lbs 이면, 이 항공기가 160 mph의 속도로 비행할 때의 양력은?
　　① 80 lbs　　　　② 120 lbs　　　　③ 160 lbs　　　　④ 200 lbs

【문제】22. 항공기의 항력에 영향을 주지 않는 것은?
　　① 받음각　　　　② 마하수　　　　③ 레이놀즈 수　　　　④ 중력계수
〈해설〉 양력과 항력은 양력계수/항력계수, 공기 밀도, 날개 면적 및 비행속도의 제곱에 비례한다.
　1. 날개골을 공기의 흐름 속에 놓았을 때, 날개골에는 공기의 흐름 방향에 수직으로 양력(lift)이 발생하고, 흐름 방향과 같은 방향으로 항력(drag)이 생긴다.
　2. 양력과 항력은 비행속도의 제곱에 비례하므로, 비행기의 속도가 2배가 되면 양력과 항력은 4배 증가한다. 일반적으로 항력은 날개의 모양, 레이놀즈 수 및 받음각 등의 영향을 받는다.

【문제】23. 조종사가 날개의 받음각(AOA)을 변화시켜 변경할 수 있는 것은?
　　① 양력, 항력과 비행속도
　　② 양력과 비행속도, 항력은 불가능
　　③ 양력, 항력과 총중량
　　④ 양력과 항력, 비행속도는 불가능
〈해설〉 조종사는 날개의 받음각(AOA)을 변화시켜 비행기의 양력, 항력 및 비행속도를 조절할 수 있다. 받음각이 증가되면 양력은 증가(임계 받음각을 지나면 감소)하고 비행속도는 감소하며, 받음각이 감소되면 양력은 감소하고 비행속도는 증가한다.

【문제】24. 받음각(AOA)이 0° 일 때, 전형적인 항공기 날개에서 날개 윗면의 공기 압력은?
　　① 주변의 대기압과 같다.
　　② 주변의 대기압보다 높다.
　　③ 주변의 대기압보다 낮다.
　　④ 날개 아랫면의 공기 압력과 같다.

【문제】25. Angle of attack이 0°일 경우의 특성으로 맞는 설명은?
　　① 유도항력은 0이다.
　　② 날개 윗면과 아랫면의 압력은 같다.
　　③ 날개 윗면의 압력이 아랫면보다 높다.
　　④ 날개 윗면의 압력이 아랫면보다 낮다.

【문제】26. 대칭형 날개골에서 AOA가 0° 일 때의 특성으로 잘못된 것은?
　　① 유도항력이 0이다.
　　② 유해항력이 0이다.
　　③ 날개 윗면과 아랫면의 압력이 같다.
　　④ Downwash가 발생하지 않는다.

【문제】27. 대칭형 날개골을 가진 비행기가 비행 중 받음각이 0°인 경우 양력과 항력은?
　　① 약간의 양력과 항력이 발생한다.
　　② 양력과 항력은 0이다.
　　③ 양력은 0이고 약간의 유도항력과 형상항력이 발생한다.
　　④ 양력은 0이고 약간의 항력이 발생한다.

정답　21. ③　　22. ④　　23. ①　　24. ③　　25. ④　　26. ②　　27. ④

【문제】 28. 대칭형 날개골에서 받음각이 0°인 경우, pitch moment는?
① 0(zero)
② 수평비행 시의 pitch moment와 동일
③ Pitch-up moment
④ Pitch-down moment

【문제】 29. 받음각과 양력계수에 대한 다음 설명 중 맞는 것은?
① 대칭형 날개골에서 받음각이 0° 이면 양력계수는 0이다.
② 대칭형 날개골에서 받음각이 0° 이면 양력계수는 0보다 크다.
③ 비대칭형 날개골에서 받음각이 0° 이면 양력계수는 0이다.
④ 캠버를 가진 비대칭형 날개골에서 받음각이 0° 보다 크면 양력계수는 0이다.

〈해설〉 캠버(camber)에 따른 날개골의 특성은 다음과 같다.
1. 캠버가 0인 날개골, 즉 대칭형 날개골에서는 받음각이 0° 일 때 날개 윗면과 아랫면의 압력 분포가 동일하며 따라서 양력계수도 0이 된다. 그러나 이때에도 일정한 양의 유해항력(마찰항력 및 형상항력)은 존재한다.
2. 캠버가 있는 일반적인 날개골, 즉 비대칭형 날개골에서는 받음각이 0° 이더라도 날개 윗면의 공기 압력은 주변의 대기압보다 낮으며, 따라서 양력계수가 0보다 크다.

【문제】 30. 항공기가 C_{LMAX}이 발생하는 받음각을 지나면 양력과 항력은 어떻게 되는가?
① 양력 증가, 항력 증가   ② 양력 증가, 항력 감소
③ 양력 감소, 항력 증가   ④ 양력 감소, 항력 감소

【문제】 31. 항력계수(C_D)에 대한 다음 설명 중 맞는 것은?
① 받음각이 커지면 C_D가 증가하다가 실속각을 넘게 되면 급격히 감소한다.
② 받음각이 커지면 C_D가 감소하다가 실속각 이상일 때 급격히 증가한다.
③ 받음각이 커지면 C_D가 증가하다가 실속각 이상일 때 급격히 증가한다.
④ 받음각이 커지면 C_D가 감소하다가 실속각 이상일 때 급격히 감소한다.

【문제】 32. 최대 양력이 발생하는 실속각보다 더 큰 받음각을 갖게 될 경우?
① 양력은 증가하고 항력은 감소한다.   ② 양력은 감소하고 항력은 증가한다.
③ 양력과 항력이 모두 감소한다.   ④ 양력과 항력이 모두 증가한다.

【문제】 33. 날개골(airfoil)의 요구 조건으로 적합한 것은?
① 최대양력계수가 크고 최소항력계수가 작을 것
② 최대양력계수가 크고 최소항력계수가 클 것
③ 최대양력계수가 작고 최소항력계수가 작을 것
④ 최대양력계수가 작고 최소항력계수가 클 것

〈해설〉 받음각에 따른 양력계수와 항력계수의 변화는 다음과 같다.

정답 28. ①   29. ①   30. ③   31. ③   32. ②   33. ①

1. 받음각을 증가시키면 거의 직선적으로 양력계수가 증가하여 실속각(stalling angle)에서 최대양력계수($C_L max$)가 발생한다.
2. 실속각을 넘으면 양력계수는 급격히 감소하고 항력계수는 급격히 증가하는데, 이러한 현상을 실속(stall)이라 한다. 날개골이 다르면 날개골의 특성곡선이 달라지는 것은 당연하나 그 경향은 비슷하다. 날개골은 $C_L max$가 크고 $C_D min$이 작을수록 좋다.

【문제】34. 날개 두께를 크게 하면?
 ① 항력은 커지고, 양력과 실속 받음각은 작아진다.
 ② 항력은 작아지고, 양력과 실속 받음각이 커진다.
 ③ 항력, 양력과 실속 받음각이 모두 커진다.
 ④ 항력, 양력과 실속 받음각이 모두 작아진다.

【문제】35. 날개골의 날개 두께가 얇으면?
 ① $C_D min$은 커지고, $C_L max$와 실속각은 작아진다.
 ② $C_D min$, $C_L max$와 실속각이 모두 커진다.
 ③ $C_D min$은 작아지고, $C_L max$와 실속각이 커진다.
 ④ $C_D min$, $C_L max$와 실속각이 모두 작아진다.

【문제】36. 항공기 날개의 캠버가 증가하면 양력과 항력은 어떻게 되는가?
 ① 양력이 증가하며 항력도 증가한다.　② 양력이 증가하며 항력은 감소한다.
 ③ 양력이 감소하며 항력은 증가한다.　④ 양력이 감소하며 항력도 감소한다.

【문제】37. 가로세로비가 작은 날개골에 비해서 가로세로비가 큰 날개골의 특성으로 맞는 것은?
 ① 유도항력 및 임계 받음각이 증가한다.
 ② 유도항력 및 임계 받음각이 감소한다.
 ③ 유도항력은 감소하고 임계 받음각은 증가한다.
 ④ 유도항력은 증가하고 임계 받음각은 감소한다.

【문제】38. 날개골의 모양에 따른 특성에 대한 설명 중 틀린 것은?
 ① 캠버가 크면 양력계수는 커진다.
 ② 시위 길이가 길면 박리가 일찍 일어난다.
 ③ 앞전 반경이 크면 큰 받음각에서 박리가 늦게 일어난다.
 ④ 두께가 두꺼우면 큰 받음각을 취할 수 있다.

【문제】39. Airfoil의 특성에 대한 설명 중 틀린 것은?
 ① 모양이 동일하면 시위선의 길이에 상관없이 동일한 특성을 가진다.
 ② 앞전 반경이 커지면 작은 받음각에서 항력이 증가하고, 큰 받음각에서 항력이 감소한다.
 ③ 캠버가 큰 날개일수록 큰 양력을 얻을 수 있지만 항력도 증가한다.
 ④ 두께가 얇으면 작은 받음각에서 항력이 작지만, 큰 받음각에서는 항력이 급증한다.

[정답]　34. ③　35. ④　36. ①　37. ②　38. ②　39. ①

【문제】 40. 다음 중 최대양력계수($C_L$max)를 증가시키기 위해 설계 시에 변형시킬 수 있는 요소는?
① 두께와 날개 면적
② 코드 길이와 종횡비
③ 캠버와 날개 스팬(wing span)
④ 두께와 캠버

〈해설〉 날개골의 모양에 따른 특성은 다음과 같다.
1. 두께와 앞전 반지름

구 분		받음각이 작을 때	받음각이 클 때
두께	얇은 날개골	항력이 작다.	항력이 급증하며 양력이 작다.
	두꺼운 날개골	항력이 크다.	큰 양력을 얻을 수 있다.
앞전 반지름	작은 날개골	항력이 작다.	항력이 급증한다.
	큰 날개골	항력이 크다.	항력이 작아지고, 최대 받음각이 커진다.

2. 캠버(camber) : 캠버가 클수록 큰 양력을 얻을 수 있지만 항력도 증가한다.
3. 시위(chord) : 시위 길이가 길면 레이놀즈 수가 커지므로 큰 받음각에도 쉽게 흐름의 떨어짐이 생기지 않는다.

【문제】 41. 날개면에 작용하는 공기력의 합력점을 무엇이라 하는가?
① 압력 중심(center of pressure)
② 공기력 중심(aerodynamic center)
③ 무게 중심(center of gravity)
④ 모멘트 중심(center of moment)

【문제】 42. 아음속 비행기의 압력 중심에 대한 다음 설명 중 맞는 것은?
① 받음각이 변해도 이동하지 않는다.
② 속도를 증가시키면 앞쪽으로 이동한다.
③ 속도를 감소시키면 앞쪽으로 이동한다.
④ 받음각을 증가시키면 앞쪽으로 이동한다.

【문제】 43. 날개의 압력 중심에 대한 설명 중 틀린 것은?
① 받음각이 변하더라도 모멘트 계수의 크기가 변하지 않는 점이다.
② 보통 날개는 받음각이 클 때 시위선의 1/4 정도에 위치한다.
③ 받음각이 작을 때는 시위선의 1/2 정도에 위치한다.
④ 받음각이 커질수록 앞으로 이동한다.

【문제】 44. 받음각이 증가하면 center of pressure는 어떻게 되는가?
① 뒷전 쪽으로 이동한다.
② 앞전 쪽으로 이동한다.
③ 시위의 중간 지점으로 이동한다.
④ 이동하지 않는다.

〈해설〉 압력 중심(center of pressure), 또는 풍압 중심
1. 날개 윗면과 아랫면의 공기 압력이 작용하는 합력점을 압력 중심이라 한다.
2. 보통의 날개에서 압력 중심은 받음각이 클 때 앞으로 이동하여 시위 길이의 1/4 정도인 곳이 된다. 반대로 받음각이 작을 때는 시위 길이의 1/2 정도까지 이동하며, 비행기가 급강하할 때는 압력 중심은 더 많이 후퇴한다.
3. 대칭형 날개골에서는 받음각이 변하더라도 압력 중심은 변하지 않는다.

[정답] 40. ④ 41. ① 42. ④ 43. ① 44. ②

4. 압력 중심의 위치는 일반적으로 앞전에서부터 압력 중심까지의 거리와 시위 길이와의 비(%)로 나타낸다.

【문제】 45. 양력과 항력의 중심점이면서, 날개의 피칭 모멘트 계수가 받음각에 관계없이 거의 일정하게 유지되는 점은?
① 무게 중심(center of gravity) ② 압력 중심(center of pressure)
③ 양력 중심(center of lift) ④ 공기력 중심(aerodynamic center)

【문제】 46. 공기력 중심에 대한 설명 중 맞는 것은?
① 받음각이 변하더라도 위치는 변하지 않는다.
② 받음각이 커지면 앞전 쪽으로 이동한다.
③ 일반적으로 무게 중심의 전방에 위치한다.
④ 대부분의 날개골은 앞전에서부터 시위의 약 30% 지점에 위치한다.

〈해설〉 공기력 중심(aerodynamic center)
1. 날개골의 어떤 한 점은 받음각이 변하더라도 모멘트 계수의 크기가 변하지 않는 점이 있는데 이 점을 공기력 중심이라 하며, 이 점을 중심으로 하는 모멘트 계수를 Mac로 나타낸다. 대칭형 날개골에서 Mac는 "0"이 된다.
2. 대부분의 날개골에 있어서 이 공기력 중심은 앞전에서부터 $25\%C$의 지점에 위치한다.

【문제】 47. NACA 2415 날개골에서 "4"가 의미하는 것은?
① 최대 두께의 크기가 시위의 4% 이다.
② 최대 캠버의 위치가 leading edge로부터 시위의 40%에 있다.
③ 최대 캠버의 크기가 시위의 4% 이다.
④ 최대 두께의 위치가 leading edge로부터 시위의 40%에 있다.

【문제】 48. NACA 2412 날개골에서 최대 캠버는 앞전에서부터 시위의 몇 %에 위치하는가?
① 40% ② 20% ③ 12% ④ 5%

【문제】 49. NACA 4자 계열 날개골 2415에 대한 설명으로 틀린 것은?
① Max camber의 크기는 시위의 2% 이다.
② Max thickness의 크기는 시위의 15% 이다.
③ Max camber의 위치는 시위의 40% 이다.
④ Max camber는 전체 길이의 15% 이다.

【문제】 50. 5자 계열 날개골 NACA 23015에 대한 설명으로 틀린 것은?
① Max camber의 크기는 시위의 2% 이다.
② Max camber의 위치는 앞전에서부터 시위의 30% 뒤에 있다.
③ Mean camber line의 뒤쪽 반은 직선이다.
④ Max thickness의 크기는 시위의 15% 이다.

정답 45. ④ 46. ① 47. ② 48. ① 49. ④ 50. ②

⟨해설⟩ NACA 표준 날개골에서 각 숫자가 의미하는 것은 다음과 같다.

4자 계열 (예: NACA 2415)	
2	최대 캠버의 크기 : 시위의 2%
4	최대 캠버의 위치 : 앞전에서부터 시위의 40% 뒤에 있다.
	-
15	최대 두께의 크기 : 시위의 15%

5자 계열 (예 NACA 23015)	
2	최대 캠버의 크기 : 시위의 2%
3	최대 캠버의 위치 : 앞전에서부터 시위의 15%(3/2=1.5) 뒤에 있다.
0	평균 캠버선의 뒤쪽 반이 직선이다. ("1"이면 뒤쪽 반이 곡선임을 뜻한다)
15	최대 두께의 크기 : 시위의 15%

【문제】51. 날개의 길이와 평균공력시위의 비를 무엇이라 하는가?
　　① 가로세로비(aspect ratio)　　② 테이퍼비(taper ratio)
　　③ 두께비(thickness ratio)　　④ 상반각 비율(dihedral ratio)

【문제】52. 날개의 가로세로비(aspect ratio) 란?
　　① 날개의 시위를 길이로 나눈 값　　② 항공기 중량을 날개 면적으로 나눈 값
　　③ 날개의 길이를 시위로 나눈 값　　④ 날개 끝 시위를 날개 뿌리 시위로 나눈 값

【문제】53. 날개의 aspect ratio 란?
　　① 날개의 tip chord와 root chord의 비
　　② 날개 span과 mean aerodynamic chord의 비
　　③ 날개 span과 root chord의 비
　　④ 날개의 tip chord와 날개 span의 비

【문제】54. 날개의 span이 10 m, MAC(mean aerodynamic chord)가 1.8 m인 항공기 날개의 aspect ratio는?
　　① 5.5　　② 9.0　　③ 11.5　　④ 18.0

⟨해설⟩ 날개의 길이(span)를 b, 시위(chord)를 c, 그리고 가로세로비(aspect ratio)를 AR 이라고 하면
$$\therefore AR = \frac{b}{c} = \frac{10}{1.8} = 5.5$$

【문제】55. 날개의 root chord와 tip chord와의 비를 무엇이라고 하는가?
　　① Aspect ratio　　② Taper ratio
　　③ Thickness ratio　　④ Dihedral ratio

【문제】56. 붙임각(incidence angle) 이란?
　　① 세로축과 항공기의 진행방향이 이루는 각
　　② 날개의 시위선과 무양력받음각이 이루는 각
　　③ 기축선과 날개의 시위선이 이루는 각
　　④ 상대 바람 방향과 날개의 시위선이 이루는 각

정답　51. ①　52. ③　53. ②　54. ①　55. ②　56. ③

【문제】 57. Angle of incidence란?
① 상대풍과 chord line이 이루는 각
② 지평선과 chord line이 이루는 각
③ 상대풍과 동체의 기준선이 이루는 각
④ 동체의 기준선과 chord line이 이루는 각

【문제】 58. 항공기의 longitudinal axis와 chord line 간의 각을 무엇이라고 하는가?
① Angle of incidence
② Glide path angle
③ Angle of attack
④ Climb path angle

【문제】 59. 붙임각(incidence angle)에 대한 설명 중 맞는 것은?
① 비행 중 조종간을 움직이면 변경된다.
② 날개의 상반각에 영향을 준다.
③ 비행 중에는 변하지 않는다.
④ 상대 바람 방향과 비행기의 기준선이 이루는 각을 말한다.

〈해설〉 날개의 주요 용어 및 의미는 다음과 같다.

용어	의미
가로세로비(aspect ratio)	날개의 길이와 시위〔또는 평균공력시위(MAC)〕의 비
테이퍼비(taper ratio)	날개 끝 시위와 날개 뿌리 시위의 비
붙임각(incidence angle)	기체의 기준선인 세로축(longitudinal axis)과 날개의 시위선(chord line)이 이루는 각이며, 비행 중에는 변경할 수 없다.

【문제】 60. 날개에서 후퇴각 효과가 갖는 특성은?
① 임계 마하수 증가
② 세로 안정성 증가
③ 상승 성능 증가
④ 날개끝 실속 방지

【문제】 61. 후퇴각의 효과와 관련된 다음 설명 중 틀린 것은?
① 임계 마하수를 높일 수 있다.
② 압력 중심(CP)이 전방으로 이동하고 pitch-up이 발생할 수 있다.
③ 익단 실속을 방지할 수 있다.
④ 방향 안정성을 좋게 할 수 있다.

【문제】 62. Sweep back wing의 특징에 대한 설명 중 틀린 것은?
① 임계 마하수를 높일 수 있다.
② 방향 안정성을 증가시킨다.
③ 압력 중심(CP)이 전방으로 이동하면 pitch-up이 된다.
④ Wingtip stall이 발생하면 압력 중심(CP)이 뒤로 이동한다.

【문제】 63. Sweep back wing 항공기의 특징으로 맞는 것은?
① 날개끝 실속을 방지할 수 있다.
② 임계 마하수가 크다.
③ 유도 항력이 작다.
④ 압력 중심의 이동이 작다.

정답 57. ④ 58. ① 59. ③ 60. ① 61. ③ 62. ④ 63. ②

【문제】64. 후퇴 날개에 대한 설명 중 틀린 것은?
① 날개끝 실속을 일으키기 쉽다.　　② 상승 성능이 좋다.
③ 임계 마하수를 높일 수 있다.　　④ 방향 안정성이 좋다.

【문제】65. 비행기 날개의 설계에 있어서 직선 날개와 비교하여 후퇴 날개의 장점은?
① 날개 안쪽보다 날개 바깥쪽에서 실속이 먼저 발생한다.
② 공기 압축성으로 인한 힘의 크기를 크게 변화시킬 수 있다.
③ 임계 마하수를 현격하게 크게 할 수 있다.
④ 공기 압축효과를 증대시킬 수 있다.

【문제】66. Straight wing과 비교하여 sweep back wing의 장점은?
① 날개끝에서 실속이 먼저 발생한다.　　② 최대양력계수가 크다.
③ 임계 마하수를 높일 수 있다.　　④ 가로 안정성이 좋다.

【문제】67. 다음 중 실속이 wing root로부터 진행되는 날개 형태는?
① 후퇴 날개　　② 직사각형 날개　　③ 테이퍼 날개　　④ 타원형 날개

【문제】68. 유도항력이 최소이나 구조상 제작이 어려우며, 실속이 발생하면 회복이 어렵고 속도가 빠른 비행기에는 적합하지 않는 날개는?
① 직사각형 날개　　② 타원형 날개　　③ 테이퍼 날개　　④ 후퇴 날개

【문제】69. 실속 후 회복이 어려운 날개 형태는?
① 타원형 날개　　② 직사각형 날개　　③ 후퇴 날개　　④ 테이퍼 날개

【문제】70. 주익 상면에 붙이는 경계층 격벽판(boundary layer fence)의 목적은?
① 저항을 감소시킨다.　　② 풍압중심을 전진시킨다.
③ 양력의 증가를 돕는다.　　④ 익단실속을 방지한다.

〈해설〉 날개의 모양에 따른 주요 특성은 다음과 같다.

날개의 모양		특 성
직사각형 날개 (straight wing)		·제작이 쉽다. ·날개끝 실속이 생기지 않는다.
테이퍼 날개		·붙임 강도가 높다.
타원 날개		·유도항력이 최소이나, 구조상 제작이 어렵다. ·실속이 발생하면 회복이 어렵고 속도가 빠른 비행기에는 적합하지 않다.
앞젖힘 날개		·날개끝 실속이 생기지 않는다.
뒤젖힘 날개 (sweep back wing)	장점	·임계 마하수가 증가한다. ·방향 안정성이 증가한다. ·항력 발산 마하수가 증가한다.
	단점	·날개끝 실속이 발생한다. - 날개끝 실속을 방지하기 위하여 경계층 격벽판(fence) 장착 ·압력 중심(CP)이 전방으로 이동하고 pitch-up이 발생할 수 있다.

정답　64. ②　65. ③　66. ③　67. ②　68. ②　69. ①　70. ④

【문제】71. 임계 마하수를 증가시키는 방법이 아닌 것은?
① 날개를 얇게 해 날개 표면에서의 속도 증가를 줄인다.
② 가로세로비를 크게 한다.
③ 날개를 뒤처지게 설계한다.
④ 경계층을 제어한다.

【문제】72. 임계 마하수를 높이기 위한 방법 중 맞는 것은?
① 가로세로비가 큰 날개를 이용한다.
② Sweep back을 줄인다.
③ 날개를 얇게 해서 날개 위를 흐르는 공기의 속도를 낮춘다.
④ 날개끝의 받음각이 작아지도록 날개에 비틀림을 준다.

【문제】73. 다음 중 임계 마하수를 높일 수 있는 날개는?
① 직사각형 날개   ② 전진익   ③ 타원익   ④ 후퇴익

〈해설〉 임계 마하수(항력 발산 마하수)를 증가시키는 방법은 다음과 같다.
1. 얇은 날개를 사용하여 날개 표면에서의 속도 증가를 줄인다.
2. 날개에 뒤젖힘각을 준다.
3. 가로세로비가 작은 날개를 사용한다.
4. 경계층을 제어한다.

Ⅱ. 날개의 공기력

【문제】1. 골프공이 그리는 커브와 야구공이 스핀되는 원인이 되며, 회전하는 원통에 의해서 생기는 순환과 선형흐름이 조합될 경우 upwash와 downwash로 인하여 선형흐름에 수직한 방향으로 힘이 발생한다는 이론은?
① Magnus 이론   ② 베르누이의 정리
③ 뉴턴의 제1법칙   ④ 뉴턴의 제2법칙

【문제】2. 다음 중 가장 강도가 큰 wing tip vortex를 발생시키는 항공기는?
① 무거운 항공기, 저속 항공기   ② 무거운 항공기, 고속 항공기
③ 가벼운 항공기, 저속 항공기   ④ 가벼운 항공기, 고속 항공기

【문제】3. Wing tip vortex에 대한 설명 중 틀린 것은?
① 항공기의 무게에 비례한다.   ② 항공기의 속도에 반비례한다.
③ 이착륙 시에 최대가 된다.   ④ Flap down 시 증가한다.

【문제】4. 가로세로비와 wing tip vortex의 관계로 맞는 것은?
① Vortex의 강도는 가로세로비에 반비례한다.
② Vortex의 강도는 가로세로비에 비례한다.

정답 71. ②   72. ③   73. ④ / 1. ①   2. ①   3. ④

③ Vortex의 강도는 가로세로비의 제곱근에 비례한다.
④ Vortex의 강도와 가로세로비는 관계가 없다.

【문제】5. Wing tip vortex에 대한 설명 중 틀린 것은?
① Flap down 시 증가한다.　　　② 항공기의 무게에 비례한다.
③ 이착륙 시에 최대가 된다.　　　④ 항공기 속도와 날개 길이에 반비례한다.

【문제】6. 가장 큰 강도의 날개끝 와류를 발생시켜 심각한 비행위험을 유발하는 비행상태는?
① Heavy, fast, gear and flaps down
② Heavy, slow, gear and flaps down
③ Heavy, slow, gear and flaps up
④ Heavy, fast, gear and flaps up

〈해설〉 날개끝 와류(wingtip vortex)의 특성은 다음과 같다.
  1. 날개끝 와류에 영향을 미치는 요소
    가. 와류의 강도는 와류를 발생시키는 항공기의 중량, 속도 및 날개의 형상에 좌우된다. 그러나 기본 요인은 중량이며, 와류의 강도는 중량에 비례하여 증가한다. 그리고 날개 길이와 속도에 반비례한다. 따라서 무게가 무겁고 속도가 느린 항공기일수록 큰 받음각과 강한 날개끝 와류가 형성된다.
    나. 날개끝 와류는 가로세로비에 반비례한다. 따라서 동일한 면적의 날개라면 가로세로비가 클수록 날개끝 와류의 강도는 작아진다.
    다. 날개끝 와류는 날개 후방에 공기의 내리흐름(downwash)을 만드는데, 내리흐름은 날개끝 근처에서 매우 강하게 발생하고 날개뿌리 쪽으로 갈수록 감소한다. 이러한 날개끝 와류는 이착륙 시에 최대가 된다.
  2. 날개끝 와류의 강도 : 대형 제트기는 heavy, slow, clean(gear와 flap up) 시 가장 큰 강도의 날개끝 와류를 발생하여 심각한 비행위험을 유발한다.

【문제】7. 날개의 기하학적인 형상으로 인한 항력으로 양력 발생에 따라 부가적으로 발생하는 항력은?
① 유해항력　　② 유도항력　　③ 압력항력　　④ 형상항력

【문제】8. 항공기 날개에 downwash가 증가하면 어떤 항력이 커지는가?
① 마찰항력　　② 조파항력　　③ 유해항력　　④ 유도항력

〈해설〉 날개에 의한 내리흐름(downwash)으로 날개의 유효 받음각이 작아지면 날개의 양력이 기울어져 그 흐름 방향의 성분이 항력으로 작용한다. 이것은 유도속도 때문에 생기는 항력이므로 유도항력이라 한다. 즉 날개에 양력이 발생함으로써 발생하는 항력이 유도항력이다.

【문제】9. 수평비행 상태에서 항공기의 속도를 줄였을 때 나타나는 현상으로 맞는 것은?
① AOA가 증가하여 양력이 커지고, 유도항력은 감소한다.
② AOA가 증가하여 양력이 커지고, 유도항력은 증가한다.
③ AOA가 증가하여 양력이 커지고, 유해항력은 증가한다.
④ AOA가 감소하여 양력이 작아지고, 유도항력은 증가한다.

정답　4. ①　5. ①　6. ③　7. ②　8. ④　9. ②

【문제】 10. 유도항력은?
① 가로세로비가 커지면 증가한다.
② 양력계수와는 관계가 없다.
③ 양력계수가 증가하면 증가한다.
④ 날개끝 와류의 강도가 작아지면 증가한다.

【문제】 11. 유도항력은?
① 항공기 속도에 비례한다.
② 항공기 속도에 반비례한다.
③ 항공기 속도의 제곱에 비례한다.
④ 항공기 속도의 제곱에 반비례한다.

【문제】 12. 유도항력에 대한 다음 설명 중 맞는 것은?
① 속도가 증가하면 유도항력은 감소한다.
② 속도가 증가하면 유도항력도 증가한다.
③ 유도항력과 속도와는 관계가 없다.
④ 받음각이 증가하면 유도항력은 감소한다.

【문제】 13. 항공기 중량이 증가하면 유도항력은?
① 유도항력은 유해항력보다 크게 증가한다.
② 유도항력은 유해항력보다 크게 감소한다.
③ 유도항력은 변하지 않는다.
④ 유도항력은 증가하고 유해항력은 감소한다.

【문제】 14. 항공기 총중량이 증가하면 유도항력과 유해항력은?
① 유도항력은 증가하고 유해항력은 감소한다.
② 유도항력은 감소하고 유해항력은 증가한다.
③ 유도항력은 유해항력보다 크게 증가한다.
④ 유도항력은 유해항력보다 크게 감소한다.

〈해설〉 유도항력(Induced drag)
1. 유도항력은 양력계수(양력)에 비례하고 가로세로비에 반비례한다.
2. 비행기가 평형상태에서 "직진수평"을 유지하기 위해서 속도가 증가함에 따라 양력을 감소시켜야 한다. 이것은 일반적으로 받음각을 감소시킴(즉, 기수를 내림)으로서 이루어질 수 있다. 반대로 비행기 속도가 감소함에 따라 수평비행을 하기 위하여 필요한 양력을 유지하기 위해서는 받음각을 증가시키는 것을 필요로 한다. 따라서 속도가 감소하거나 항공기 중량이 증가함에 따라 수평비행을 유지하기 위해 필요한 받음각은 더 커지기 때문에 유도항력은 유해항력보다 크게 증가한다. 유도항력의 전체적인 양은 항공기 속도의 제곱에 반비례한다.

【문제】 15. 날개의 가로세로비와 유도항력에 대한 설명 중 옳은 것은?
① 날개의 가로세로비와 유도항력은 서로 반비례하여 가로세로비가 크면 유도항력은 커진다.
② 날개의 가로세로비와 유도항력은 서로 비례하여 가로세로비가 크면 유도항력은 커진다.
③ 날개의 가로세로비와 유도항력은 서로 반비례하여 가로세로비가 크면 유도항력은 작아진다.
④ 날개의 가로세로비는 유도항력과는 관련이 없으며, 형상항력과 관련이 있다.

【문제】 16. 가로세로비가 늘어날수록 줄어드는 것은?
① 유해항력
② 유도항력
③ 항공기 속도
④ 양력

정답 10. ③   11. ④   12. ①   13. ①   14. ③   15. ③   16. ②

【문제】 17. 날개의 가로세로비가 큰 항공기의 유도항력은?
① 날개끝 와류가 감소하기 때문에 유도항력은 감소한다.
② 큰 가로세로비로 인하여 날개의 전면 면적이 커지므로 유도항력은 증가한다.
③ 가로세로비와 유도항력은 관계가 없으므로 영향이 없다.
④ 큰 가로세로비로 인하여 downwash가 커지므로 유도항력은 증가한다.

【문제】 18. 비행기의 날개 면적이 일정한 상태에서 날개의 길이가 길어질 때 발생하는 현상이 아닌 것은?
① Wingtip vortex가 감소한다.
② 전체항력이 감소한다.
③ 양력이 증가한다.
④ 유도항력이 증가한다.

【문제】 19. Aspect ratio가 클 때 발생하는 현상으로 맞는 것은?
① 유도항력 감소
② 활공비 감소
③ 실속속도 증가
④ 임계 받음각 증가

【문제】 20. 비행기의 날개 면적이 일정한 상태에서 aspect ratio를 증가시키면?
① 유도항력이 증가하고 양력이 감소한다.
② 유도항력이 감소하고 양력이 증가한다.
③ 유도항력과 양력이 증가한다.
④ 유도항력과 양력이 감소한다.

【문제】 21. 유도항력에 대한 설명 중 틀린 것은?
① 가로세로비에 반비례한다.
② 항공기 중량에 비례한다.
③ 양력계수의 제곱에 비례한다.
④ 엔진에 공기가 흡입될 때 발생한다.

【문제】 22. 날개의 유도항력에 대한 설명 중 맞는 것은?
① 가로세로비에 반비례한다.
② 항공기 속도에 비례한다.
③ 양력계수의 제곱에 반비례한다.
④ 공기밀도에 반비례한다.

【문제】 23. 일반 날개의 유도항력계수를 구하는 공식은? (여기에서, C_L: 양력계수, A: 가로세로비, e: 스팬 효율계수)
① $\dfrac{C_L^2}{\pi A}$
② $\dfrac{C_L^2}{\pi e A}$
③ $\dfrac{C_L}{\pi A}$
④ $\dfrac{C_L}{\pi e A}$

【문제】 24. 비행기 날개의 가로세로비를 마냥 증가시키지 않는 이유는?
① 유도항력이 증가하기 때문에
② 유도항력이 크게 감소하기 때문에
③ 날개의 구조 강도 문제 때문에
④ 유도항력이 증가하고 양항비가 감소하기 때문에

〈해설〉 유도항력(induced drag)과 가로세로비의 관계는 다음과 같다.

정답 17. ① 18. ④ 19. ① 20. ② 21. ④ 22. ① 23. ② 24. ③

1. 스팬 효율계수(또는 오스왈드 효율계수)를 e, 가로세로비를 AR, 그리고 양력계수를 C_L이라고 하면, 일반날개의 유도항력계수(C_{Di})는 다음 식으로 표시할 수 있다.

$$C_{Di} = \frac{C_L^2}{\pi e AR}$$

식과 같이 유도항력계수(유도항력)는 양력계수의 제곱에 비례하고, 가로세로비에 반비례한다. 따라서 가로세로비가 커지면 유도항력은 감소한다.

2. 날개 면적이 일정한 상태에서 가로세로비를 증가시키기 위해서는 날개의 길이를 길게 하여야 한다. 날개의 길이가 길면(즉 가로세로비가 커지면) 유도항력은 감소하지만, 날개의 장착부에 작용하는 굽힘하중도 증가하므로 날개의 구조 강도상 가로세로비를 마냥 증가시킬 수는 없다.

【문제】25. 비행 중 비행기 날개에 발생하는 형상항력은?
① 압력항력+표면마찰항력　　② 압력항력+유도항력
③ 표면마찰항력+유도항력　　④ 표면마찰항력+간섭항력

【문제】26. 공기가 날개의 표면을 지날 때 공기의 점성(viscosity)으로 인하여 발생하는 항력은?
① 마찰항력　　② 압력항력　　③ 간섭항력　　④ 유도항력

【문제】27. 압력항력과 표면마찰항력을 합한 항력은?
① 유도항력　　② 형상항력　　③ 유해항력　　④ 압축항력

【문제】28. 형상항력이란?
① 유도항력+압력항력　　② 유해항력+유도항력
③ 압력항력+마찰항력　　④ 마찰항력+유해항력

【문제】29. 다음 중 parasite drag가 아닌 것은?
① Profile drag　　② Wave drag
③ Interference drag　　④ Induced drag

【문제】30. 유해항력(parasite drag)이 아닌 것은?
① 형상항력　　② 유도항력　　③ 마찰항력　　④ 간섭항력

【문제】31. 다음 중 유해항력에 속하는 것은?
① Wingtip vortex　　② Skin friction drag
③ Upwash drag　　④ Downwash drag

〈해설〉 비행기 날개에 발생되는 전체항력은 다음과 같다.

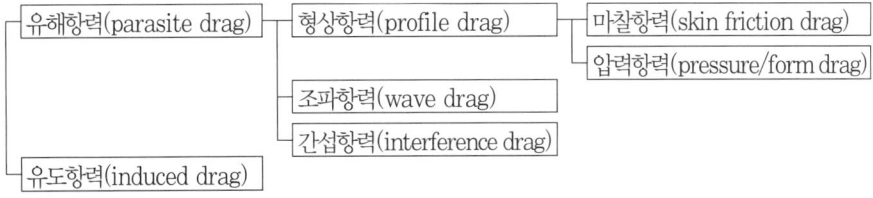

정답　25. ①　26. ①　27. ②　28. ③　29. ④　30. ②　31. ②

【문제】32. 다음 중 유해항력을 줄이기 위한 항공기 장치는?
   ① Vortex generator   ② Wing tip
   ③ Fairing   ④ Winglet

〈해설〉 유해항력인 간섭항력(interference drag)은 교차하는 각각의 면을 흐르는 유체의 흐름이 서로 간섭하거나, 각각의 면을 따라 형성된 경계층이 서로 교차하여 흐를 때 나타나는 항력이다. 이러한 항력을 줄이기 위해 두 개의 면이 교차되는 부분을 덮개 구조물로 덮어 공기저항을 줄이고 원활한 공기 흐름을 이루도록 하는데, 이러한 구조물을 페어링(fairing)이라고 한다.

【문제】33. 날개 상에 초음속 흐름이 형성되면 충격파가 발생하면서 발생되는 항력은?
   ① 유도항력   ② 조파항력   ③ 마찰항력   ④ 유해항력

【문제】34. 날개에 충격파가 생기면 양력이 감소하고 항력이 급증하게 되는데, 이러한 항력을 무엇이라 하는가?
   ① Profile drag   ② Parasite drag
   ③ Wave drag   ④ Interference drag

【문제】35. 조파항력(wave drag) 이란?
   ① 초음속 유체의 흐름 속에 있는 물체에 생기는 항력
   ② 충격파에 의해서 발생하는 항력
   ③ 압축 및 팽창파에 의해서 발생하는 항력
   ④ 충격파 속을 비행하는 비행기에 생기는 항력

【문제】36. 조파항력을 줄이기 위한 방법으로 적합한 것은?
   ① 비행기 속도를 감소시킨다.   ② 비행기 속도를 증가시킨다.
   ③ 비행기 기수를 올린다.   ④ 비행기 기수를 내린다.

〈해설〉 날개면 상에 초음속 흐름이 형성되면 충격파가 발생하고, 이 결과로 인하여 생기는 모든 항력을 조파항력(wave drag)이라고 한다. 따라서 조파항력을 줄이기 위해서는 비행기의 속도를 감소시켜 충격파가 발생하지 않도록 하여야 한다.

【문제】37. 수평비행 중 최대 양항비를 얻을 수 있는 항공기 속도는?
   ① 유해항력이 최소인 속도
   ② 유도항력이 최소인 속도
   ③ 유해항력이 유도항력의 2배인 속도
   ④ 유해항력과 유도항력이 동일한 속도

【문제】38. 수평비행 중 항공기 항력이 최소일 때는?
   ① 유도항력이 최소일 때   ② 유도항력이 유해항력과 동일할 때
   ③ 유해항력이 유도항력의 2배일 때   ④ 유도항력이 "0" 일 때

정답 32. ③   33. ②   34. ③   35. ②   36. ①   37. ④   38. ②

【문제】39. 항력에 관한 설명 중 맞는 것은?
① 유해항력은 속도가 증가하면 감소한다.
② 유도항력은 속도가 증가하면 증가한다.
③ 유해항력은 속도 변화와 관계없다.
④ 유도항력은 속도가 감소하면 증가한다.

【문제】40. 수평비행 상태에서 항공기의 속도가 감소되었을 때 항력에 대한 설명으로 맞는 것은?
① 유도항력은 증가하고 유해항력은 감소한다.
② 유도항력은 감소하고 유해항력은 증가한다.
③ 유도항력과 유해항력 모두 증가한다.
④ 유도항력은 변하지 않고, 유해항력은 증가한다.

【문제】41. 수평비행 중 최대 양항비를 얻을 수 있는 속도보다 낮은 속도로 감속을 하여 비행을 하게 되면 total drag는?
① 형상항력(form drag)의 증가로 인하여 증가한다.
② 유도항력(induced drag)의 증가로 인하여 증가한다.
③ 유해항력(parasite drag)의 증가로 인하여 증가한다.
④ 유도항력(induced drag)은 증가하지만 유해항력이 감소함으로 변화가 없다.

【문제】42. 수평비행 상태에서 비행기 속도를 (L/D)max 속도 이하로 감소시키면 총항력은?
① 보다 낮은 유해항력 때문에 총항력은 감소한다.
② 증가된 유해항력 때문에 총항력은 증가한다.
③ 증가된 유도항력 때문에 총항력은 증가한다.
④ 증가된 유도항력 때문에 총항력은 감소한다.

【문제】43. 수평비행 상태에서 항공기의 속도 변화에 따른 유도항력과 유해항력의 관계로 옳은 것은?
① 속도가 증가하면 유도항력과 유해항력 모두 증가한다.
② 속도가 증가하면 유도항력과 유해항력 모두 감소한다.
③ 속도가 증가하면 유도항력은 감소하고 유해항력은 증가한다.
④ 속도가 증가하면 유도항력은 증가하고 유해항력은 감소한다.

〈해설〉 항공기 속도에 따른 항력의 크기는 다음과 같다.
1. 유해항력과 유도항력이 동일할 때 전체항력이 최소가 된다. 즉 양항비가 최대가 된다.
2. 항공기의 전체항력은 저속에서는 유도항력이 크고, 고속에서는 유해항력이 크다. 따라서 수평비행 상태에서 최대 양항비를 얻을 수 있는 속도보다 낮은 속도로 비행을 하면 유도항력의 증가로 인하여 전체항력이 증가하며, 높은 속도로 비행을 하면 유해항력의 증가로 인하여 전체항력이 증가한다.

【문제】44. 항공기 날개의 실속(stall) 이란?
① 항공기 날개의 층류 경계층이 난류 경계층으로 변화하는 현상
② 항공기 날개 상부에서 충격파가 발생하는 현상

정답   39. ④   40. ①   41. ②   42. ③   43. ③

③ 항공기 날개 상부의 기류 속도가 급격히 감소하는 현상
④ 항공기 날개로부터 공기 흐름이 떨어져 나가는 현상

【문제】 45. 모든 항공기 실속의 직접적인 원인은?
① 받음각의 증가　　　　　　　　② 밀도고도의 증가
③ 하중계수의 증가　　　　　　　④ 비행속도의 증가

〈해설〉 받음각이 실속각 이상이 되면 날개 표면에는 흐름의 떨어짐이 생기게 된다. 이 같은 현상이 생기면 날개에서 발생하는 양력이 급격히 감소하는데, 이러한 현상을 실속(stall)이라 한다.

【문제】 46. 날개 끝에서부터 실속이 일어나는 날개 모양은?
① 직사각형 날개　　　　　　　　② 테이퍼형 날개
③ 타원형 날개　　　　　　　　　④ 앞젖힘형 날개

【문제】 47. Wing tip보다 wing root에서 stall이 먼저 발생하는 항공기 날개의 종류는?
① 타원형 날개　　　　　　　　　② Sweep back 날개
③ 직사각형 날개　　　　　　　　④ Taper 날개

【문제】 48. 직사각형 날개의 실속 특성으로 맞는 것은?
① 날개 끝에서 날개 뿌리로 실속이 진행된다.
② 날개 뿌리에서 날개 끝으로 실속이 진행된다.
③ 날개 앞전에서 날개 뒷전으로 실속이 진행된다.
④ 날개 전체에 걸쳐 균일하게 실속이 발생한다.

【문제】 49. 직사각형 날개로 비행 중 실속은 어느 부분에서 먼저 일어나는가?
① 날개 앞전　　② 날개 전체　　③ 익단　　④ 익근

【문제】 50. 테이퍼형 날개 및 사각형 날개의 실속 현상에 대한 설명 중 맞는 것은?
① 테이퍼형 날개는 날개 끝에서부터 실속이 시작되고, 사각형 날개는 날개 뿌리부터 실속이 된다.
② 테이퍼형이나 사각형 날개 모두 날개 뿌리에서부터 실속이 된다.
③ 테이퍼형 날개는 날개 뿌리에서부터, 사각형 날개는 날개 끝으로부터 실속이 된다.
④ 테이퍼형이나 사각형 날개 모두 날개 뿌리에서부터 실속이 일어난다.

【문제】 51. Wing tip에서 실속이 시작되어 wing root로 전이되는 날개는?
① Delta wing　　　　　　　　　② Rectangular wing
③ Elliptic wing　　　　　　　　 ④ Sweep back wing

【문제】 52. Sweep back wing은 어느 부분에서 stall이 먼저 일어나는가?
① 날개 끝　　② 날개 뿌리　　③ 날개 앞전　　④ 날개 중앙

정답　44. ④　45. ①　46. ②　47. ③　48. ②　49. ④　50. ①　51. ④　52. ①

【문제】53. 날개 모양에 따른 실속 경향을 바르게 설명한 것은?
  ① 직사각형 날개는 날개 끝에서 실속이 먼저 발생한다.
  ② 테이퍼형 날개는 날개 뿌리에서 실속이 먼저 발생한다.
  ③ 테이퍼비가 클수록 날개 뿌리에서 실속이 먼저 발생하는 경향을 갖는다.
  ④ 타원 날개는 날개 중앙에서 실속이 먼저 발생한다.

【문제】54. 다음 날개 중 실속이 날개 전체에 걸쳐 균일하게 발생하나 회복이 어려운 날개는?
  ① 직사각형 날개   ② 테이퍼형 날개   ③ 타원형 날개   ④ 원형 날개

【문제】55. 일단 실속이 발생하면 실속으로부터 회복이 어려운 날개 형태는?
  ① 직사각형 날개   ② 테이퍼형 날개   ③ 후퇴 날개   ④ 타원형 날개

【문제】56. 다음 설명 중 틀린 것은?
  ① 직사각형 날개의 테이퍼비는 "0"이다.
  ② 테이퍼비가 클수록 익근에서 실속이 먼저 발생한다.
  ③ 후퇴익은 실속이 익단에서 익근으로 진행된다.
  ④ 타원형 날개는 실속이 날개 길이 전체에 걸쳐 균일하게 발생한다.

〈해설〉 날개의 모양에 따라 실속이 먼저 발생하는 부위는 다음과 같다.

날개의 모양	초기 실속 발생 부위	비 고
직사각형 날개(rectangular wing)	날개 뿌리(익근, 翼根)	테이퍼비는 "1"이다.
테이퍼형 날개(taper wing)	날개 끝(익단, 翼端)	테이퍼비가 클수록 날개 뿌리에서 먼저 실속 발생
타원형 날개(elliptic wing)	날개 길이 전체 균일	실속의 회복이 어렵다.
앞젖힘형 날개(swept forward wing)	날개 뿌리	-
뒤젖힘 날개(sweep back wing)	날개 끝	후퇴익이라고도 한다.

【문제】57. 날개에서 wing root 부분보다 wing tip 부분에서 실속이 늦게 발생하도록 하는 이유는?
  ① Adverse yaw를 방지하기 위하여   ② Aileron의 효과를 유지하기 위하여
  ③ 방향 안정성을 좋게 하기 위하여   ④ 압력 중심의 이동을 적게 하기 위하여

〈해설〉 날개끝 실속이 발생하면 비행기 중심에서부터 먼 부분에 실속에 의한 공기력의 변화로 비행기의 가로 안정을 좋지 않게 한다. 또, 날개 끝 부분의 도움날개(aileron)의 효과를 나쁘게 하여 비행기의 조종 특성에 좋지 않은 영향을 끼친다. 따라서 도움날개의 효과를 유지하기 위해서는 날개 뿌리 부분보다 날개 끝 부분에서 실속이 늦게 발생하도록 하여야 한다.

【문제】58. Wingtip stall을 감소시키는 방법이 아닌 것은?
  ① 날개의 테이퍼를 작게 한다.
  ② 후퇴익을 감소시킨다.
  ③ 날개 뿌리의 붙임각을 적게 한다.
  ④ 날개 뿌리의 앞쪽에 실속 스트립(strip)을 설치한다.

정답   53. ③   54. ③   55. ④   56. ①   57. ②   58. ③

【문제】59. 항공기 날개의 washout 구조란?
　　① 날개 끝 시위가 날개 뿌리 시위보다 작은 날개
　　② 날개 끝 붙임각이 날개 뿌리 붙임각보다 작은 날개
　　③ 날개 끝 붙임각이 날개 뿌리 붙임각보다 큰 날개
　　④ 날개 끝 캠버가 날개 뿌리 캠버보다 작은 날개

【문제】60. 항공기 날개에 washout을 주는 이유는?
　　① 유도 항력을 감소시키기 위하여　　② 양력을 증가시키기 위하여
　　③ 날개끝 실속을 방지하기 위하여　　④ 세로 안정성을 좋게 하기 위하여

【문제】61. Sweep back 날개에서 wingtip stall이 발생하지 않게 하는 방법은?
　　① Wing tip 부근의 앞전에 slat을 설치한다.
　　② 날개의 가로세로비를 크게 한다.
　　③ 날개에 상반각을 준다.
　　④ Wing tip 쪽의 받음각을 wing root보다 크게 한다.

【문제】62. 날개끝 실속을 방지하기 위해 날개끝 부분의 설계 방법으로 적합한 것은?
　　① 두께를 얇게 한다.　　　　　　　② 앞전 반지름을 작게 한다.
　　③ 캠버를 증가시킨다.　　　　　　④ 붙임각을 크게 한다.

【문제】63. 날개끝 실속을 방지하는 방법이 아닌 것은?
　　① 날개 끝 부분의 앞전에 slot을 설치한다.
　　② 날개에 washout을 준다.
　　③ 날개 끝 부분에 두께, 앞전 반지름, 캠버가 큰 날개골을 사용한다.
　　④ 날개의 붙임각을 크게 한다.

【문제】64. Wingtip stall을 줄이는 방법으로 옳지 않은 것은?
　　① 날개 끝 부분의 앞전에 slot을 설치한다.
　　② 날개의 후퇴각을 크게 한다.
　　③ 날개 끝으로 갈수록 받음각을 작게 한다.
　　④ 날개에 washout을 준다.

〈해설〉 날개끝 실속(wingtip stall) 방지 방법은 다음과 같다.
　　1. 날개의 테이퍼를 너무 크게 하지 않는다. 즉 후퇴익을 감소시킨다.
　　2. 날개 끝으로 감에 따라 붙임각이 작아지도록, 즉 받음각이 작아지도록 날개에 앞내림(washout)을 준다. 이것을 기하학적 비틀림이라 한다.
　　3. 날개 끝 부분에 두께비, 앞전 반지름, 캠버 등이 큰 날개골을 사용한다. 이것을 공력적 비틀림이라고 한다. 또 날개 뿌리 부분에 역 캠버인 날개골을 사용하기도 한다.
　　4. 날개 뿌리에 실속판인 스트립(strip)을 붙인다.

정답　59. ②　60. ③　61. ①　62. ③　63. ④　64. ②

5. 날개 끝 부분의 앞전 안쪽에 슬롯(slot)을 설치한다.
6. 뒤젖힘 날개의 앞전에서부터 뒷전으로 경계층 판(boundary layer fence, stall fence)을 장착한다.

Ⅲ. 날개의 공력 보조장치

【문제】1. 착륙 접근 중 플랩(flap)의 주요 기능으로 맞는 것은?
① 항공기 속도의 증가 없이 강하각을 감소시킨다.
② 항공기 속도의 증가 없이 강하각을 증가시킨다.
③ 더 높은 지시대기속도로 착륙할 수 있도록 한다.
④ 항공기 동력의 감소 없이 강하각을 감소시킨다.

【문제】2. Flap의 목적은?
① 고속에서 항력 감소
② 고속에서 강하각 증가
③ 저속에서 양력 증가
④ 저속에서 실속속도 증가

【문제】3. 착륙 시 flap을 down 하면?
① 양력은 증가하고 항력은 감소한다.
② 양력은 감소하고 항력은 증가한다.
③ 양력과 항력 모두 증가한다.
④ 양력과 항력 모두 감소한다.

【문제】4. 다음 중 작동 시에 양력과 항력을 모두 증가시키는 장치는?
① Spoiler   ② Slat   ③ Slot   ④ Flap

〈해설〉 플랩(flap)의 역할은 다음과 같다.
1. 플랩을 내리면 날개의 캠버(camber)와 받음각(AOA)을 증가시키게 된다. 그럼으로써 날개의 양력을 증가시켜 속도의 증가 없이 보다 깊은 강하각으로 착륙 접근을 가능하게 해준다.
2. 플랩은 날개의 양력을 증가시켜 이착륙 속도를 줄여 이착륙 거리를 단축시켜 준다. 플랩을 작동시키면 양력이 커지고 받음각도 증가하는 효과가 발생하지만, 동시에 항력도 증가한다.

【문제】5. 다음의 flap 중 가장 높은 $C_{L}max$ 값을 가지는 flap은?
① Fowler flap
② Double slotted fowler flap
③ Double slotted flap
④ Split flap

【문제】6. 다음 중 camber를 가장 많이 증가시켜 주는 flap은?
① Fowler flap
② Split flap
③ Slotted flap
④ Plain flap

【문제】7. 다음 중 어느 형태의 플랩이 가장 큰 피치 모멘트의 변화를 발생시키는가?
① 분리형(split) 플랩
② 파울러(fowler) 플랩
③ 통풍형(slotted) 플랩
④ 평형(plain) 플랩

정답   1. ②   2. ③   3. ③   4. ④   5. ②   6. ①   7. ②

【문제】8. 다음 중 가장 효율이 좋은 flap은?
　　　① Plain flap　　　　　　　　② Single slotted flap
　　　③ Fowler flap　　　　　　　 ④ Split flap

【문제】9. Flap 사용 시 효율이 좋은 순서대로 맞게 나열한 것은?
　　　① Slotted flap - Fowler flap - Split flap
　　　② Slotted flap - Split flap - Fowler flap
　　　③ Fowler flap - Split flap - Slotted flap
　　　④ Fowler flap - Slotted flap - Split flap

【문제】10. 다음 중 뒷전 flap 으로만 짝지어진 것은?
　　　① Fowler flap, Split flap, Slotted flap, Plain flap
　　　② Fowler flap, Kruger flap, Slotted flap, Plain flap
　　　③ Fowler flap, Split flap, Kruger flap, Plain flap
　　　④ Fowler flap, Split flap, Slotted flap, Kruger flap

【문제】11. 다음 중 trailing edge에 설치되는 고양력 장치가 아닌 것은?
　　　① Slat　　　② Slot flap　　　③ Split flap　　　④ Fowler flap

【문제】12. 다음 그림과 같은 플랩(flap)의 명칭은?

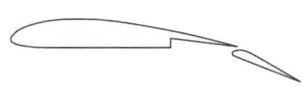

　　　① Split flap
　　　② Fowler flap
　　　③ Slotted flap
　　　④ Kruger flap

〈해설〉 뒷전 플랩(trailing edge flap)의 종류에는 단순 플랩(plain flap), 스플릿 플랩(split flap), 슬롯 플랩(slotted flap), 파울러 플랩(fowler flap) 및 이중 간격 플랩 등이 있다.
　1. 뒷전 플랩은 파울러 플랩(fowler flap), 슬롯 플랩(slotted flap), 스플릿 플랩(split flap), 그리고 단순 플랩(plain flap) 순으로 효율이 좋다.
　2. 이중 간격 플랩(double slotted fowler flap)은 날개 뒷전과 플랩 사이에 간격을 이중으로 설치한 것으로 최대양력계수를 100% 가량 증가시킬 수 있다. 성능이 가장 우수하나 구조가 복잡하여 대형, 고속기에 사용된다.
　3. 문제의 그림과 같은 파울러 플랩(fowler flap)은 플랩을 내리면 우선 날개 뒷전과 플랩 앞전 사이에 틈을 만들면서 밑으로 굽히도록 만들어진 것으로, 최대양력계수를 90% 가량 증가시킬 수 있다.

【문제】13. 날개 앞전에 설치되는 slot의 역할은?
　　　① 공기 흐름을 느리게 하여 날개 하부에 높은 압력이 형성되도록 한다.
　　　② 날개 하중을 감소시킨다.
　　　③ 높은 받음각까지 실속을 지연시킨다.
　　　④ 날개의 캠버를 증가시켜 양력을 증가시킨다.

정답　8. ③　9. ④　10. ①　11. ①　12. ②　13. ③

【문제】 14. 다음 중 고양력 장치가 아닌 것은?
① Slat ② Spoiler
③ Kruger flap ④ Drooped leading edge

【문제】 15. 다음 중 camber를 변화시키지 않고 양력을 증가시키는 장치는?
① Trailing edge flap ② Leading edge flap
③ Slot ④ Drooped leading edge

【문제】 16. 날개의 앞전에 slat을 설치하는 이유는?
① 실속 속도를 줄이기 위해
② 플랩이 작동하지 않을 때 비상용으로 사용하기 위해
③ 강하 제동이나 속도 제동으로서 이용하기 위해
④ 이륙 시 속력을 증가시키기 위해

【문제】 17. 날개 위로 흐르는 공기 흐름의 박리를 지연시켜 큰 받음각을 얻을 수 있는 고양력 장치는?
① Slat ② Spoiler
③ Split flap ④ Vortex generator

【문제】 18. Approach 시 slat의 역할은?
① 날개 상부 표면의 공기 흐름 속도를 감소시킨다.
② 날개의 면적을 증가시켜 양력을 증가시킨다.
③ 날개 상부 표면의 층류 경계층을 두껍게 한다.
④ 실속 받음각을 증가시킨다.

【문제】 19. 다음 중 leading edge flap의 종류에 속하지 않는 것은?
① Slot ② Kruger flap
③ Split flap ④ Drooped leading edge

〈해설〉 앞전 플랩(leading edge flap)의 종류는 다음과 같다.
  1. 앞전 플랩에는 슬롯(slot)과 슬랫(slat), 크루거 플랩(kruger flap) 및 드루프 앞전(drooped leading edge) 등이 있다.
  2. 슬롯(slot)과 슬랫(slat) : 날개 앞전의 약간 안쪽 밑면에서 윗면으로 틈을 만들어 큰 받음각 일 때 밑면의 흐름을 윗면으로 유도하여 흐름의 떨어짐[박리(剝離)]을 지연시키는 것으로, 실속이 일어나지 않고 큰 받음각을 얻을 수 있다.

【문제】 20. Spoiler에 대한 설명 중 맞는 것은?
① 저속에서 aileron을 대신하여 선회 시 사용한다.
② 양항비를 적게 하여 활공각을 깊게 한다.
③ 공력 항력을 증가시키지 않고 강하율을 증가시킨다.
④ 날개의 캠버를 증가시킨다.

[정답] 14. ② 15. ③ 16. ① 17. ① 18. ④ 19. ③ 20. ②

【문제】 21. 스포일러(spoiler)의 주 목적은?
① 착륙 후 활주 시 속도 감소 ② 강하율 증가
③ 날개의 캠버 증가 ④ 항력 발생

【문제】 22. Spoiler의 역할로 맞는 것은?
① Roll 시 aileron의 보조 역할을 한다.
② 세로 안정성을 증가시킨다.
③ 캠버를 크게 하여 양력을 증가시킨다.
④ 유도항력을 감소시킨다.

【문제】 23. 비행 중 받음각이 일정한 상태에서 spoiler를 작동시키면?
① 항력은 증가하고 양력은 감소한다. ② 양력은 증가하지만 항력은 변하지 않는다.
③ 양력과 항력 둘 다 증가한다. ④ 항력은 증가하지만 양력은 변하지 않는다.

【문제】 24. 양력 생성을 방해하면서 항력을 증가시키는 장치는?
① Vortex generator ② Stall strip
③ Slat ④ Spoiler

【문제】 25. 날개 윗면에 돌출되어 간섭항력을 발생시켜 양력을 감소시키는 것은?
① 도움날개(aileron) ② 플랩(flap)
③ 스포일러(spoiler) ④ 슬랫(slat)

【문제】 26. 다음 중 양력을 증가시키기 위한 장치가 아닌 것은?
① Slat ② Slot ③ Spoiler ④ Flap

【문제】 27. 고항력 장치가 아닌 것은?
① Drag chute ② Spoiler
③ Slat ④ Thrust reverser

【문제】 28. Aerodynamic brake는 항공기의 속도를 얼마까지 감소시키기 위하여 사용하는가?
① Landing speed의 10~20%까지 감소
② Landing speed의 30~40%까지 감소
③ Landing speed의 60~70%까지 감소
④ Landing speed의 90~100%까지 감소

【문제】 29. 다음 중 고항력 장치가 아닌 것은?
① Drooped leading edge ② Spoiler
③ Drag chute ④ Thrust reverser

정답 21. ④ 22. ① 23. ① 24. ④ 25. ③ 26. ③ 27. ③ 28. ③ 29. ①

【문제】 30. 다음 장치 중 쓰임이 다른 것은?
① Slat   ② Slot   ③ Flap   ④ Spoiler

〈해설〉 고항력 장치의 종류 및 특성은 다음과 같다.
1. 고항력 장치에는 스포일러(spoiler), 역추력 장치(thrust reverser) 및 드래그 슈트(drag chute) 등이 있다.
2. 스포일러(spoiler) : 날개 중앙 부분에 부착하는 일종의 평판으로, 이것을 날개 윗면 또는 밑면에 펼침으로써 흐름을 강제로 떨어지게 하여 양력을 감소시키고 항력을 증가시키는 장치
   가. 공중 스포일러(flight spoiler) : 비행 중에 필요에 따라 스피드 브레이크의 역할과 도움날개의 역할을 수행하는 스포일러이다. 역요(adverse yaw)현상을 없애는 장점을 가지면서, aileron과 함께 사용하여 롤(roll) 조종에 도움을 줄 수 있다. 플랩과 함께 사용하는 것은 금지되어 있다.
   나. 지상 스포일러(ground spoiler) : 착륙 시 공기의 저항을 증가시켜 착륙 활주거리를 줄이기 위한 스피드 브레이크의 역할을 한다.
3. 스포일러와 같은 공기역학적 브레이크(aerodynamic braking)는 접지속도의 약 60~70%의 속도까지 감속할 때에만 유용하다. 이 속도보다 낮은 속도에서는 공기역학적 항력이 너무 적어서 공기역학적 브레이크의 효과가 없으므로 휠 브레이크(wheel brake)를 사용하여 정지하여야 한다.

정답   30. ④

3 비행성능

제1절 항력과 동력

1. 비행기에 작용하는 공기력

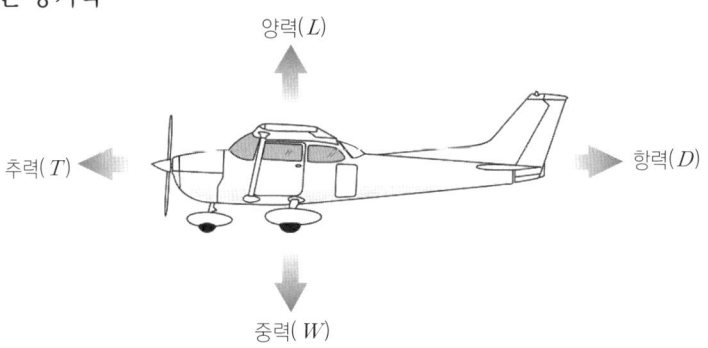

그림 1-27. 비행기에 작용하는 힘

비행기가 공기 중을 수평 등속도로 비행하게 되면 비행기에는 비행경로 방향으로 추력(T), 비행경로의 반대 방향으로 항력(D), 비행경로의 수직 아래 방향으로 중력(W), 그리고 중력과 반대 방향으로 양력(L)이 작용하게 된다. 이들 중에서 양력과 항력을 공기력이라 하며, 주날개에는 주로 양력과 항력이 작용하게 된다.

수평비행 상태에서 비행기의 속도가 일정하면 가속도가 0인 운동을 하고 있으므로 비행기에 작용하는 힘은 평형이 되어야 한다.

$$T = D,\ W = L$$

2. 필요마력(Pr; Required horsepower)

비행기가 항력을 이겨내고 계속 비행하려면 동력이 필요하게 된다. 이 동력을 마력으로 나타낸 것을 필요마력이라 한다.

등속 수평비행인 경우 필요마력을 P_r이라 하면 아래와 같은 식으로 표시된다. 식과 같이 필요마력은 항력계수, 밀도, 날개의 면적 및 항공기 속도의 세제곱에 비례한다.

$$필요마력(P_r) = \frac{DV}{75} = \frac{1}{150} C_D \rho V^3 S \ (\because D = C_D \frac{1}{2} \rho V^2 S)$$

3. 이용마력(Pa; Available horsepower)

비행기를 가속시키거나 상승시키기 위해 엔진으로부터 발생시킬 수 있는 출력

4. 여유마력(Excess horsepower)

이용마력과 필요마력과의 차를 여유마력 또는 잉여마력이라 하며 비행기의 상승성능을 결정하는데 중요한 요소가 된다. 최대 상승률은 이용마력과 필요마력과의 차이가 최대일 때, 즉 이용마력이 최대이고 필요마력이 최소일 때 얻어진다. 여유마력(잉여마력)을 구하는 식은 다음과 같다.

$$여유마력(잉여마력) = 이용마력(P_a) - 필요마력(P_r)$$

여유마력이 0이 되는 최고속도가 해당 비행기의 최대속도이며, 여유마력이 0이 되는 최소속도가 실속속도이다.

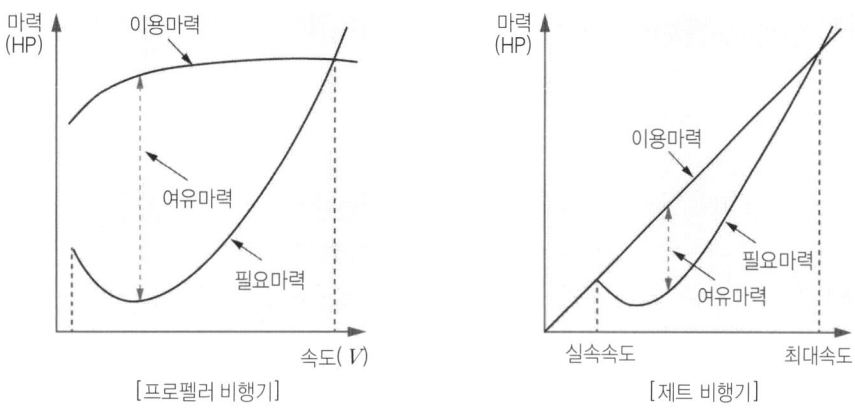

그림 1-28. 마력곡선

제2절 일반성능

1. 상승비행(Climb flight)

가. 상승률(RC; rate of climb)

상승률은 시간당 비행기의 수직 상승속도를 나타낸다. 상승률을 식으로 나타내면 다음과 같다.

$$상승률(RC) = \frac{75(P_a - P_r)}{W}$$

식으로부터 상승률은 여유마력의 크기에 비례하는 것을 알 수 있다. 따라서 최대 상승률은 이용마력(P_a)과 필요마력(P_r)의 차이가 최대일 때 얻어진다. 또한 항공기의 무게(W)가 무거울수록 상승률은 저하된다.

나. 고도의 영향

동일한 받음각일 경우 해발고도에서의 필요마력을 P_{r0}, 일정고도에서의 필요마력을 P_r, 그리고 해면에서의 공기밀도를 ρ_0, 일정고도에서의 공기밀도를 ρ라고 하면 해발고도와 일정고도에서의 필요마력과 밀도의 관계식은 다음과 같다.

$$\frac{P_r}{P_{r0}} = \sqrt{\frac{\rho_0}{\rho}}, \text{ 따라서 } P_r = P_{r0} \times \sqrt{\frac{\rho_0}{\rho}}$$

식으로부터 해발고도와 임의고도에 있어서 동일한 받음각으로 비행하는 비행기에 대해 $\rho_0 > \rho$인 임의고도에서 속도와 필요마력은 밀도비의 제곱근에 비례하여 증가하는 것을 알 수 있다. 따라서 고도가 증가하면 속도는 증가하나 필요마력도 증가한다. 결과적으로 고도가 증가하면 여유마력이 작아지므로 상승률이 저하된다.

다. 상승한계 및 상승률

쌍발 항공기의 한쪽 엔진이 고장 시에는 정상 상승률의 1/2을 적용한다.

(1) 절대상승한계(absolute ceiling) : 비행기가 상승하다가 일정 고도에 도달하게 되면 이용마력과 필요마력이 같아지는 고도에 이르게 된다. 이때, 비행기는 상승하지 못하게 되며, 상승률은 "0"이 된다. 이때의 고도를 절대상승한계라 한다.
(2) 실용상승한계(service ceiling) : 상승률이 $100\,\text{ft/min}(0.5\,\text{m/sec})$이 되는 고도를 실용상승한계라 하며, 절대상승한계의 약 80~90%가 된다.
(3) 운용상승한계(operation ceiling) : 비행기가 실제로 운용될 수 있는 고도로서 상승률이 $500\,\text{ft/min}$ $(2.5\,\text{m/sec})$인 고도이다.

2. 수평비행(Level flight)

수평비행을 할 때 비행기의 속도가 일정하면 가속도가 0인 운동을 하고 있으므로 비행기에 작용하는 힘은 평형이 되어 있어야 한다. 따라서 비행기의 비행방향 및 수직방향으로 작용하는 힘을 항력계수와 양력계수를 포함하는 식으로 나타내면 다음과 같다.

$$T = D = C_D \frac{1}{2} \rho V^2 S$$

$$W = L = C_L \frac{1}{2} \rho V^2 S$$

비행기의 받음각이 증가하여 양력계수값이 최대가 되었을 때의 양력계수를 최대양력계수($C_{L\max}$)라 하며, 이때의 받음각을 실속각이라 한다. 받음각이 실속각 이상 증가하면 양력계수가 급격히 감소한다. 따라서 양력계수가 가장 클 때의 속도보다는 작은 속도로 비행할 수 없으며, 이때의 속도가 최소속도 ($V_{\min}$)인 실속속도(stall speed)가 된다.

최소속도(실속속도)를 식으로 나타내면 다음과 같다.

$$V_{\min} = V_S = \sqrt{\frac{2W}{\rho S C_{L\max}}}$$

3. 순항비행(Cruise flight)

가. 순항방식

경제속도로 비행하는 경우 연료의 소모는 적으나 이 속도는 너무 느리기 때문에 일반적으로 비행기가 수평비행으로 순항할 때는 이 속도보다 빠르게 비행을 하며, 이 속도를 순항속도라 한다. 순항비행 시 연료 소비량을 절약하기 위해서는 장거리 순항방식이 유리하고, 소요시간을 절약하기 위해서는 고속 순항방식이 좋다.

(1) 장거리 순항방식(long-range cruise) : 연료를 소비하는 데 따라 비행기의 무게가 작아지는 것을 고려하여, 이에 맞추어 기본 출력을 감소시킴으로써 비행속도를 일정하게 유지하여 경제적으로 비행하는 방식으로 연료 소비율이 최소가 된다.
(2) 고속 순항방식(high-speed cruise) : 연료를 소비함에 따라 비행기의 무게가 감소되지만 이를 고려하지 않고 엔진의 출력을 일정하게 유지하여 순항속도를 증가시키는 방식으로 비행시간이 최소가 된다.

나. 항속시간(Endurance)

비행기가 출발할 때부터 탑재한 연료를 전부 사용하여 비행할 수 있는 최대시간을 말하며, 엔진의 연료 소비율과 밀접한 관계를 가진다.

다. 항속거리(Range)

비행기가 출발할 때부터 탑재한 연료를 전부 사용할 때까지의 비행거리

(1) 프로펠러 비행기

프로펠러 효율을 η, 연료 소비율을 c_P, 출발 시 비행기 무게를 W_1, 착륙 시 비행기 무게를 W_2라 하면, 프로펠러 비행기의 항속거리(km)는

$$항속거리(R) = \frac{540\,\eta}{c_P} \cdot \frac{C_L}{C_D} \cdot \frac{W_1 - W_2}{W_1 + W_2}$$

프로펠러 비행기에서 항속거리를 크게 하기 위해서는 프로펠러 효율(η)을 크게 하고, 연료 소비율(c_P)을 작게 해야 하며, 양항비가 최대인 받음각으로 비행해야 한다. 그리고 W_1/W_2(여기에서, $W_2 = W_1 - W_{fuel}$)의 비를 가능한 크게, 즉 연료를 최대한 많이 적재하여야 한다.

(2) 제트 비행기

연료 소비율을 c_T, 날개의 면적을 S, 밀도를 ρ, 출발 시 비행기 무게를 W_1, 착륙 시 비행기 무게를 W_2라 하면, 제트 비행기의 항속거리(km)는

$$항속거리(R) = \frac{2}{c_T} \cdot \frac{C_L^{1/2}}{C_D} \sqrt{\frac{2}{S\rho}} \left(\sqrt{W_1} - \sqrt{W_2}\right)$$

최대항속거리로 비행하기 위해서는 $\dfrac{C_L^{1/2}}{C_D}$ 이 최대인 받음각으로 비행하여야 하고, 연료 소비율(c_T)이 작아야 한다. 그리고 밀도(ρ)가 작을수록, 즉 고공으로 올라갈수록 항속거리가 증가한다. 이러한 이유 때문에 제트기는 아주 높은 고도에서 순항비행을 한다. 그리고 W_1/W_2(여기에서, $W_2 = W_1 - W_{fuel}$)의 비를 가능한 크게, 즉 연료를 최대한 많이 적재하여야 한다.

4. 활공비행(Gliding flight)

가. 활공비(Glide ratio)

활공하는 비행기에 작용하는 힘은 진행방향에 수직인 양력(L)과 평행한 항력(D)이 작용하고, 수직 아래로 비행기의 무게에 해당하는 중력(W)이 작용한다. 이때, 등속도로 정상 활공비행을 하고 있다면 가속도는 없으므로 비행기에 작용하는 공기력과 중력은 평형이 되어야 한다.

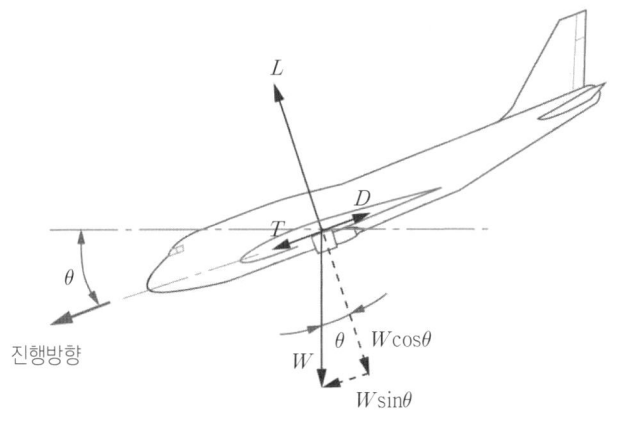

그림 1-29. 활공하는 비행기에 작용하는 힘

$$L = W\cos\theta, \quad D = W\sin\theta$$
$$\therefore \tan\theta = \frac{D}{L} = \frac{C_D}{C_L}$$

여기서 활공각(θ)은 양항비(C_L/C_D)에 반비례한다. 따라서 멀리 활공하려면 활공각이 작아야 하며, 활공각이 작으려면 양항비가 커야 한다. 즉, 주어진 고도에서 가장 멀리 활공하기 위해서는 양항비가 커야 한다.

활공기의 활공비(glide ratio)는 활공거리와 활공고도의 비로 표시하며, 활공기 성능의 주요한 척도로서 무풍상태에서는 항공기의 양항비와 같다.

$$활공비 = \frac{활공거리}{활공고도}$$

나. 활공거리(Glide distance)

(1) 최대활공속도(best glide speed)

최대 양항비가 얻어지며 최소의 고도 침하를 하는 속도를 최대활공속도라고 한다. 대부분의 경우 이 속도에서만 최대의 활공거리를 얻을 수 있다. 따라서 엔진이 고장 난 경우 최대활공속도를 유지하는 것이 매우 중요하다.

(2) 활공거리에 영향을 주는 요소

(가) 항공기 무게

항공기 무게는 활공거리에 영향을 미치지 않는다. 다만 항공기 무게는 활공속도에 비례하여 항공기 무게가 무거워지면 활공속도가 증가한다.

(나) 바람

최대활공속도보다 항공기 속도가 빠르면 유해항력이 증가하고, 느리면 유도항력이 증가하여 활공거리가 줄어든다. 따라서 강한 정풍 상태에서는 최대활공속도보다 조금 빠르게 비행하고, 반대로 강한 배풍 상태에서는 최대활공속도보다 조금 느리게 비행함으로써 최대활공거리를 얻을 수 있다.

5. 급강하(Diving)

비행기가 수평 상태로부터 급강하로 들어갈 때 급강하 속도는 차차 증가하게 되어 끝에 가서는 일정한 속도에 가까워지며, 이 속도 이상 증가하지 않는다. 이때의 속도를 종극속도(terminal velocity)라 하며, 일정한 속도로 급강하하고 있다면 가속도는 없으므로 비행기에 작용하는 중력(W)과 항력(D)은 평형이 되어야 한다.

$$W = D, \quad L = 0$$

그림 1-30. 급강하(Diving)

6. 이착륙 성능

가. 이륙(Take-off)

(1) 이륙거리(take-off distance)

비행기의 실제적인 이륙거리는 지상 활주거리에다 비행기가 안전한 비행상태의 고도까지 이륙하는데 소요되는 상승거리를 합해서 말한다. 이 안전한 비행상태의 고도를 장애물 고도라 하는데, 이 고도는 프로펠러 비행기의 경우 15 m(50 ft), 제트기는 10.7 m(35 ft)이다.

이륙속도는 양력과 비행기 무게가 같아지는 실속속도이지만, 안전을 고려하여 일반적으로 실속속도보다 약 1.2배 되는 속도를 이륙속도로 한다.

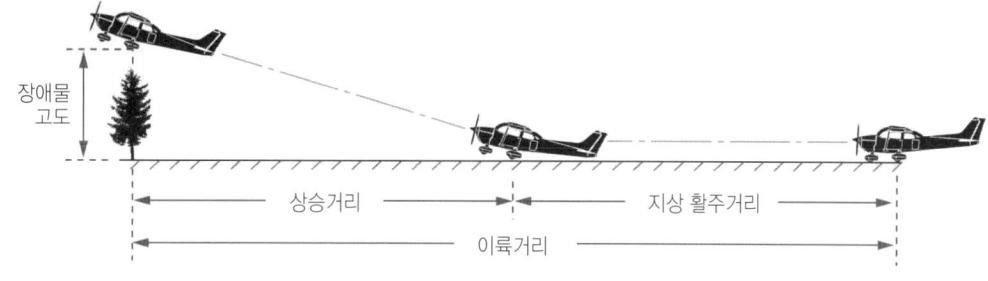

그림 1-31. 비행기의 이륙거리

(2) 이륙거리를 짧게 하기 위한 조건
 (가) 비행기의 무게를 가볍게 한다.
 (나) 엔진의 추진력이 크면 가속도가 커져서 이륙성능이 좋아진다.
 (다) 항력이 작은 활주자세로 이륙한다.
 (라) 정풍(맞바람)을 받으면서 이륙하면 바람의 속도만큼 비행기의 속도가 증가하는 효과를 나타내어 이륙성능이 좋아진다.
 (마) 고양력 장치를 사용하여 최대양력계수($C_{L}max$)를 증가시킨다.
 (바) 익면하중(W/S)이 작을 것, 여기에서 W는 항공기 무게, S는 항공기 날개 면적이다.

(3) 이륙거리에 영향을 미치는 요소
 (가) 총무게(gross weight)

  항공기 무게가 증가할수록 항공기의 가속은 느려지고 이륙거리는 길어진다. 이륙 시 항공기의 총무게가 10% 증가하면 이륙거리는 최소한 21% 증가한다. 항공기 무게가 W_1일 때의 이륙거리를 S_1, 항공기 무게가 W_2일 때의 이륙거리를 S_2라고 하면, 항공기 무게와 이륙거리의 관계식은 다음과 같다.

$$\frac{S_2}{S_1} = \left(\frac{W_2}{W_1}\right)^2$$

 (나) 바람(wind)

  바람은 이륙거리에 큰 영향을 미친다. 정풍은 낮은 대지속도에서 비행기가 부양속도에 도달할 수 있도록 함으로써 이륙거리를 감소시키고, 반대로 배풍은 이륙거리를 증가시킨다. 이륙속도의 10%인 정풍은 이륙거리를 약 19% 감소시킨다.

  무풍 시의 이륙거리를 S_0, 비행기의 이륙속도를 V_T라고 하면, 풍속이 V_W일 때의 이륙거리 S_W를 구하는 관계식은 다음과 같다.

$$S_W = S_0 \left(1 \pm \frac{V_W}{V_T}\right)^2 \quad [\because \text{정풍 시 "}-\text{", 배풍 시에는 "}+\text{"를 적용}]$$

 (다) 활주로 경사(runway slope)

  아래로 경사진 활주로(downslope runway)는 항공기의 가속을 증가시키고, 따라서 이륙거리를 감소시킨다. 위로 경사진 활주로(upslope runway)는 항공기의 가속을 감소시키고 이륙거리를 증가시킨다.

(라) 밀도

밀도고도가 높은 공항에서는 공기의 밀도가 낮아 엔진의 출력은 감소하고 더 긴 이륙거리를 필요로 한다. 따라서 기온과 습도가 증가하면 밀도는 감소하고 이륙거리는 길어진다.

나. 착륙(Landing)

(1) 착륙거리(landing distance)

비행기가 장애물 고도에서 접지할 때까지의 수평거리를 착륙 진입거리라 하며, 바퀴가 활주로 노면에 접지한 후 브레이크를 이용하여 완전히 정지할 때까지의 거리를 지상 활주거리라 한다. 착륙거리는 지상 활주거리와 착륙 진입거리의 합으로 나타낸다.

착륙속도는 양력과 비행기 무게가 같아지는 실속속도이지만, 안전을 고려하여 일반적으로 실속속도의 약 1.3배 되는 속도를 착륙속도로 한다.

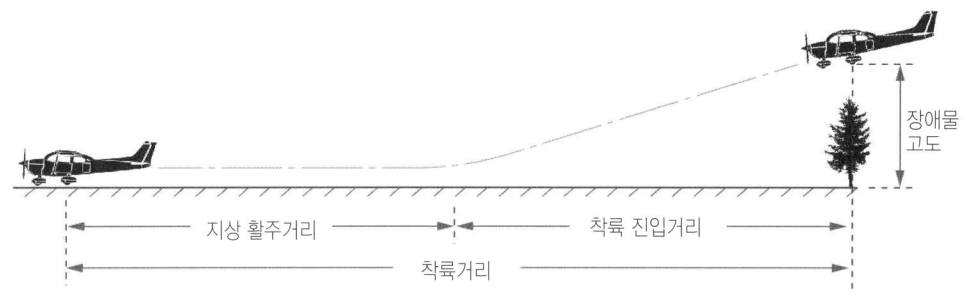

그림 1-32. 비행기의 착륙거리

(2) 착륙거리를 짧게 하기 위한 조건

(가) 비행기의 착륙무게가 가벼워야 지상 활주거리가 짧게 된다.

(나) 접지속도가 작을수록 착륙거리가 짧게 된다. 고양력 장치 등을 사용하여 착륙 시 실속속도를 더 작게 함으로써 접지속도를 최소화 할 수 있다.

(다) 착륙 활주 중에 항력을 크게 해야 한다. Speed brake 등의 장치를 착륙 직후 작동시켜 항력을 크게 한다.

(3) 착륙거리에 영향을 미치는 요소

(가) 총무게(gross weight)

착륙거리는 항공기 무게에 비례한다. 착륙 시에 항공기 무게가 10% 증가하면 착륙속도는 5% 증가하고, 착륙거리는 10% 증가한다. 항공기 무게가 W_1 일 때의 착륙거리를 S_1, 항공기 무게가 W_2 일 때의 착륙거리를 S_2 라고 하면, 항공기 무게와 착륙거리의 관계식은 다음과 같다.

$$\frac{S_2}{S_1} = \frac{W_2}{W_1}$$

(나) 바람(wind)

바람은 착륙거리에 큰 영향을 미치는 요소로서 정풍은 착륙거리를 감소시키고, 반대로 배풍은 착륙거리를 증가시킨다. 착륙속도의 10%인 정풍은 착륙거리를 약 19% 감소시키고, 착륙속도의 10%인 배풍은 착륙거리를 약 21% 증가시킨다.

(다) 밀도

표고가 높은 공항이나 밀도고도가 높은 공항에 접근 시에는 밀도가 낮아 진대기속도(TAS) 및 대지속도의 증가를 가져오고, 표고가 낮은 공항이나 밀도고도가 낮은 공항에 비해 더 긴 착륙거리를 필요로 한다.

5,000 ft에서의 최소 착륙거리는 해면에서의 최소 착륙거리보다 16% 더 크다.

제3절 특수성능

1. 실속성능

비행기의 조종간을 당겨 기수를 들어 실속속도에 접근하게 되면, 비행기가 흔들리는 버핏 현상이 나타나게 된다.

버핏(buffet) 현상이란 흐름이 날개에서 떨어지면서 발생되는 후류가 주날개나 꼬리날개를 진동시켜 발생되는 현상으로서, 이러한 버핏이 시작되면 실속이 일어나는 징조이다. 실속이 발생하게 되면 버핏 현상 이외에 조종면의 효율이 감소하고, 조종간에 의해 조종이 불가능해지는 기수 내림(nose down) 현상이 나타난다. 실속에 진입하면 도움날개(aileron)가 가장 먼저 효율을 상실하고 다음에 승강키(elevator), 그리고 마지막으로 방향키(rudder)의 효율이 상실된다.

비행기의 하중배수 n일 때의 실속속도(V_{sn})를 정상비행 때의 실속속도(V_s)에 대해서 나타내면 다음과 같다.

$$V_{sn} = \sqrt{n} \times V_s$$

식과 같이 항공기가 하중배수 n을 받는 비행을 하면 실속속도는 하중배수의 제곱근에 비례하여 증가한다. 예를 들어 항공기 중량이 9배 증가하면 하중배수는 9배 증가하고 실속속도는 $\sqrt{9}$배, 즉 3배 증가한다.

2. 스핀성능

가. 자전현상(Autorotation)

비행기가 실속 받음각보다 큰 받음각을 취했을 때 어떤 교란에 의하여 회전하는 경우, 하향날개의 받음각은 상향날개의 받음각보다 커져 양력이 작아진다. 반대로 상향날개는 양력이 증가하여 계속 회전시키려는 힘이 발생하는데, 이를 자동회전(자전)이라 한다.

나. 스핀(Spin)

스핀(spin)이란 자동회전과 수직강하가 조합된 비행이다. 이 현상은 비행기가 실속각을 넘는 받음각인 상태에서만 발생한다.

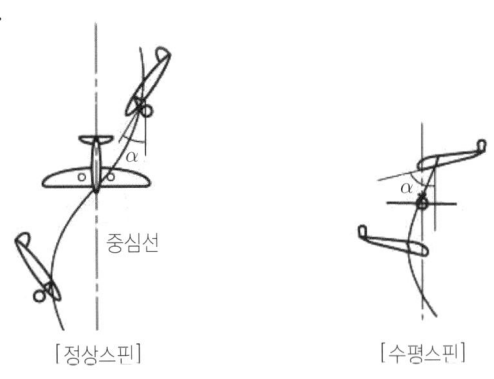

그림 1-33. 스핀(spin)의 유형

(1) 정상스핀(normal spin)

하강속도와 옆놀이 각속도가 일정하게 유지되면서 하강을 계속하는 상태이다. 정상스핀을 수직스핀(vertical spin)이라고도 하며, 용이하게 회복이 가능하다. 스핀에서 비행기를 회복시키기 위해서는 방향키(rudder)를 스핀과 반대방향으로 밀고, 동시에 승강키(elevator)를 밀면 비행기는 급강하 자세로 들어간다. 이때 도움날개(aileron)는 실속상태에 놓여 있기 때문에 전혀 역할을 하지 못한다.

(2) 수평스핀(flat spin)

스핀 성능이 나쁜 비행기나 혹은 보통의 비행기도 조종의 실수나 돌풍 등의 원인으로 정상스핀의 상태보다 점점 받음각(α)이 증가하여 60° 가까이 되고, 기체 세로축은 거의 수평에 가깝고 각속도가 점점 빨라지면서 회전반경이 작은 나선을 그리며 낙하할 수 있다. 이와 같은 스핀을 수평스핀이라 부르며 낙하속도는 오히려 정상스핀보다 작지만 회전 각속도는 상당히 크다.

수평스핀의 회복은 조종간을 밀어 받음각을 감소시키는 방법이 최선이지만 각속도가 크기 때문에 회복이 극히 곤란하다.

제4절 기동성능

1. 선회비행(Turning flight)

가. 정상선회

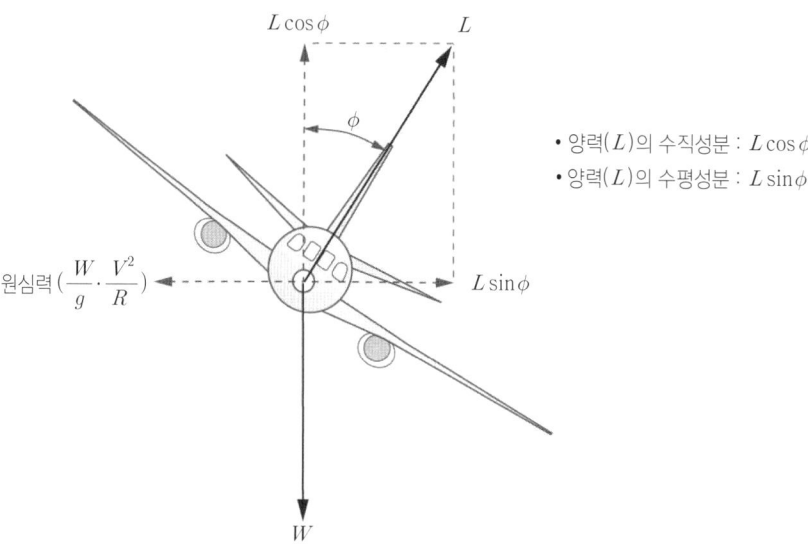

그림 1-34. 선회하는 비행기에 작용하는 힘

수평면 내에서 일정한 선회반경을 가지고 원운동을 하는 비행을 정상선회라 한다. 비행기의 무게를 W, 선회속도를 V, 선회반경을 R, 선회경사각(bank angle)을 ϕ, 그리고 중력가속도를 g라 하면,

$$L\cos\phi = W$$

$$\therefore \tan\phi = \frac{V^2}{gR} \text{ 또는, } R = \frac{V^2}{g\tan\phi}$$

따라서 선회반경을 작게 하려면 선회속도를 작게 하거나 경사각을 크게 하면 된다. 그러나 선회반경

을 작게 하기 위하여 너무 큰 경사각을 주거나 속도를 작게 하면 비행기는 선회 중에 고도가 떨어지게 되어 정상선회를 하지 못하다. 그러므로 경사각을 크게 할 때는 받음각을 크게 하여 양력을 크게 해야 한다.

(1) 선회율(rate of turn)

선회율은 단위 시간당 선회하는 각도로 표시하며, 비행기가 얼마나 빨리 기수를 돌릴 수 있는지를 나타낸다. 선회율의 단위는 [°/sec]이다.

비행기의 선회속도를 V, 선회반경을 R, 선회경사각(bank angle)을 ϕ, 그리고 중력가속도를 g라고 하면,

$$R = \frac{V^2}{g \tan \phi} \text{ 이므로, 선회율} = \frac{V}{R} = \frac{g \tan \phi}{V}$$

선회율과 선회반경 두 가지 모두 비행속도에 따라 달라진다. 비행속도가 빠르면 빠를수록 선회반경은 커지고 선회율은 감소한다. 반대로 속도가 느리면 느릴수록 선회반경은 작아지고 선회율은 증가한다.

(2) 내활(slip) 및 외활(skid)

정상 수평선회는 항공기가 선회할 때 양력의 수평성분과 원심력(centrifugal force, CF)이 균형을 이루는 상태이다. 외활(skid)은 선회에 필요한 bank 양보다 rudder 양이 많아서 양력의 수평성분보다 원심력이 큰 상태이다. 반대로 내활(slip)은 선회에 필요한 bank 양보다 rudder 양이 적어서 양력의 수평성분보다 원심력이 작은 상태이다.

속도와 선회경사각이 일정하다고 가정했을 때 원심력이 클수록 선회반경은 짧아진다. 따라서 선회 중 외활(skid)이 발생하면 선회반경은 짧아지며, 내활(slip)이 발생하면 선회반경은 증가하게 된다.

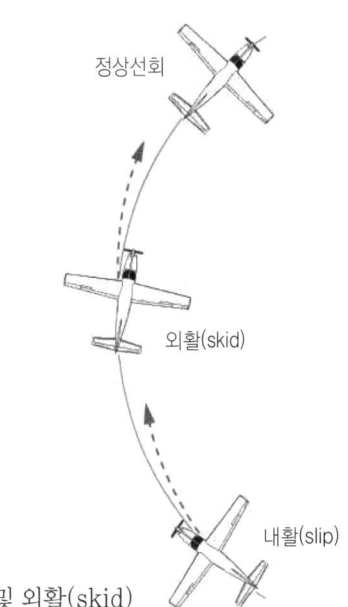

그림 1-35. 내활(slip) 및 외활(skid)

나. 선회속도

선회 중의 양력은 직선 수평비행 중의 양력보다 커야 된다. 즉, 직선 수평비행과 선회비행 중 비행기 주날개의 받음각이 같다면 양력계수가 같아지고, 선회 중의 양력을 크게 하기 위해서는 속도가 커져야 한다.

비행기 주날개의 받음각이 같을 때 직선 수평비행 때의 실속속도를 V_s, 선회비행 때의 실속속도를 V_{ts}라고 하면,

$$V_{ts} = \frac{V_s}{\sqrt{\cos \phi}}$$

로 되고, 선회 중의 실속속도는 수평비행 때의 실속속도보다 커진다.

다. 선회 중의 하중배수

정상 직선 수평비행 때에는 주날개의 양력은 거의 기체의 무게와 같은 하중이 걸려 있다고 할 수 있

다. 정상 수평선회 시 주날개의 양력 $L = \dfrac{W}{\cos\phi}$ 가 되므로, 정상 수평선회 시의 하중배수 $n = \dfrac{L}{W} = \dfrac{1}{\cos\phi}$ 이 된다. 따라서 경사각이 60°인 때는 하중배수가 2가 된다.

2. 비행하중

가. 비행 중의 가속도

비행 중에 나쁜 기류를 만나거나 조종간을 작동하여 속도를 변화시키면 비행기는 가속도 운동을 하게 된다. 이때 관성력이 작용하며 관성력의 크기는 비행기의 질량에다 가속도를 곱한 값과 같게 된다.

비행 중인 비행기에는 세 방향으로 가속도가 작용하게 된다. 첫째 방향은 비행기가 진행하는 비행기 축 방향이고, 둘째 방향은 무게중심에서 수직으로 위아래 방향이며, 셋째 방향은 비행기의 무게중심에서 날개 방향으로 좌우 방향이다.

여기서, 수직 방향의 가속도는 위 방향을 양(+)으로 하고, 아래 방향을 음(-)으로 한다. 수평 방향에서는 비행기의 진행 방향을 양으로 하고 반대 방향을 음으로 한다. 그리고 옆 방향으로는 오른쪽 날개 방향을 양으로 하고 왼쪽 날개 방향을 음으로 한다. 따라서 관성력은 이들 방향과 같은 방향으로 작용한다.

나. 가속 비행 시의 하중배수(load factor)

비행기가 가속도 운동을 하게 되면, 비행기에는 수직 방향으로 비행기 무게에다 관성력이 더해진 힘이 작용하게 되고, 이 힘의 합이 비행기 무게의 n배가 된다면 하중배수(n)는

$$n = 1 + \frac{관성력}{비행기\ 무게} = 1 + \frac{가속도}{g}$$

가속도가 없는 정상비행을 할 경우에는 비행기에는 1g의 가속도가 작용하고 있으므로, $ng = 1g$가 되어 하중배수(n)는 1이 된다.

출제예상문제

Ⅰ. 항력과 동력

【문제】1. 항공기에 작용하는 힘이 아닌 것은?
① Drag　　　② Thrust　　　③ Lift　　　④ Power

【문제】2. 등속도 수평비행 시 비행기에 작용하는 힘이 아닌 것은?
① 양력　　　② 추력　　　③ 관성력　　　④ 중력

【문제】3. 항공기가 상승 시 항공기에 작용하는 힘은? (W: 중량, L: 양력, D: 항력, F: 추진력)
① $W > L$　　　② $F > D$, $W = L$　　　③ $L > W$, $F > D$　　　④ $W = L$, $D = F$

【문제】4. 속도가 일정한 수평 직선비행 시 항공기에 작용하는 힘으로 맞는 것은?
① 양력=중력, 추력=항력
② 양력>중력, 추력>항력
③ 양력>중력, 추력<항력
④ 양력=중력, 추력>항력

【문제】5. 항공기가 정속 강하비행을 할 때 항공기에 작용하는 양력과 중력, 항력과 추력 간의 관계를 바르게 설명한 것은?
① 양력<중력, 항력=추력
② 양력>중력, 항력=추력
③ 양력=중력, 항력>추력
④ 양력>중력, 항력>추력

【문제】6. 비행 중인 비행기의 양력과 중력이 같고, 항력보다 추력이 더 크면?
① 감속 전진비행을 한다.
② 가속 전진비행을 한다.
③ 등속 수평비행을 한다.
④ 상승비행을 한다.

【문제】7. 직선 수평비행 중에 양력과 같은 크기이며, 양력의 반대 방향으로 균형을 이루는 힘은?
① 항력　　　② 추력　　　③ 중력　　　④ 원심력

〈해설〉 비행기에 작용하는 힘은 다음과 같다.
1. 비행기가 수평 등속도로 비행하게 되면 비행경로 방향으로 추력(T), 비행경로 반대방향으로 항력(D), 비행경로의 수직 아래방향으로 중력(W), 그리고 중력과 반대방향으로 양력(L)이 작용하게 된다.
2. 비행기의 속도가 일정하고, 일정한 고도로 비행을 하면 가속도가 "0"인 운동을 하고 있으므로 비행기에 작용하는 힘은 평형이 되어 있어야 한다.
$$T = D, W = L$$
3. 양력과 중력 및 추력과 항력의 관계에 따른 비행상태는 다음과 같다.
　가. 양력(L)과 중력(W)의 관계에 따른 비행상태
　　　$L = W$; 수평비행, $L > W$; 상승비행, $L < W$; 하강비행
　나. 추력(T)과 항력(D)의 관계에 따른 비행상태
　　　$T = D$; 등속비행, $T > D$; 가속비행, $T < D$; 감속비행

[정답] 1. ④　2. ③　3. ③　4. ①　5. ①　6. ②　7. ③

【문제】8. 항공기의 추력, 항력, 중력 및 양력이 작용하는 기준점은?
　① 무게 중심(CG)　　　　　　② 공기력 중심(AC)
　③ 압력 중심(CP)　　　　　　④ 기하학적 중심(GC)

〈해설〉 비행기의 안정과 조종, 운동의 힘과 모멘트를 위해서 무게 중심(CG)에 원점을 두는 기준축을 사용한다.

【문제】9. 항공기가 항력을 이겨내고 일정한 속도를 유지하며 계속 비행하기 위해서 필요한 마력은?
　① 이용마력　　② 잉여마력　　③ 정격마력　　④ 필요마력

【문제】10. 필요마력에 대하여 바르게 설명한 것은?
　① 날개 면적이 커지면 필요마력도 커진다.
　② 고공비행이면 필요마력이 커진다.
　③ 고속비행이면 필요마력이 작아진다.
　④ 항력계수가 커지면 필요마력이 작아진다.

【문제】11. 항공기가 증속이나 상승을 할 수 있도록 엔진이 낼 수 있는 힘을 무엇이라 하는가?
　① 필요마력　　② 여유마력　　③ 이용마력　　④ 제동마력

【문제】12. 이용마력과 필요마력과의 차이를 무엇이라 하는가?
　① 지시마력　　② 정격마력　　③ 제동마력　　④ 잉여마력

【문제】13. 다음 중 이용마력, 필요마력 및 여유(잉여)마력의 관계를 맞게 표현한 식은?
　① 필요마력＝이용마력＋여유(잉여)마력　　② 필요마력＝여유(잉여)마력 - 이용마력
　③ 이용마력＝필요마력＋여유(잉여)마력　　④ 이용마력＝필요마력 - 여유(잉여)마력

【문제】14. 다음 중 잉여마력과 가장 관계가 깊은 것은?
　① 선회성능　　② 하강률　　③ 상승률　　④ 수평최대속도

【문제】15. 이용마력이 최소한 필요마력보다 커야 하는 경우는?
　① 상승비행을 하려는 경우　　② 하강비행을 하려는 경우
　③ 선회비행을 하려는 경우　　④ 순항비행을 하려는 경우

【문제】16. 항공기가 증속 또는 상승하려면?
　① 이용마력＝필요마력　　② 이용마력＞필요마력
　③ 이용마력＜필요마력　　④ 이용마력≧필요마력

【문제】17. 이용마력이 최대이고 필요마력이 최소일 경우에는?
　① 최소 상승률로 상승비행이 가능하다.　　② 최대 강하율로 하강비행이 가능하다.
　③ 최대 상승률로 상승비행이 가능하다.　　④ 최소 강하율로 하강비행이 가능하다.

정답　8. ①　9. ④　10. ①　11. ③　12. ④　13. ③　14. ③　15. ①　16. ②　17. ③

【문제】 18. 다음 중 비행기의 상승률이 저하되는 경우는?
　　　① 필요마력이 증가할 때　　　　　② 이용마력이 증가할 때
　　　③ 항공기 중량이 감소할 때　　　　④ 밀도고도가 낮아질 때

【문제】 19. 다음 중 비행기의 상승성능이 저하되는 경우는?
　　　① 밀도고도가 낮아질 때　　　　　② 외기온도가 낮아질 때
　　　③ 비행기의 필요마력이 커질 때　　④ 비행기의 이용마력이 커질 때

【문제】 20. 항공기의 무게가 일정할 때 최대 상승률로 상승하려면?
　　　① 맞바람으로 상승한다.　　　　　② 고양력 장치를 이용한다.
　　　③ 고항력 장치를 이용한다.　　　　④ 최대 잉여추력을 사용한다.

【문제】 21. 다음 중 상승률이 가장 좋은 경우는?
　　　① 이용마력이 최소일 때　　　　　② 필요마력이 최소일 때
　　　③ 여유마력이 최소일 때　　　　　④ 제동마력이 최소일 때

〈해설〉 필요마력, 이용마력과 여유(잉여)마력
　1. 필요마력(P_r) : 비행기가 항력을 이겨내고 계속 비행하는데 필요한 동력을 마력으로 나타낸 것이다.
　　필요마력은 항력계수, 밀도, 날개의 면적, 그리고 항공기 속도의 제곱에 비례한다.
　2. 이용마력(P_a) : 비행기를 가속시키거나 상승시키기 위해 엔진으로부터 발생시킬 수 있는 출력
　3. 여유(잉여)마력 : 이용마력과 필요마력과의 차이며, 비행기의 상승성능을 결정하는데 중요한 요소가 된다.
$$여유마력(잉여마력) = 이용마력(P_a) - 필요마력(P_r)$$
　따라서 최대 상승률은 이용마력과 필요마력과의 차이가 최대일 때, 즉 이용마력이 최대이고 필요마력이 최소일 때 얻어진다.

Ⅱ. 일반성능

【문제】 1. 고도가 증가하면 상승률은?
　　　① 관계없다.　　　　　　　　　　② 증가한다.
　　　③ 감소한다.　　　　　　　　　　④ 증가하다가 감소한다.

【문제】 2. 상승률이 0(zero)이 되는 고도는?
　　　① 절대상승고도　　② 운용상승고도　　③ 한계상승고도　　④ 실용상승고도

【문제】 3. Service ceiling에 대한 설명으로 맞는 것은?
　　　① 상승률이 "0"이 되는 고도
　　　② 상승률이 50 fpm이 되는 고도
　　　③ 상승률이 100 fpm이 되는 고도
　　　④ 3개 이상의 엔진을 가진 비행기의 경우, 1개의 엔진 부작동시 상승률이 150 fpm이 되는 고도

정답　18. ①　19. ③　20. ④　21. ②　/　1. ③　2. ①　3. ③

【문제】4. 절대상승한도(absolute ceiling) 란?
　　① 상승률이 0 ft/min이 되는 고도　　② 상승률이 20 ft/min이 되는 고도
　　③ 상승률이 50 ft/min이 되는 고도　　④ 상승률이 100 ft/min이 되는 고도

【문제】5. 실용상승한계(service ceiling)는?
　　① 0 fpm의 상승률을 갖는 고도　　② 50 fpm의 상승률을 갖는 고도
　　③ 100 fpm의 상승률을 갖는 고도　　④ 200 fpm의 상승률을 갖는 고도

【문제】6. 다음 설명 중 맞는 것은?
　　① 상승속도는 고도가 증가함에 따라 증가한다.
　　② 수평비행속도는 고도가 증가함에 따라 감소한다.
　　③ Absolute ceiling은 상승률이 50 fpm 일 때의 고도이다.
　　④ Service ceiling은 상승률이 100 fpm 일 때의 고도이다.

【문제】7. Single engine의 실용상승한계는?
　　① 0 fpm의 상승률을 갖는 고도　　② 50 fpm의 상승률을 갖는 고도
　　③ 100 fpm의 상승률을 갖는 고도　　④ 150 fpm의 상승률을 갖는 고도

【문제】8. 쌍발 항공기의 한쪽 엔진 고장 시 한쪽 엔진의 service ceiling은?
　　① 25 fpm　　② 50 fpm　　③ 100 fpm　　④ 200 fpm

〈해설〉 상승비행 시 고도의 영향 및 상승한계는 다음과 같다.
　　1. 고도가 증가하면 속도는 증가하나 필요마력도 증가한다. 결과적으로 여유마력이 작아지므로 고도가 증가하면 상승률이 저하된다.
　　2. 상승한계(상승한도) 및 상승률은 다음과 같다. 쌍발 항공기의 한쪽 엔진 고장 시에는 정상 상승률의 1/2을 적용한다.

상승한계(상승한도)	구 분
절대상승한계(absolute ceiling)	상승률이 "0"이 되는 고도
실용상승한계(service ceiling)	상승률이 100 ft/min(0.5 m/sec)이 되는 고도
운용상승한계(operation ceiling)	상승률이 500 ft/min(2.5 m/sec)이 되는 고도

【문제】9. 지시실속속도(indicated stall speed)에 영향을 주는 요소는?
　　① weight, load factor, power
　　② load factor, angle of attack, power
　　③ angle of attack, weight, air density
　　④ air density, angle of attack, power

【문제】10. 실속속도에 영향을 끼치지 않는 것은?
　　① 하중계수　　② 항공기 무게　　③ 받음각　　④ 동력

정답　4. ①　5. ③　6. ④　7. ②　8. ②　9. ①　10. ③

〈해설〉 실속속도(stall speed)는 서로 다른 환경에서 변할 수 있다. 항공기 무게(weight), 하중계수(load factor), 동력(power), 무게중심, 고도, 기온 및 항공기 날개의 눈, 얼음이나 서리의 존재 여부는 항공기의 실속속도에 영향을 미친다.

【문제】11. 다음 중 실속속도가 감소하는 경우는?
① 공기 밀도 감소
② 비행고도 증가
③ 항공기 무게 감소
④ 하중계수 증가

【문제】12. 다음 중 stall speed의 증가 요인은?
① 비행고도 감소
② 항공기 무게 증가
③ 하중계수 감소
④ 공기 압력 증가

【문제】13. 실속속도에 대한 설명 중 맞는 것은?
① 항공기 중량이 3배 증가하면 실속속도는 3배 증가한다.
② 항공기 중량이 3배 증가하면 실속속도는 1/3로 감소한다.
③ 항공기 중량이 9배 증가하면 실속속도는 3배 증가한다.
④ 항공기 중량이 9배 증가하면 실속속도는 1/3로 감소한다.

【문제】14. Stall speed에 대한 설명 중 맞는 것은?
① 항공기의 무게가 증가하면 증가한다.
② 항공기의 무게가 증가하면 감소한다.
③ 항공기의 무게와는 관계가 없다.
④ 날개 span의 길이가 길어지면 증가한다.

〈해설〉 실속속도(stall speed)
1. 실속속도는 항공기 무게에 비례하고, 공기의 밀도, 날개 면적 및 최대양력계수에 반비례한다.
2. 비행 중 항공기가 하중배수(하중계수)를 받는 가속도 운동을 한다면 중량은 n배가 되고, 실속속도는 하중배수(n)의 제곱근에 비례하는 값을 갖게 된다. 따라서 항공기 중량이 9배 증가하면 실속속도는 $\sqrt{9}$ 배, 즉 3배 증가한다.

【문제】15. 항공기의 중량이 증가할 때 비행기 성능에 미치는 영향으로 틀린 것은?
① 이륙속도 증가   ② 이륙거리 증가   ③ 상승각 감소   ④ 실속속도 감소

〈해설〉 각 항공기에는 항공기 성능에 따른 무게 운용범위가 정해져 있으며, 항공기의 무게가 운용범위를 초과하면 비행기 성능에 다음과 같은 영향을 미친다.
1. 이륙속도 및 이륙거리 증가
2. 상승률 및 상승각 감소
3. 항속거리 감소
4. 순항속도 감소
5. 실속속도 증가
6. 착륙속도 및 착륙거리 증가

정답 11. ③   12. ②   13. ③   14. ①   15. ④

【문제】16. 비행기가 실속될 수 있는 받음각은?
　① CG가 전방으로 이동하면 커진다.　② 총무게가 증가하면 커진다.
　③ 총무게가 증가하면 작아진다.　④ 총무게에 관계없이 일정하다.

〈해설〉 대부분의 날개골에서 받음각이 18°~21°(임계 받음각)로 증가하면 기류는 과도한 방향의 변화로 날개의 상부면을 따라 흐르지 못하며, 실속이 발생하는 임계 받음각을 초과하면 비행기는 실속된다. 비행기가 실속될 수 있는 받음각은 항공기의 총무게와는 관계가 없다.

【문제】17. 수평비행 중 연료 감소에 따라 비행속도와 양력계수의 변화를 바르게 설명한 것은? (단, 마력은 일정하다)
　① 속도는 증가하고 양력계수는 변화하지 않는다.
　② 속도는 증가하고 양력계수도 증가한다.
　③ 속도는 증가하고 양력계수는 감소한다.
　④ 속도는 감소하고 양력계수는 증가한다.

【문제】18. 장거리 순항비행의 경우 시간에 따라 연료가 소비된다. 비행고도와 비행속도를 일정하게 유지하면 다음 중 맞는 것은?
　① 받음각은 커지고, 발동기의 출력은 약간 늘어나게 된다.
　② 받음각은 작아지고, 발동기의 출력도 작아진다.
　③ 받음각은 변하지 않고, 발동기의 출력은 약간 늘어나게 된다.
　④ 받음각은 그대로이고, 발동기의 출력은 작아진다.

〈해설〉 수평비행 중 연료가 소비되면 항공기 무게는 감소하기 때문에 동일한 출력을 유지하면 항공기의 속도 및 고도는 증가한다. 항공기 속도가 증가하면 양력은 증가하지만 양력계수는 항공기 속도와 무관하게 일정하다. 장거리 순항비행의 경우 일정한 속도 및 일정한 고도를 유지하기 위해서는 엔진의 출력과 받음각을 감소시켜야 한다.

【문제】19. 제트 비행기가 L/Dmax와 관련하여 최대항속거리를 얻으려면 비행속도는?
　① L/Dmax를 위한 속도와 같아야 한다.
　② L/Dmax를 위한 속도보다 작아야 한다.
　③ L/Dmax를 위한 속도보다 커야 한다.
　④ L/Dmax를 위한 속도와 관계가 없다.

【문제】20. 프로펠러 비행기의 항속거리를 최대로 하기 위해서는?
　① 양항비가 최대인 속도로 비행한다.　② 양항비가 최소인 속도로 비행한다.
　③ 항력이 최소인 속도로 비행한다.　④ 필요마력이 최소인 속도로 비행한다.

【문제】21. 최대항속거리에 대한 다음 설명 중 맞는 것은?
　① Jet 항공기는 L/Dmax 속도보다 느릴 때 최대항속거리를 얻을 수 있다.
　② Jet 항공기는 L/Dmax 속도보다 빠를 때 최대항속거리를 얻을 수 있다.

정답　16. ④　17. ①　18. ②　19. ③　20. ①

③ Prop 항공기는 L/Dmax 속도보다 느릴 때 최대항속거리를 얻을 수 있다.
④ Prop 항공기는 L/Dmax 속도보다 빠를 때 최대항속거리를 얻을 수 있다.

〈해설〉 최대항속거리(maximum range)를 얻기 위한 비행속도는 다음과 같다.
1. 프로펠러 비행기 : $\dfrac{C_L}{C_D}$가 최대인 받음각, 즉 양항비가 최대인 속도로 비행하면 항속거리도 최대가 된다.
2. 제트 비행기 : $\dfrac{C_L^{1/2}}{C_D}$가 최대인 받음각, 즉 양항비가 최대인 속도보다 약간 빠른 속도(최대 양항비 속도의 약 1.19~1.32배)로 비행해야 한다.

【문제】22. 제트 비행기의 최대 체공을 위한 방법 중 틀린 것은?
① 연료 소모율을 최소로 한다. ② 최대 양항비를 유지한다.
③ 낮은 고도에서 비행한다. ④ 최초무게와 최종무게 비율을 증가시킨다.

〈해설〉 제트 비행기의 최대항속시간을 얻기 위한 조건
1. 양항비가 최대인 받음각으로 비행한다.
2. 연료 소모율을 최소로 한다.
3. 공기 밀도가 작은 높은 고도에서 비행한다.
4. W_1(최초무게)/W_2(최종무게)의 비를 가능한 크게 한다.

■ 잠깐! 알고 가세요.
[최대항속거리와 최대항속시간을 얻기 위한 조건]

구분	프로펠러 비행기	제트 비행기
최대 항속 거리	· **최대 양항비로 비행**한다. · 연료 소비율(소모율)을 최소로 한다. · 비행 중에 추진효율을 가능한 크게 한다. · W_1/W_2의 비를 가능한 크게 한다.	· **최대 양항비보다 약간 빠른 속도로 비행**한다. · 공기밀도가 작은 높은 고도로 비행한다. · 연료 소비율을 최소로 한다. · W_1/W_2의 비를 가능한 크게 한다.
최대 항속 시간	· $C_L^{2/3}/C_D$가 최대인 값을 갖도록 비행한다. · 연료 소비율을 최소로 한다. · 비행 중에 추진효율을 가능한 크게 한다. · 공기밀도가 큰 해면고도에서 비행한다.	· 최대 양항비로 비행한다. · 연료 소비율을 최소로 한다. · W_1/W_2의 비를 가능한 크게 한다. (∴ W_1; 최초무게, W_2; 최종무게)

【문제】23. 순항비행 중 배풍 조우 시 best range 성능을 유지하기 위해서는?
① 항공기 속도를 감소시킨다. ② 항공기 속도를 증가시킨다.
③ 항공기 속도를 일정하게 유지한다. ④ 항공기 속도와는 관계가 없다.

【문제】24. 항로상에서 예보보다 많은 배풍이 불 때 최대항속거리를 얻기 위한 방법은?
① 순항속도를 증가시킨다. ② 순항속도를 감소시킨다.
③ 원래의 순항속도를 유지한다. ④ 순항속도와는 관계가 없다.

【문제】25. Headwind 상황에서 최대항속거리를 얻기 위한 비행속도는?
① 무풍 시 양항비가 최대인 받음각의 속도
② 무풍 시 최대항속거리를 얻기 위한 속도보다 빠른 속도

정답 21. ② 22. ③ 23. ① 24. ②

③ 무풍 시 최대항속거리를 얻기 위한 속도보다 느린 속도
④ 무풍 시 최대항속거리를 얻기 위한 속도와 동일한 속도

〈해설〉 배풍과 정풍 시에 최대항속거리를 얻기 위한 비행속도
1. 배풍(tailwind) 시 : 무풍 시의 최대항속거리를 얻기 위한 대기속도보다 조금 느리게 비행함으로써 항속거리를 증가시킬 수 있다.
2. 정풍(headwind) 시 : 정풍은 항속거리를 감소시키지만, 이러한 감소는 무풍 시의 최대항속거리를 얻기 위한 대기속도보다 조금 빠르게 비행함으로써 최소화 할 수 있다.

【문제】 26. 활공비를 구하는 식으로 맞는 것은?
① 활공거리/강하율
② 고도/활공속도
③ 고도/활공거리
④ 활공거리/고도

【문제】 27. 항공기 엔진 정지 시 최대활공거리를 얻기 위해서는?
① 항공기 속도를 증가시킨다.
② 양항비를 감소시킨다.
③ 양항비를 증가시킨다.
④ 항공기 속도를 감소시킨다.

【문제】 28. 비행 중 엔진이 정지했을 때 활공각을 작게 하려면?
① 양항비를 크게 한다.
② 양항비를 작게 한다.
③ 양항비와 항력을 작게 한다.
④ 항공기 속도를 감소시킨다.

【문제】 29. 활공각에 대한 다음 설명 중 맞는 것은?
① 활공속도가 느리면 활공각은 작다.
② 중량이 크면 활공각도 크다.
③ 날개 면적이 크면 활공각도 크다.
④ 양항비가 작으면 활공각은 크다.

〈해설〉 활공비(glide ratio)
1. 활공비는 활공거리와 활공고도의 비로 표시한다.
2. 멀리 활공하려면 활공각이 작아야 하며, 활공각이 작으려면 양항비가 커야 한다. 즉, 주어진 고도에서 가장 멀리 활공하기 위해서는 양항비가 커야 한다.

【문제】 30. 비행 중 engine failure가 발생한 경우 우선 유지해야 할 속도는?
① Best Rate of Climb Speed
② Maximum Endurance Speed
③ Maneuvering Speed
④ Best Glide Speed

【문제】 31. 다음 중 Best glide speed가 얻어지는 경우는?
① 유도항력과 양력계수가 같아질 때
② 유도항력과 유해항력이 같아질 때
③ 유도항력이 유해항력보다 커질 때
④ 유해항력이 유도항력보다 커질 때

【문제】 32. 항공기 무게가 무거워지면 gliding speed는?
① 증가한다.
② 감소한다.
③ 변하지 않는다.
④ 증가했다가 감소한다.

정답 25. ② 26. ④ 27. ③ 28. ① 29. ④ 30. ④ 31. ② 32. ①

【문제】33. 항공기 무게가 증가하면?
① 최대활공거리는 감소한다.
② 최대활공거리는 증가한다.
③ 최대활공거리와 활공속도는 변하지 않는다.
④ 최대활공거리는 변하지 않지만, 활공속도는 증가한다.

〈해설〉 활공속도(glide speed)와 활공거리(glide distance)
1. 유도항력과 유해항력이 같아질 때 최대 양항비가 얻어지고 최소의 고도 침하를 하게 된다. 이때의 속도를 최대활공속도(best glide speed)라고 하며, 대부분의 경우 이 속도에서만 최대의 활공거리를 얻을 수 있다. 따라서 엔진이 고장 난 경우 항공기 무게와 상관없이 최대활공속도를 유지하는 것이 매우 중요하다.
2. 활공속도 및 활공거리에 영향을 주는 요소
   가. 항공기 무게 : 항공기 무게는 활공거리에 영향을 미치지 않는다. 다만 활공속도는 항공기 무게에 비례하여, 항공기 무게가 무거워지면 활공속도가 증가한다.
   나. 바람 : 강한 정풍 상태에서는 최대활공속도보다 조금 빠르게 비행하고, 반대로 강한 배풍 상태에서는 최대활공속도보다 조금 느리게 비행함으로써 최대활공거리를 얻을 수 있다.

【문제】34. 항공기가 수직으로 무동력 하강을 할 때 weight와 drag의 관계로 맞는 것은?
① Drag보다 weight가 커야 한다.
② Weight보다 drag가 커야 한다.
③ Weight와 drag는 같아야 한다.
④ Weight와 drag는 관련이 없다.

〈해설〉 항공기가 일정한 속도로 급강하(diving)하고 있다면 가속도는 없으므로, 비행기에 작용하는 중력(W)과 항력(D)은 평형이 되어야 한다.
$$W-D$$

【문제】35. 이륙거리의 정의로 맞는 것은?
① 지상활주거리에 주착륙장치의 바퀴가 땅에서 떠올랐을 때까지의 수평거리를 더한 거리
② 지상활주거리에 프로펠러기의 경우 50 ft, 제트기의 경우 35 ft의 고도에 도달할 때까지의 수평거리를 더한 거리
③ 지상활주거리에 프로펠러기의 경우 35 ft, 제트기의 경우 50 ft의 고도에 도달할 때까지의 수평거리를 더한 거리
④ 정지지점으로부터 50m의 안전고도에 도달할 때까지의 수평거리

〈해설〉 비행기의 실제적인 이륙거리는 지상활주거리에다 비행기가 안전한 비행상태의 고도까지 이륙하는데 소요되는 상승거리를 합해서 말한다. 이 안전한 비행상태의 고도를 장애물 고도라 하는데, 이 고도는 프로펠러 비행기의 경우 15 m(50 ft), 제트기는 10.7 m(35 ft)이다.

【문제】36. 동일한 조건의 비행인 경우, 대기온도가 낮아지면 이륙거리는 어떻게 되는가?
① 이륙거리와 대기온도는 무관하다. ② 이륙거리는 짧아진다.
③ 이륙거리는 길어진다. ④ 이륙거리는 동일하다

정답 33. ④ 34. ③ 35. ② 36. ②

【문제】37. Uphill slope 활주로의 이륙성능에 대한 설명으로 맞는 것은?
　　① 이륙거리가 증가한다.　　② 이륙거리가 감소한다.
　　③ 이륙거리는 동일하다.　　④ 이륙속도가 감소한다.

【문제】38. 이륙거리 증가의 원인이 아닌 것은?
　　① 온도 상승　　② 습도 상승
　　③ Head wind component 증가　　④ Upslope 활주로

【문제】39. 대기압과 대기온도는 일정하고 습도가 높아지면 이륙활주거리는?
　　① 습도가 높아지면 공기밀도가 증가하므로 이륙활주거리는 증가한다.
　　② 습도가 높아지면 공기밀도가 감소하므로 이륙활주거리는 증가한다.
　　③ 습도가 높아지면 공기밀도가 증가하므로 이륙활주거리는 감소한다.
　　④ 습도와 공기밀도는 관계가 없으며, 이륙활주거리는 변하지 않는다.

【문제】40. 밀도고도가 높은 공항에서 이륙하는 터보프롭 항공기의 특성으로 맞는 것은?
　　① 밀도가 높아 프로펠러 효율이 증가한다.
　　② 밀도가 낮아 엔진 성능이 저하된다.
　　③ 밀도가 낮아 보다 높은 이륙속도가 요구된다.
　　④ 밀도가 높아 항공기의 이륙거리가 감소한다.

【문제】41. 밀도고도가 항공기에 미치는 영향으로 맞는 것은?
　　① 밀도고도가 높으면 항공기 성능이 증가한다.
　　② 밀도고도가 높으면 추력이 증가한다.
　　③ 밀도가 낮은 지역에서 항공기 이륙거리가 증가한다.
　　④ 밀도가 높은 지역에서 항공기 이륙속도가 감소한다.

【문제】42. 다음 중 가장 큰 추력을 얻을 수 있는 기상상태는?
　　① Cold, dry air　　② Cold, wet air
　　③ Warm, dry air　　④ Warm, wet air

【문제】43. 다음 중 최대 양항비를 얻기 위한 조건이 아닌 것은?
　　① 낮은 공기온도　　② 높은 대기압력
　　③ 높은 공기밀도　　④ 높은 습도

【문제】44. 이륙거리를 증가시키는 경우가 아닌 것은?
　　① 정풍 감소　　② 배풍 증가
　　③ Upslope 활주로　　④ 항공기 무게 감소

정답　37. ①　38. ③　39. ②　40. ②　41. ③　42. ①　43. ④　44. ④

【문제】 45. 이착륙 시 항공기 성능에 나쁜 영향을 주는 바람은?
① 정풍 증가
② 배풍 증가
③ 정풍 및 배풍 증가
④ 정풍 및 배풍 감소

【문제】 46. 항공기 무게 감소에 따른 이륙성능의 변화로 옳은 것은?
① 가속은 느려지고, 이륙거리는 짧아진다.
② 가속은 느려지고, 이륙거리는 길어진다.
③ 가속은 빨라지고, 이륙거리는 짧아진다.
④ 가속은 빨라지고, 이륙거리는 길어진다.

〈해설〉 이륙거리에 영향을 미치는 요소는 다음과 같다.
1. 총무게(gross weight) : 항공기 무게가 증가할수록 항공기의 가속은 느려지고, 이륙거리는 길어진다.
2. 바람(wind) : 바람은 이륙거리에 큰 영향을 미친다. 정풍은 낮은 대지속도에서 비행기가 부양속도에 도달할 수 있도록 함으로써 이륙거리를 감소시키고, 반대로 배풍은 이륙거리를 증가시킨다.
3. 활주로 경사(runway slope) : 아래로 경사진 활주로(downslope runway)는 이륙거리를 감소시키고, 위로 경사진 활주로(upslope runway)는 이륙거리를 증가시킨다.
4. 밀도 : 밀도고도가 높은 공항에서는 밀도가 낮아 엔진의 출력은 감소하고 더 긴 이륙거리를 필요로 한다. 따라서 기온과 습도가 증가하면 밀도는 감소하고 이륙거리는 길어진다.
   해면고도에서 이륙하든 높은 고도에서 이륙하든 지시대기속도(IAS)는 동일하지만, 밀도가 감소하는 경우 진대기속도(TAS) 및 대지속도는 증가한다.

【문제】 47. 무풍 시 이륙거리 1,000 ft 인 항공기가 정풍 7 kt의 바람이 불고 있는 활주로에서 70 kt의 take-off roll 속도로 이륙하고 있다면 실제이륙거리는?
① 810 ft
② 900 ft
③ 1,100 ft
④ 1,280 ft

〈해설〉 무풍 시의 이륙거리를 S_0, 비행기의 이륙속도를 V_T라고 하면, 정풍이 V_W일 때의 이륙거리 S_W를 구하는 식은 다음과 같다. 식에서 정풍 시에는 "−", 배풍 시에는 "+" 기호를 적용한다.

$$\therefore S_W = S_0 \left(1 \pm \frac{V_W}{V_T}\right)^2 = 1000 \times \left(1 - \frac{7}{70}\right)^2 = 810 \text{ ft}$$

【문제】 48. 다음 중 이륙차트(takeoff chart)에 나오지 않는 요소는?
① Wing flap setting
② Wing components
③ Outside air temperature(OAT)
④ Aircraft weight

〈해설〉 이륙차트(takeoff chart)는 일반적으로 여러 가지의 형식으로 제공된다. 이륙차트는 다양한 비행기 무게, 고도, 기온, 바람 및 장애물 고도(obstacle height)에 대한 이륙거리를 제공한다. 또한 flap이 없거나, 특정한 형태의 flap을 장착하고 있는 항공기의 이륙거리를 조종사가 산출할 수 있도록 한다.

【문제】 49. 다음 중 익면하중과 가장 관계가 깊은 것은?
① 상승률의 향상
② 이륙거리의 단축
③ 항속거리의 연장
④ 최대속도의 향상

〈해설〉 이륙거리를 짧게 하기 위한 조건은 다음과 같다.
1. 비행기의 무게를 가볍게 한다.
2. 엔진의 추진력이 크면 가속도가 커져서 이륙성능이 좋아진다.

정답 45. ② 46. ③ 47. ① 48. ② 49. ②

3. 항력이 작은 활주 자세로 이륙한다.
4. 정풍(맞바람)을 받으면서 이륙하면 바람의 속도만큼 비행기의 속도가 증가하는 효과를 나타내어 이륙성능이 좋아진다.
5. 고양력 장치를 사용하여 최대양력계수($C_L$max)를 증가시킨다.
6. 익면하중(W/S)이 작을 것, 여기에서 W는 항공기 무게, S는 항공기 날개 면적이다.

【문제】50. 항공기의 착륙속도는 stall speed의 몇 배인가?
① 1.0배　　　② 1.2배　　　③ 1.3배　　　④ 2.0배

〈해설〉 착륙속도는 양력과 비행기 무게가 같아지는 실속속도(stall speed)이지만, 안전을 고려하여 일반적으로 실속속도보다 약 1.3배 되는 속도를 착륙속도로 한다.

【문제】51. 착륙거리 산정에 영향을 미치는 요소가 아닌 것은?
① 기압고도　　　② 외기온도　　　③ 항공기 중량　　　④ 조종기술

【문제】52. 착륙성능을 구할 때 반영하여야 할 사항이 아닌 것은?
① Reverse thrust　　　② Anti-skid
③ Pressure altitude　　　④ Wind

【문제】53. Landing performance를 구할 때 반영되지 않는 것은?
① 기압고도　　　② 온도　　　③ 조종사 능력　　　④ 항공기 무게

〈해설〉 필요한 착륙거리는 기압고도, 기온, 바람 및 비행기 무게 등을 고려하여 산출한다. 착륙거리 산출을 위해 착륙 차트(landing chart)에 anti-skid on 및 off 상태는 포함되지만, reverse thrust 사용 여부는 포함되지 않는다.

【문제】54. 항공기 중량이 W_1에서 W_2로 증가할 때 착륙거리는?
① $(W_2/W_1)^2$에 비례하여 증가한다.　　　② W_2/W_1에 비례하여 증가한다.
③ $\sqrt{(W_2/W_1)}$에 비례하여 증가한다.　　　④ W_2/W_1에 반비례하여 감소한다.

【문제】55. 항공기의 착륙중량이 10% 증가하면 착륙거리는 얼마 정도 증가하는가?
① 7%　　　② 10%　　　③ 15%　　　④ 20%

【문제】56. 다른 조건이 동일한 경우, 고도가 높은 공항에 착륙하는 비행기의 ground speed는?
① 고도가 낮은 공항보다 높다.　　　② 고도가 낮은 공항보다 낮다.
③ 고도가 낮은 공항과 동일하다.　　　④ Ground speed는 고도와 관계가 없다.

【문제】57. 항공기의 이착륙 성능에 대한 설명 중 틀린 것은?
① 정풍에서는 이륙거리와 착륙거리 모두 감소한다.
② 항공기 무게가 무거우면 이륙거리와 착륙거리 모두 길어진다.

정답　50. ③　51. ④　52. ①　53. ③　54. ②　55. ②　56. ①

③ 내리막(downhill) 활주로에서는 이륙거리와 착륙거리 모두 길어진다.
④ 밀도고도가 높으면 이륙거리와 착륙거리 모두 길어진다.

〈해설〉 착륙거리에 영향을 미치는 요소
1. 총무게(gross weight) : 착륙거리는 항공기 무게에 비례한다. 착륙 시에 항공기 무게가 10% 증가하면 착륙속도는 5% 증가하고, 착륙거리는 10% 증가한다.
2. 바람(wind) : 정풍은 착륙거리를 감소시키고, 반대로 배풍은 착륙거리를 증가시킨다.
3. 밀도 : 표고가 높은 공항이나 밀도고도가 높은 공항에 접근 시에는 밀도가 낮아 진대기속도(TAS) 및 대지속도의 증가를 가져오고 더 긴 착륙거리를 필요로 한다.

【문제】58. 다음 중 마찰계수가 가장 작은 활주로 상태는?
① 비가 내려 젖은 지역
② 비가 많이 내린 지역
③ 아스팔트
④ 얼음 및 눈 지역

【문제】59. 착륙거리를 줄이는 방법이 아닌 것은?
① 날개하중 무게를 줄인다.
② 양항비를 크게 한다.
③ 활주로 마찰계수를 작게 한다.
④ 타이어 마찰계수를 크게 한다.

〈해설〉 착륙거리를 줄이기 위한 방법은 다음과 같다.
1. 항공기를 가볍게 한다.
2. 고양력 장치 등을 사용하여 접지속도를 감소시킨다.
3. 타이어와 활주로 표면과의 마찰계수를 크게 한다.

Ⅲ. 특수성능

【문제】1. 항공기에 실속이 발생했을 때 제일 먼저 나타나는 현상은?
① Nose down
② Buffet
③ Decreasing drag
④ Decreasing effectiveness of the elevator

【문제】2. 항공기가 실속될 경우 가장 먼저 효율이 상실되는 주 조종면은?
① Aileron   ② Elevator   ③ Rudder   ④ Flap

【문제】3. 실속 진입 시 조종면의 효율이 상실되는 순서는?
① Elevator - Aileron - Rudder
② Elevator - Rudder - Aileron
③ Aileron - Elevator - Rudder
④ Aileron - Rudder - Elevator

〈해설〉 실속 발생과 조종면의 효율 상실
1. 버핏(buffet) 현상이란 흐름이 날개에서 떨어지면서 발생되는 후류가 주날개나 꼬리날개를 진동시켜 발생되는 현상으로서, 이러한 버핏이 시작되면 실속이 일어나는 징조이다.

정답 57. ③ 58. ④ 59. ③ / 1. ② 2. ① 3. ③

2. 항공기가 실속에 진입하면 가장 먼저 aileron의 효율이 상실되고, 다음에 elevator, 그리고 마지막으로 rudder의 효율이 상실된다.

【문제】4. 하중계수가 4배 증가하면 실속속도는?
① 4배 증가한다.　　　　　　　② 2배 증가한다.
③ 1/4 증가한다.　　　　　　　④ 1/4 감소한다.

【문제】5. 하중계수와 실속속도의 관계로 맞는 것은?
① 하중계수가 9배 커지면 실속속도는 3배 커진다.
② 하중계수가 4배 커지면 실속속도는 4배 커진다.
③ 하중계수가 3배 커지면 실속속도는 1/3 작아진다.
④ 하중계수가 1/3 작아지면 실속속도는 1/3 작아진다.

〈해설〉 비행 중 항공기가 하중배수를 받는 가속도 운동을 한다면 중량은 n배가 되고, 실속속도는 하중배수(하중계수)의 제곱근에 비례하는 값을 갖게 된다. 예를 들어 하중배수가 4배 증가하면 실속속도는 $\sqrt{4}$ 배 (2배) 증가하고, 하중배수가 9배 증가하면 실속속도는 $\sqrt{9}$ 배(3배) 증가한다.

【문제】6. 비행기가 spin에 들어가기 위해서는 어떠한 비행조건이 요구되는가?
① Dutch roll　　　　　　　② Steep diving spiral
③ Full stall　　　　　　　　④ Partial stall

【문제】7. 항공기가 왼쪽으로 스핀 시에 어느 쪽 날개가 실속된 것인가?
① 왼쪽 날개만 실속되었다.　　　② 오른쪽 날개만 실속되었다.
③ 양쪽 날개 모두 실속되었다.　　④ 양쪽 날개 모두 실속이 발생하지 않았다.

【문제】8. Spin 진입 시 비행상태에 대한 설명으로 맞는 것은?
① 완전실속 이후에 상향 및 하향 두 날개가 실속상태에서 벗어나지 못하고 지속적으로 나선 강하한다.
② 완전실속 이후에 상향날개는 실속상태에서 벗어나면서 약간의 양력이 발생하고, 하향날개는 실속상태에서 벗어나지 못하고 지속적으로 나선 강하한다.
③ 부분실속 이후에 상향날개는 실속상태에서 벗어나면서 양력이 발생하고, 하향날개는 실속상태에서 벗어나지 못하고 나선 강하한다.
④ 부분실속 이후에 실속상태의 날개가 실속상태에서 벗어나지 못하고 지속적으로 나선 강하한다.

〈해설〉 자동회전(autorotation)과 스핀(spin)
1. 비행기가 실속 받음각보다 큰 받음각을 취했을 때 어떤 교란에 의하여 회전하는 경우, 하향날개의 받음각은 상향날개의 받음각보다 커져 양력이 작아지고 반대로 상향날개는 양력이 증가하여 계속 회전시키려는 힘이 발생하는데 이를 자동회전이라 한다.
2. 스핀(spin)이란 자동회전과 수직강하가 조합된 비행이다. 이 현상은 비행기가 실속각을 넘는 받음각인 상태에서, 즉 완전실속(full stall) 이후에서 발생한다. 날개가 실속되지 않으면 스핀은 발생하지 않는다.

정답　4. ②　5. ①　6. ③　7. ③　8. ②

【문제】9. Spin에 대한 설명 중 틀린 것은?
　　① Flat spin은 저속에서 일어나고 회복이 쉽다.
　　② Spin 상태에서 aileron은 조종성능이 떨어진다.
　　③ Spin은 실속속도 부근에서 일어나는 고정적인 현상이다.
　　④ Spin으로부터의 회복은 rudder와 elevator로 한다.
〈해설〉 스핀(spin)의 회복
　　1. 스핀에서 비행기를 회복시키기 위해서는 rudder를 스핀과 반대방향으로 밀고, 동시에 elevator를 밀면 비행기는 급강하 자세로 들어간다. 이때, aileron은 실속상태에 놓여 있기 때문에 전혀 역할을 하지 못한다.
　　2. 수평스핀(flat spin)은 각속도가 크기 때문에 일반적인 스핀보다 회복이 더 힘들거나 아예 회복이 되지 않는 경우가 많다.

Ⅳ. 기동성능

【문제】1. 선회반경을 작게 하기 위해서는?
　　① 선회속도를 크게 하고, 경사각을 증가시킨다.
　　② 선회속도를 크게 하고, 경사각을 감소시킨다.
　　③ 선회속도를 작게 하고, 경사각을 증가시킨다.
　　④ 선회속도를 작게 하고, 경사각을 감소시킨다.

【문제】2. 일정한 고도를 유지하며 정상 선회비행 시 선회율을 감소시키고, 선회반경을 크게 하기 위해서는?
　　① 경사각을 작게 하고, 선회속도를 감소시킨다.
　　② 경사각을 작게 하고, 선회속도를 증가시킨다.
　　③ 경사각을 크게 하고, 선회속도를 감소시킨다.
　　④ 경사각을 크게 하고, 선회속도를 증가시킨다.

【문제】3. 비행기가 상승 선회를 하려고 하는 경우 양력의 수직분력과 중량과의 관계로 맞는 것은?
　　① 양력의 수직분력이 중량보다 커야 한다.
　　② 양력의 수직분력이 중량보다 작아야 한다.
　　③ 양력의 수직분력이 중량과 같아야 한다.
　　④ 양력의 수직분력과 중량은 상승 선회와는 관계가 없다.

【문제】4. 선회비행 시 경사각이 증가하면 양력의 수직성분과 수평성분은?
　　① 수직성분과 수평성분 모두 증가한다.
　　② 수직성분과 수평성분 모두 감소한다.
　　③ 수직성분은 증가하고 수평성분은 감소한다.
　　④ 수직성분은 감소하고 수평성분은 증가한다.

정답　9. ①　/　1. ③　2. ②　3. ①　4. ④

【문제】5. 일정한 받음각으로 선회비행 시 수직양력 분력과 강하율은?
　　　① 수직양력 분력은 작아지고, 강하율은 증가한다.
　　　② 수직양력 분력은 작아지고, 강하율은 감소한다.
　　　③ 수직양력 분력은 커지고, 강하율은 증가한다.
　　　④ 수직양력 분력은 커지고, 강하율은 감소한다.

【문제】6. 선회비행 시 고도 손실이 되는 것은 어떤 힘 때문인가?
　　　① 양력의 수직성분　　　　　　　② 양력의 수평성분
　　　③ 중력　　　　　　　　　　　　④ 항력

【문제】7. 등속도 상승 선회비행의 조건은?
　　　① 수직양력 성분이 중력보다 크다.　　② 수직양력 성분이 중력과 같다.
　　　③ 수직양력 성분이 중력보다 작다.　　④ 수평양력 성분이 중력보다 크다.

【문제】8. 선회비행 시 고도를 유지하기 위해 받음각을 증가시켜야 하는 이유는?
　　　① 수직양력 성분의 손실을 보상하기 위하여
　　　② 수평양력 성분의 손실을 보상하기 위하여
　　　③ 수평양력 성분을 수직양력 성분과 동일하게 증가시키기 위하여
　　　④ 항력 증가를 보상하기 위하여

〈해설〉 선회비행(Turning flight)
　1. 비행기의 선회반경을 R, 선회속도를 V, 선회경사각(bank angle)을 ϕ, 중력가속도를 g라 하면,
$$R = \frac{V^2}{g \tan \phi}$$
　식과 같이 선회반경은 선회속도의 제곱에 비례하고, 선회경사각에 반비례한다. 따라서 선회반경을 작게 하려면 선회속도를 작게 하거나 경사각을 크게 하면 된다.
　2. 비행기의 선회속도를 V, 선회경사각(bank angle)을 ϕ, 그리고 중력가속도를 g라 하면,
$$선회율 = \frac{g \tan \phi}{V}$$
　식과 같이 선회율은 선회경사각에 비례하고 선회속도에 반비례한다. 따라서 선회속도가 빠르면 선회반경은 커지고 선회율은 감소한다. 반대로 선회속도가 느리면 선회반경은 작아지고 선회율은 증가한다.
　3. 선회반경을 작게 하기 위하여 너무 큰 경사각을 주거나 선회속도를 작게 하면 비행기는 선회 중에 고도가 떨어지게 되어 정상선회를 하지 못한다. 그러므로 경사각을 크게 할 때는 받음각을 크게 하여 양력을 크게 해야 한다.

【문제】9. 우측으로 외활 선회(skidding turn)하는 항공기의 양력 성분, 원심력과 부하계수에 대한 설명 중 맞는 것은?
　　　① 원심력은 양력의 수평성분보다 작고, 부하계수는 감소한다.
　　　② 원심력은 양력의 수평성분보다 작고, 부하계수는 증가한다.
　　　③ 원심력은 양력의 수평성분보다 크고, 부하계수는 감소한다.
　　　④ 원심력은 양력의 수평성분보다 크고, 부하계수는 증가한다.

[정답]　5. ①　　6. ②　　7. ①　　8. ①　　9. ④

【문제】10. 다음 정상 선회비행에 대한 설명 중 맞는 것은?
① 양력의 수평성분보다 원심력이 크면 스키드(skid)가 나타난다.
② 비행속도가 빨라지면 하중계수가 증가한다.
③ 경사각이 작아지면 구심력이 커진다.
④ 구심력은 항공기 중량에 비례한다.

【문제】11. 일정한 경사각과 고도를 유지하며 정상 선회비행 시 비행기 속도가 증가하였다면 선회율과 하중계수는?
① 선회율은 감소하고 하중계수는 증가한다.
② 선회율은 감소하지만 하중계수는 변하지 않는다.
③ 선회율과 하중계수 모두 증가한다.
④ 선회율은 증가하지만 하중계수는 변하지 않는다.

〈해설〉 선회비행(Turning flight)
1. 외활(skid)은 선회에 필요한 bank 양보다 rudder 양이 많아서 양력의 수평성분보다 원심력이 큰 상태이다. 반대로 내활(slip)은 선회에 필요한 bank 양보다 rudder 양이 적어서 양력의 수평성분보다 원심력이 작은 상태이다.

구 분	외활(skid)	내활(slip)
원심력	원심력＞양력의 수평성분	원심력＜양력의 수평성분
하중계수 (부하계수)	원심력이 정상보다 크기 때문에 하중계수는 증가한다.	원심력이 정상보다 작기 때문에 하중계수는 감소한다.

2. 하중계수(load factor, 부하계수)는 항공기 총 무게(gross weight)에 대해서 항공기(날개)가 견디어 낼 수 있는 하중(load)의 비율을 말하며, 비행 중 발생하는 총 양력과 무게의 비이다. 선회비행 시의 하중계수는 선회경사각에 의해서만 영향을 받으며 비행속도와는 관계가 없다.

【문제】12. 일정한 경사각과 고도를 유지하며 선회비행 시 항공기 속도가 2배가 되면 선회율과 선회반경은?
① 선회율은 1/2로 감소하고, 선회반경은 4배 증가한다.
② 선회율은 1/2로 감소하고, 선회반경은 2배 증가한다.
③ 선회율은 1/4로 감소하고, 선회반경은 4배 증가한다.
④ 선회율은 1/4로 감소하고, 선회반경은 2배 증가한다.

【문제】13. 선회비행 시 항공기 선회율을 증가시키는 조작은?
① 항공기 속도를 증가시키고 경사각을 감소시킨다.
② 항공기 속도 및 경사각을 증가시킨다.
③ 항공기 속도 및 경사각을 감소시킨다.
④ 항공기 속도를 감소시키고 경사각을 증가시킨다.

【문제】14. 정상 선회비행에 대한 설명 중 틀린 것은?
① 속도가 2배 커지면 선회반경은 4배 증가한다.
② 선회반경이 1/2로 작아지면 원심력은 4배 증가한다.

정답 10. ① 11. ② 12. ① 13. ④

③ 원심력은 항공기 중량에 비례한다.
④ 원심력은 항공기 속도의 제곱에 비례한다.

〈해설〉 선회비행(Turning flight)
1. 비행기의 선회속도를 V, 선회경사각(bank angle)을 ϕ, 그리고 중력가속도를 g라 하면, 선회반경(R)과 선회율은

$$R = \frac{V^2}{g \tan \phi}, \quad 선회율 = \frac{g \tan \phi}{V}$$

식과 같이 선회반경은 속도의 제곱에 비례하고, 선회율은 속도에 반비례한다. 따라서 비행기 속도가 2배가 되면 선회반경은 4배 증가하고, 선회율은 1/2로 감소한다. 또한 선회율은 선회경사각에 비례한다.

2. 비행기의 무게를 W, 선회속도를 V, 선회반경을 R, 그리고 중력가속도를 g라 하면, 원심력은

$$원심력 = \frac{W}{g} \cdot \frac{V^2}{R}$$

식과 같이 원심력은 선회반경에 반비례한다. 따라서 선회반경이 1/2로 작아지면 원심력은 2배 증가한다.

【문제】 15. 최대양력계수가 큰 항공기의 특성으로 맞는 것은?
① 활공속도가 크고 착륙속도는 적어진다.
② 선회반경이 적고 착륙속도도 적어진다.
③ 상승속도가 크고 착륙속도도 커진다.
④ 상승속도가 적고 착륙속도는 커진다.

〈해설〉 최대양력계수가 큰 항공기 일수록 선회반경과 활공각은 작아지고, 이착륙속도가 작아서 이착륙거리가 단축된다.

【문제】 16. 정상 선회하는 항공기의 실속속도는?
① 수평비행 시의 실속속도와 같다.
② 수평비행 시의 실속속도보다 낮다.
③ 낮은 받음각에서 수평비행 시의 실속속도보다 높다.
④ 동일한 받음각에서 수평비행 시의 실속속도보다 높다.

【문제】 17. 수평비행을 할 때 실속속도가 80 knot인 비행기가 경사각 60°로 정상선회를 할 때 실속속도는?
① 90 knot   ② 109 knot   ③ 113 knot   ④ 124 knot

〈해설〉 선회비행과 실속속도
1. 비행기 주날개의 받음각이 같을 때의 직선 수평비행 때의 실속속도를 V_s, 선회비행 때의 실속속도를 V_{ts}라고 하면,

$$V_{ts} = \frac{V_s}{\sqrt{\cos \phi}}$$

따라서 선회 중의 실속속도는 동일한 받음각에서 수평비행 때의 실속속도보다 커진다.

2. 실속속도가 80 knot인 비행기가 경사각 60°로 정상선회를 할 때 실속속도(V_{ts})는

$$\therefore V_{ts} = \frac{V_s}{\sqrt{\cos \phi}} = \frac{80}{\sqrt{\cos 60°}} = 113.14 \, knot$$

정답 14. ② 15. ② 16. ④ 17. ③

【문제】 18. 정속 수평선회 시 load factor에 영향을 주는 것은?
① Angle of attack ② Angle of bank
③ True airspeed ④ Ground airspeed

【문제】 19. 하중계수(load factor)는?
① Weight÷Lift ② Lift÷Weight ③ Lift+Weight ④ Lift×Weight

【문제】 20. G 부하가 수평비행의 2배가 되는 선회경사각은?
① 15° ② 30° ③ 45° ④ 60°

【문제】 21. 중량 30,000 kg의 항공기가 bank angle 60°로 정상선회를 할 때 날개에 걸리는 하중은?
① 15,000 kg ② 30,000 kg ③ 45,000 kg ④ 60,000 kg

【문제】 22. 수평 선회비행 시 양력과 하중계수는?
① 양력은 일정하고 하중계수는 증가한다. ② 양력은 증가하고 하중계수는 감소한다.
③ 양력과 하중계수 모두 증가한다. ④ 양력과 하중계수 모두 감소한다.

〈해설〉 선회비행과 하중계수
1. 정상 수평 선회비행 시 선회경사각을 ϕ라 하면, 주날개의 양력 L과 하중배수 n은
$$L = \frac{W}{\cos\phi},\ n = \frac{L}{W} = \frac{1}{\cos\phi}$$
각도가 클수록 cos 값은 작아지므로, 수평 선회할 때 선회경사각이 증가함에 따라 양력과 하중배수(하중계수) 모두 증가한다. 선회경사각이 60°인 때는 하중배수가 2가 되며, 선회비행 시의 하중배수는 경사각 만의 함수이다.
2. G 부하가 수평비행의 2배가 된다는 것은 하중배수가 2라는 의미이다. 선회경사각이 60°일 때 하중배수는 2가 된다.
3. 중량(W) 30,000 kg의 항공기가 bank angle(ϕ) 60°로 정상선회를 할 때 하중배수(n)는
$$n = \frac{L}{W} = \frac{1}{\cos\phi} = \frac{1}{\cos 60°} = 2$$
하중배수가 2라는 것은 날개에 중량의 2배의 하중이 작용한다는 의미이므로 중량 30,000 kg의 항공기 날개에는 60,000 kg의 하중이 걸린다.

【문제】 23. 등속 수평비행 시 비행기에 작용하는 하중계수는?
① 0 ② 0.5 ③ 1 ④ 2

〈해설〉 가속도가 없는 등속 수평비행 시 비행기에는 1g의 가속도가 작용하고 있으므로 하중계수는 1이 된다.

정답 18. ② 19. ② 20. ④ 21. ④ 22. ③ 23. ③

4 비행기의 안정과 조종

제1절 조종면 이론

1. 힌지 모멘트와 조종력

조종면은 힌지 축을 중심으로 위아래나 좌우로 변위하도록 되어 있다. 조종면이 변위하면 캠버가 변하여 조종면의 압력분포에 차이가 생기게 된다. 이로 인하여 힌지 축에 힌지 모멘트(hinge moment)가 발생한다.

조종면에 발생되는 힌지 모멘트를 식으로 나타내면 다음과 같다.

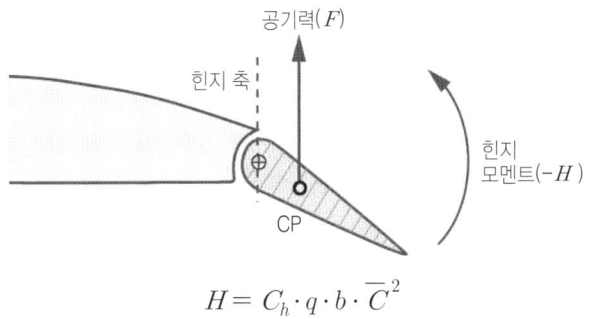

$$H = C_h \cdot q \cdot b \cdot \overline{C}^2$$

여기서, H : 힌지 모멘트(hinge moment)
C_h : 힌지 모멘트 계수
b : 조종면의 폭
$\overline{C}$: 조종면의 평균 시위

조종력에 관한 식에서 힌지 모멘트는 비행 속도 및 조종면의 평균 시위의 제곱에 비례한다. 또, 조종면의 폭에 비례한다. 따라서 고속 대형 비행기에서는 조종력이 대단히 커야 하므로 공력평형장치 및 탭(tab) 등을 이용하여 조종력을 경감시킨다.

2. 탭(Tab)

가. 트림 탭(Trim tab)

조종면의 힌지 모멘트를 감소시켜 조종사의 조종력을 0(zero)으로 조정해 주는 역할을 한다. 항공기가 불평형이 되었을 때 트림 탭을 작동시켜 정상상태로 만들어 주는 장치이다.

나. 평형 탭(Balance tab)

조종사가 조종간을 움직일 때 조종면이 움직이는 방향과 반대 방향으로 자동적으로 움직이도록 기계적으로 연결되어 있다.

다. 서보 탭(Servo tab)

조종석의 조종장치와 직접 연결되어 탭만 작동시켜 조종면을 움직이도록 설계된 탭이다. 탭이 위로 올라가거나 아래로 내려가면 탭에 작용하는 공기력 때문에 조종면은 이와 반대 방향으로 움직이게 된다.

라. 안티 서보탭(Anti-servo tab)

조종면이 움직이는 방향과 같은 방향으로 움직이도록 기계적으로 연결되어 있다. 주로 스태빌레이터(stabilator)에 사용되어 공기력으로 인해 조종면이 최대 변위 위치(full-deflection position)를 벗어나는 것을 방지하는 역할을 한다.

마. 스프링 탭(Spring tab)

혼(horn)과 조종면 사이에 스프링을 설치하여 스프링의 장력으로 탭의 작용을 배가시키도록 한 장치이다. 고속 시에는 서보 탭의 기능을, 저속 시에 조종면 각도가 작을 때는 직접 조종면이 움직이도록 하고 있다.

바. 래깅 탭(Lagging tab)

조종면과 반대 방향으로 움직여 조종력을 경감시켜 준다.

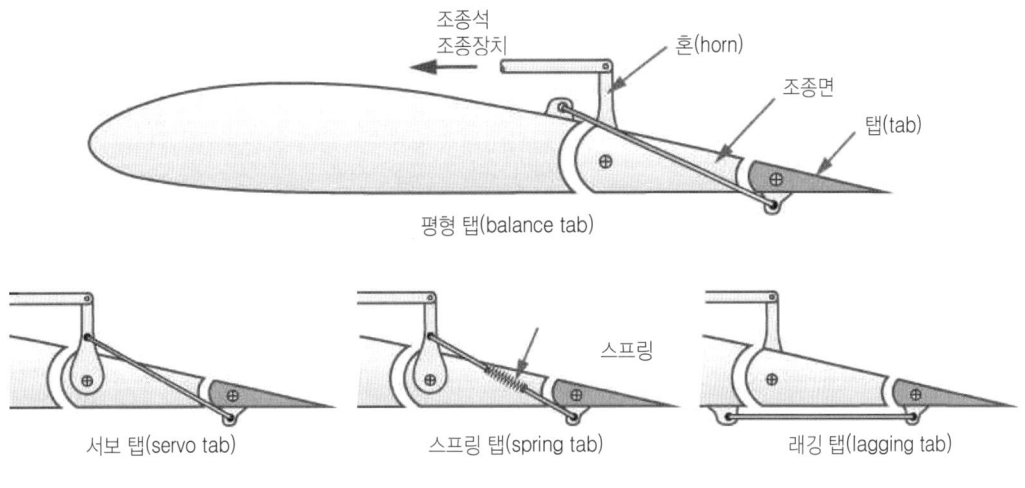

그림 1-35. 탭(tab)의 종류

제2절 안정 및 조종

1. 정적안정과 동적안정

가. 정적안정(Static stability)

평형상태로부터 벗어난 뒤에 어떤 형태로든 움직여서 원래의 평형상태로 되돌아가려는 비행기의 초기 경향

(1) 양(+)의 정적안정, 정적안정: 평형상태로부터 벗어난 뒤에 다시 평형상태로 되돌아가려는 경향

(2) 음(-)의 정적안정, 정적 불안정: 평형상태에서 벗어난 물체가 처음 평형상태로부터 더 멀어지려는 경향

(3) 정적중립: 평형상태에서 벗어난 물체가 원래의 평형상태로 되돌아오지도 않고 평형상태에서 벗어난 방향으로도 이동하지 않는 경우

나. 동적안정(Dynamic stability)

어떤 물체가 평형상태에서 이탈된 후, 시간이 지남에 따라 나타나는 운동의 변화

(1) 양(+)의 동적안정, 동적안정: 운동의 진폭이 시간이 지남에 따라 감소되는 것
(2) 음(−)의 동적안정, 동적 불안정: 운동의 진폭이 시간이 지남에 따라 커지는 것
(3) 동적중립: 운동의 진폭이 시간이 경과되어도 변화가 없는 것

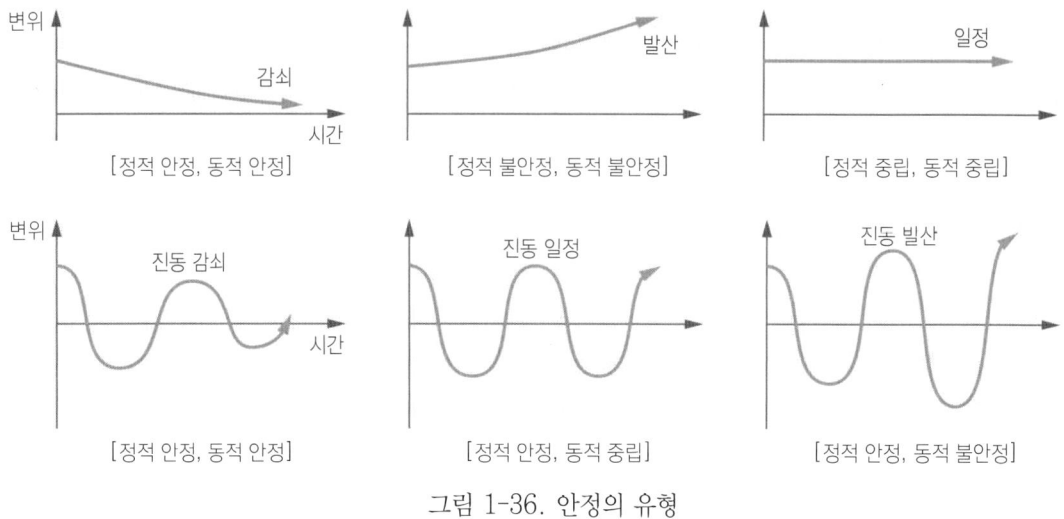

그림 1-36. 안정의 유형

다. 평형과 조종

비행기에 작용하는 모든 힘의 합이 "0"이며, 모멘트(키놀이, 옆놀이 및 빗놀이 모멘트)의 합이 "0"인 경우를 평형이 되었다고 한다.

여러 가지 비행조건에서의 평형은 조종과 밀접한 관계가 있으며, 이것은 트림 탭(trim tab)이나 조종면(control surface)의 사용에 의해서 이루어진다. 그러나 안정과 조종은 서로 상반되는 성질을 나타내기 때문에 조종성과 안정성을 동시에 만족시킬 수는 없다. 비행기에서 안정성이 커지면 조종성이 나빠진다. 그러므로 비행기 설계 시 안정성과 조종성 사이에 적절한 조화를 유지하는 것이 필요하다.

라. 비행기 기준축

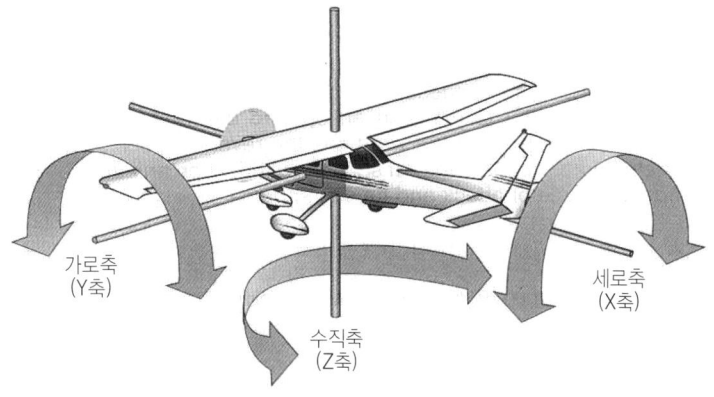

그림 1-37. 비행기 기준축

안정과 조종, 운동의 힘과 모멘트를 위해서 무게중심을 원점에 둔 좌표축으로 비행기 기준축을 사용하며, 이를 기체축(body axis)이라 한다.

표 1-4. 비행기 기준축과 조종면

기준축	모멘트(Moment)	안 정	조종면
세로축(X축)	옆놀이 모멘트(rolling moment)	가로안정	보조날개
가로축(Y축)	키놀이 모멘트(pitching moment)	세로안정	승강키
수직축(Z축)	빗놀이 모멘트(yawing moment)	방향안정	방향키

마. 조종계통
(1) 주조종계통(primary control system)
(가) 도움날개(aileron)

도움날개는 조종간(또는 조종륜)으로 조작한다. 한쪽이 올라가면 다른 쪽은 내려가는 서로 상반된 움직임을 보이며 비행기의 세로축을 중심으로 한 비행기의 가로운동을 조종하는 데 사용된다.

① 차동 조종(differential control) : 도움날개가 올림과 내림의 작동범위가 서로 다른 것을 말하며, 도움날개의 경우 좌우 조종면의 유도항력의 크기가 서로 다르기 때문이며 올라가는 범위가 내려가는 범위보다 더 크다.

② 에어론 리버셜(aileron reversal) : 고속 비행 시 도움날개(aileron)를 작동시켰을 때 공기력에 의해 도움날개가 내려간 날개끝은 받음각이 작아지는 쪽으로 비틀리고, 도움날개가 올라간 날개끝은 받음각이 증가하는 쪽으로 비틀리게 된다. 이에 따라 선회 진입 시 선회 축 안쪽의 내려간 날개의 양력은 감소(유도항력 감소)하고, 바깥쪽의 올라간 날개의 양력은 증가(유도항력 증가)하여 도움날개의 역작용인 역 빗놀이(adverse yaw)가 발생한다. 즉 기울이고 싶은 반대쪽으로 항공기가 기울어지는 현상이 일어난다. 이러한 역 빗놀이를 방지하기 위해 가장 많이 사용되고 있는 조작 방법은 도움날개와 방향키를 함께 사용하는 것이다.

이러한 역 빗놀이 현상은 고속 비행에서 더욱 현저하다. 대형 운송용항공기는 이를 방지하기 위하여 outboard aileron과 inboard aileron 2종류의 aileron을 설치하여, outboard aileron은 저속에서만 inboard aileron은 저속과 고속에서 작동하도록 되어 있다.

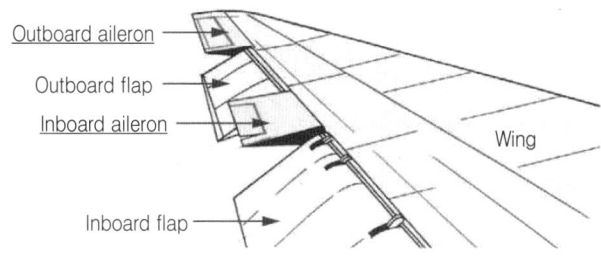

그림 1-38. 대형 운송용항공기 도움날개(aileron)

(나) 승강키(elevator)

주로 가로축을 중심으로 한 비행기의 세로운동을 조종하는 데 사용한다. 비행조건의 다양화에 따라 수평안정판 전체를 움직이게 하여 승강키의 역할을 하는 방법도 있다.

(다) 방향키(rudder)

수직축을 중심으로 한 비행기의 방향운동을 조종하는데 사용되며, 좌우방향 전환의 조종 목적뿐만 아니라 옆바람이나 도움날개의 조종에 따른 빗놀이 모멘트를 상쇄하기 위해서도 사용된다.

(2) 부조종계통(secondary control system)
고양력 장치, 스포일러(spoiler) 및 탭(tab) 등

2. 세로안정과 조종

가. 정적 세로안정(Static longitudinal stability)
(1) 정적 세로안정: 비행 중 외부 영향이나 조종사 의도에 의해 승강키가 조작되어 키놀이 모멘트가 변화되었을 때 처음의 평형상태로 되돌아가려는 경향
(2) 세로 안정성을 좋게 하기 위한 방법
(가) 무게중심(CG)이 날개의 공기역학적 중심보다 앞에 위치할수록 안정성이 좋아진다.
(나) 날개가 무게중심보다 높은 위치에 있을 때 안정성이 좋아진다.
(다) 꼬리날개 부피(tail volume) 값이 클수록 안정성이 좋아진다. 즉 꼬리날개 면적을 크게 하거나 무게중심에서 수평꼬리날개의 압력중심까지의 거리를 크게 해야 한다.
- 꼬리날개 부피＝수평꼬리날개 면적×무게중심에서 수평꼬리날개의 압력중심까지의 거리

(라) 꼬리날개 효율(tail efficiency) 값이 클수록 안정성이 좋아진다.
- 꼬리날개 효율＝수평꼬리날개 주위의 동압/동압

나. 동적 세로안정(Dynamic longitudinal stability)
외부의 영향을 받아 키놀이 모멘트가 변화된 경우 비행기에 나타나는 시간에 따른 진폭 변위에 관한 것
(1) 장주기 운동
주기가 매우 긴 진동으로 키놀이 자세, 비행속도, 그리고 비행고도에 상당한 변화가 있지만 받음각은 거의 일정하다. 진동주기가 상당히 길며, 대개 20초에서 100초 사이의 값을 가진다.
(2) 단주기 운동
상대적으로 주기가 아주 짧은 운동으로 진동주기는 0.5초에서 5초 사이이다. 단주기 운동이 발생될 때 가장 좋은 방법은 인위적인 조종이 아닌 조종간을 자유로 하여 필요한 감쇠를 하도록 하는 것이다.
(3) 승강키 자유 운동
승강키를 자유롭게 하였을 때 발생되는 아주 짧은 주기의 진동을 말한다. 이 운동은 힌지선에 대한 승강키 플래핑(flapping) 운동이며, 대개 큰 감쇠 현상을 가져온다.

3. 가로안정과 조종

가. 정적 가로안정(Static lateral stability)
(1) 날개(wing)
날개는 비행기의 가로안정에서 가장 중요한 요소이다. 특히, 기하학적으로 날개의 쳐든각은 옆미끄럼에 의한 옆놀이에 정적인 안정을 주게 된다. 그러므로 날개의 쳐든각은 가로안정에 가장 중요한 요소이다. 날개의 뒤젖힘각 효과(sweepback effect)도 정적 가로안정에 큰 기여를 한다.
(2) 동체(fuselage)
동체 만에 의한 가로안정에 대한 영향은 일반적으로 상당히 작다. 그러나 날개의 동체에 대한 위치가 안정성에 영향을 주기 때문에 날개와 동체, 그리고 꼬리날개의 조합에 의한 효과는 중요하다. 비행기는 동체 측면과 수직꼬리날개에 의해 근본적인 가로 안정성을 가진다. 항공기가 돌풍 등과

같은 측풍을 받아 기울어져서 강하할 경우 동체 측면과 수직꼬리날개에 의해 옆놀이 모멘트(rolling moment)가 생성되고, 항공기를 원 수평 비행자세로 되돌리려는 근본적인 가로 안정성의 효과가 발생하는데 이를 킬 효과(keel effect)라고 한다. 높은 날개 항공기는 날개가 동체의 높은 곳에 부착되어 있어 세로축을 중심으로 항공기에 안정적인 영향을 미치는 킬(keel, 용골)처럼 작용하기 때문에 가로 안정성이 좋다.

(3) 수직꼬리날개(vertical stabilizer)

수직꼬리날개가 클 경우 옆미끄럼에 의한 힘은 옆놀이 모멘트를 발생시켜 가로안정에 대해 중요한 영향을 끼친다.

나. 동적 가로안정(Dynamic lateral stability)

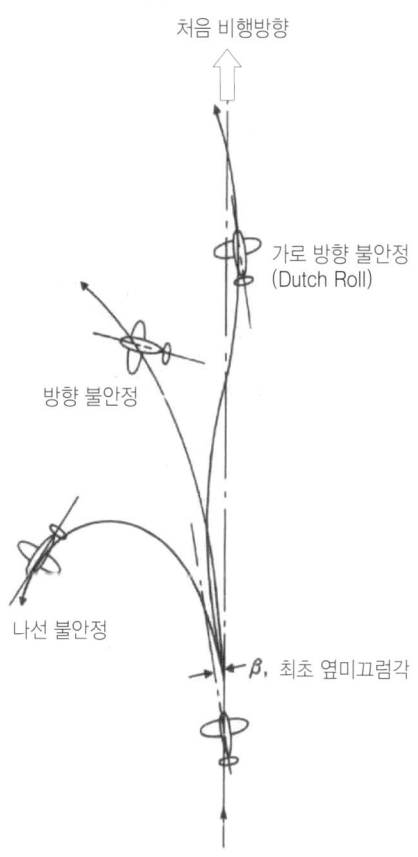

그림 1-39. 가로 및 방향 불안정

(1) 방향 불안정(directional divergence, directional instability)

음(-)의 방향안정으로 인해 생긴다. 이러한 상태는 빠른 수정이 필요하며 동적안정에서 가장 주의해야 할 요소이다.

(2) 나선 불안정(spiral divergence, spiral instability)

정적 방향 안정성이 정적 가로 안정성보다 훨씬 클 때 나타나며 결코 격심하지는 않다.

(3) 가로 방향 불안정(lateral divergence, lateral instability)

더치 롤(dutch roll)이라고도 하며, 가로진동과 방향진동이 결합된 것으로서 대개 동적으로는 안정하지만 진동하는 성질 때문에 문제가 된다. 이러한 운동은 바람직하지 않으며 이것은 정적 방향 안정보다 쳐든각 효과가 클 때 일어난다.

통상 항공기는 자동적으로 rudder를 움직여 비감쇠 현상을 보정하는 요 댐퍼(yaw damper)를 장비함으로서 더치 롤에 대한 안정성을 개선한다. 제트 비행기가 정상적인 순항고도 및 속도로 비행 중 더치 롤이 발생하기 전에 요 댐퍼가 고장 난 경우 고도 및 속도를 감소시켜야 한다. 더치 롤 시 요 댐퍼가 고장 난 경우, 조종사가 더치 롤을 개선하기 위하여 aileron을 사용할 것을 권고하고 있다.

4. 방향안정과 조종

가. 방향안정(Directional stability)

(1) 방향 안정성

정적 방향안정을 가지는 비행기는 평형상태로부터 외부의 영향을 받아 빗놀이 모멘트가 변화된 경우, 처음의 평형상태로 되돌아가려는 성질을 가진다. 즉 정적 방향안정은 비행기를 평형상태로 되돌리는 경향을 가지는 빗놀이 모멘트를 발생시킨다.

(2) 방향 안정성에 영향을 끼치는 요소

(가) 수직꼬리날개

수직꼬리날개는 비행기의 방향안정에 일차적으로 영향을 준다. 수직꼬리날개의 영향의 크기는 수직꼬리날개 양력의 변화와 수직꼬리날개 모멘트 팔 길이에 의존하므로, 수직꼬리날개의 위치가 가장 중요한 요소가 된다.

정적 방향안정에 대한 주날개의 영향은 대개 작다. 특히, 뒤젖힘 날개(sweep back wing)는 뒤젖힘 정도에 따라 안정에 영향을 끼치지만 다른 구성 요소들에 의한 것보다는 상대적으로 약하다.

(나) 동체, 엔진 등에 의한 영향

동체와 엔진은 방향안정에 있어 불안정한 영향을 끼치는 가장 큰 요소들이다. 그러나 큰 옆미끄럼 각에서는 동체의 불안정한 영향이 감소되므로, 큰 범위에 대한 방향 안정성을 유지하는 데에는 도움이 된다.

비행기의 수직꼬리날개 앞에 도살 핀(dorsal fin)을 장착하여 수직꼬리날개가 실속하는 큰 옆미끄럼 각에서도 방향안정을 유지하는 효과를 얻기도 한다.

(다) 추력 효과

프로펠러 회전면이나 제트기 공기 흡입구에서의 수직력에 한정되며, 프로펠러 회전면이나 제트기 공기 흡입구가 무게중심의 앞에 위치했을 때 불안정을 유발한다.

나. 방향조종

비행기는 방향안정뿐 아니라 적절한 방향 조종능력을 가지고 있어야 균형 선회, 추력 효과의 평형, 옆미끄럼 및 비대칭 추력의 균형 등을 할 수 있다. 방향조종은 방향키에 의해 수행되며, 방향키는 위급한 경우에도 충분한 빗놀이 모멘트를 발생시킬 수 있어야 한다.

제3절 고속기의 비행 불안정

1. 세로 불안정

가. 턱 언더(Tuck under)

음속에 가까운 속도로 비행할 때 속도를 증가시키면 기수가 오히려 내려가는 경향이 생기므로 조종간을 당겨야 하는데, 이와 같이 기수가 내려가는 경향과 조종력의 역작용 현상을 턱 언더(tuck under)라 한다.

턱 언더에 의한 조종력의 역작용은 조종사에 의해서 수정하기가 어렵기 때문에, 제트 수송기에서는 조종계통에 마하 트리머(mach trimmer)나 피치 트림 보상기(pitch trim compensator)를 설치하여 자동적으로 턱 언더 현상을 수정할 수 있게 한다.

나. 피치 업(Pitch up)

(1) 피치 업

비행기가 하강비행을 하는 동안 조종간을 당겨 기수를 올리려 할 때, 받음각과 각속도가 특정값을 넘게 되면 예상한 정도 이상으로 기수가 올라가는데 이를 피치 업(pitch up)이라 한다.

(2) 피치 업의 원인

(가) 뒤젖힘 날개의 날개끝 실속
(나) 뒤젖힘 날개의 비틀림
(다) 날개의 풍압중심이 앞으로 이동
(라) 승강키 효율 감소

다. 디프 실속(Deep stall)

수평꼬리날개가 높은 위치에 있거나 T형 꼬리날개를 가지는 비행기가 실속할 때 날개나 뒤쪽에 장착된 엔진 포트(port)가 실속상태가 되면 수평꼬리날개는 동압이 작은 후류 속으로 들어가기 때문에 안정을 잃어버리게 되고, 안정성을 회복하려고 승강키에 큰 받음각을 주게 되더라도 효율이 떨어져 실속을 회복하기가 어렵게 된다. 이러한 실속을 디프 실속 또는 슈퍼 실속이라 한다.

따라서 T형 꼬리날개를 가지는 비행기에서는 디프 실속에 들어가는 것을 방지하기 위하여 동체 뒤쪽에 엔진을 부착하는 경우에는 실속 트리거(stall trigger)의 역할을 위해 날개 윗면에 판(fence)을 붙이거나, 날개 밑에 보틸론(vortilon)이라 부르는 일종의 판을 붙이는 것이 좋다.

실속 트리거 장치는 동체 가까이에 있는 날개의 앞전에 판을 부착하여 받음각이 커서 실속하게 될 때 동체 부근의 날개 쪽으로부터 흐름의 떨어짐이 생기도록 하는 장치로서, 날개 끝 부분의 실속이 늦어지게 하여 도움날개가 충분한 기능을 발휘할 수 있게 한다. 이러한 장치를 특히 실속 스트립(stall strip) 또는 스핀 스트립(spin strip)이라 부른다.

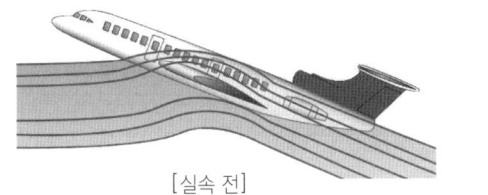 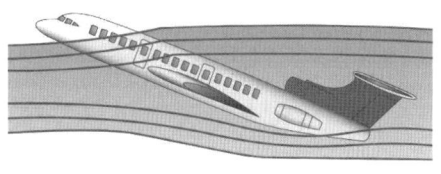

[실속 전]　　　　　　　　　　　　　[실속 후]

그림 1-40. 디프 실속(Deep stall)

2. 가로 불안정

가. 날개 드롭(Wing drop, Wing heaviness)

날개 드롭이란 비행기가 수평비행이나 급강하로 속도를 증가하여 천음속 영역에 도달하게 되면, 한쪽 날개가 충격실속을 일으켜서 갑자기 양력을 상실하여 급격한 옆놀이를 일으키는 현상이다. 이러한 현상이 발생하면 도움날개의 효율이 떨어지므로 회복하기가 어렵다.

나. 옆놀이 커플링(Roll coupling)

큰 옆놀이 각속도가 받음각을 가지게 되면 큰 관성 커플링을 일으켜 받음각과 옆미끄럼각을 계속 증가시켜서 발산하게 되는데 이러한 현상을 옆놀이 커플링이라 한다.

즉 어느 조종면을 작동시켰을 때 다른 항공기 축에도 운동이 발생하는 현상으로, 최근의 초음속기에서는 수직꼬리날개의 면적을 크게 하거나 배지느러미(ventral fin)를 붙여서 옆놀이 커플링 현상을 막도록 하고 있다.

출제예상문제

Ⅰ. 조종면 이론

【문제】1. Yawing moment에 대한 설명 중 틀린 것은?
　　① 날개 면적에 반비례한다.　　② 동압에 비례한다.
　　③ 날개 span에 비례한다.　　④ Yawing moment 계수에 비례한다.
〈해설〉 조종면에 발생하는 힌지 모멘트(hinge moment)는 모멘트 계수, 동압, 조종면의 폭(span)에 비례하고, 조종면의 평균 시위의 제곱에 비례한다.

【문제】2. 다음 중 조종력을 경감시키기 위한 장치가 아닌 것은?
　　① Frise balance　　② Split flap　　③ Servo tab　　④ Trim tab

【문제】3. 다음 중 조종력 감쇄와 관련이 없는 것은?
　　① Trim tab　　② Servo tab　　③ Balance tab　　④ Fowler flap

【문제】4. 조종석의 조종장치와 직접 연결된 tab은?
　　① Trim tab　　② Servo tab　　③ Balance tab　　④ Spring tab

【문제】5. 조종석의 조종장치와 직접 연결되어 tab을 작동시켜 조종면을 움직이도록 하는 것은?
　　① 트림 탭　　② 평형 탭　　③ 서보 탭　　④ 스프링 탭

【문제】6. 탭만 움직이면 탭 주위의 공기력에 의해 조종면이 움직이도록 되어 있는 탭의 형태는?
　　① 밸런스 탭(balance tab)　　② 스프링 탭(spring tab)
　　③ 서보 탭(servo tab)　　④ 트림 탭(trim tab)

【문제】7. Servo tab에 대한 설명으로 맞는 것은?
　　① 조종면이 움직이는 방향과 같은 방향으로 움직이도록 기계적으로 연결되어 있다.
　　② 조종석의 조종장치와 직접 연결되어 조종면이 움직이는 방향과 반대로 움직인다.
　　③ 조종면과 같은 방향으로 움직여 조종력을 "0"으로 만들어 준다.
　　④ 조종면과 반대로 움직이고 stabilator에 주로 장착되어 최대 조종면 위치의 이탈을 방지한다.

【문제】8. Balance tab에 대한 설명으로 옳은 것은?
　　① Tab이 조종면과 반대 방향으로 움직여 조종 시 걸리는 힘을 경감한다.
　　② Tab이 조종면과 같은 방향으로 움직여 힌지 주위의 모멘트를 작게 한다.
　　③ Tab이 조종간과 같은 방향으로 움직여 조종 시 걸리는 힘을 경감한다.
　　④ 자동비행을 가능하게 한다.

정답　1. ①　2. ②　3. ④　4. ②　5. ③　6. ③　7. ②　8. ①

【문제】 9. 다음 중 조종면이 움직이는 방향과 같은 방향으로 움직이는 트림 장치는?
① Trim tab   ② Balance tab
③ Lagging tab   ④ Anti-servo tab

【문제】 10. 조종면을 움직이면 조종면이 움직이는 방향과 반대 방향으로 움직이도록 기계적으로 연결되어 있는 tab은?
① 스프링 탭(spring tab)   ② 서보 탭(servo tab)
③ 밸런스 탭(balance tab)   ④ 트림 탭(trim tab)

【문제】 11. 항공기에 사용되는 balance tab 중 lagging tab의 역할은?
① 조종면과 같은 방향으로 움직여 조종력을 경감시켜 준다.
② 조종면과 같은 방향으로 움직여 조종력을 "0"으로 만들어 준다.
③ 조종면과 반대 방향으로 움직여 조종력을 경감시켜 준다.
④ 조종면과 반대 방향으로 움직여 조종력을 "0"으로 만들어 준다.

【문제】 12. 다음 tab 중 조종사가 조종간에 작용하는 압력을 "0"이 되게 해주는 것은?
① Servo tab   ② Trim tab   ③ Balance tab   ④ Spring tab

【문제】 13. 조종사가 조종석에서 임의로 위치를 조절할 수 있는 tab은?
① Lagging tab   ② Servo tab   ③ Trim tab   ④ Balance tab

【문제】 14. 다음 중 조종사의 조타력을 "0"으로 해주는 것은?
① Trim tab   ② Servo tab   ③ Spring tab   ④ Balance tab

【문제】 15. 탭(tab)에 대한 다음 설명 중 틀린 것은?
① Servo tab은 조종석의 조종장치와 직접 연결되어 탭만 작동시켜서 조종면이 움직이도록 설계되었다.
② Anti servo tab은 조종면과 반대 방향으로 움직이며, stabilator에 주로 장착되어 최대 조종면 위치의 이탈을 방지한다.
③ Trim tab은 조종면의 힌지 모멘트를 감소시켜 조종사의 조종력을 "0"으로 조정해주는 역할을 한다.
④ Balance tab은 조종면이 움직이는 방향과 반대 방향으로 움직이도록 기계적으로 연결되어 있다.

【문제】 16. Balance tab에 대한 설명으로 가장 올바른 것은?
① 조종석의 조종장치와 직접 연결되어 탭만 작동시켜서 조종면이 움직이도록 설계된 것으로 주로 대형 비행기에 사용된다.
② 조종면이 움직이는 방향과 반대 방향으로 움직이도록 기계적으로 연결되어 있으며, 조종면에 작용하는 힘과 반대 방향으로 탭에 작용하는 힘이 평형을 이룰 때까지 변위 된다.

정답 9. ④   10. ③   11. ③   12. ②   13. ③   14. ①   15. ②

③ 스프링을 설치하여 탭의 작용을 배가시키도록 한 장치이다.
④ 조종면의 힌지 모멘트를 감소시켜서 조종사의 조종력을 "0"으로 조정해 주는 역할을 하며, 조종석에서 그 위치를 조절할 수 있도록 되어 있다.

〈해설〉 탭(tab)의 종류

종 류	내 용
트림 탭 (trim tab)	조종면의 힌지 모멘트를 감소시켜 조종사의 조종력을 "0"으로 조정해 주는 역할을 한다. 조종사가 조종석에서 그 위치를 임의로 조정할 수 있다.
평형 탭 (balance tab)	조종면이 움직이는 방향과 반대 방향으로 움직이도록 기계적으로 연결되어 있다.
서보 탭 (servo tab)	조종석의 조종장치와 직접 연결되어 탭만 작동시켜 조종면을 움직이도록 설계되어 있다. 탭이 움직이면 탭에 작용하는 공기력 때문에 조종면은 이와 반대 방향으로 움직이게 된다.
안티 서보탭 (anti-servo tab)	조종면이 움직이는 방향과 같은 방향으로 움직이도록 기계적으로 연결되어 있다. 주로 스태빌레이터(stabilator)에 사용되어 공기력으로 인해 조종면이 최대 변위 위치(full-deflection position)를 벗어나지 않도록 방지하는 역할을 한다.
스프링 탭 (spring tab)	혼(horn)과 조종면 사이에 스프링을 설치하여 탭의 작용을 배가시키도록 한 장치이다. 고속 시에는 서보 탭의 기능을, 저속 시에 조종면의 각도가 작을 때는 직접 조종면이 움직이도록 하고 있다.
래깅 탭 (lagging tab)	조종면과 반대 방향으로 움직여 조종력을 경감시켜 준다.

〈참고〉 프리즈 밸런스(frise balance) : 도움날개에 자주 사용하는 공력평형장치로서 연동되는 도움날개에서 발생되는 힌지 모멘트가 서로 상쇄되도록 하여 조종력을 감소시키는 장치

■ 잠깐! 알고 가세요.
[Tab의 종류별 특성]

Tab의 종류	작동 요소	조종면에 대한 방향	조종력	비 고
Balance	조종면	반대 방향	감소	조종면이 움직이는 방향과 반대 방향으로 움직일 수 있도록 기계적으로 연결
Anti-Balance	조종면	동일 방향	증가	-
Servo	Pilot	반대 방향	감소	조종석의 조종장치와 직접 연결. 탭을 움직이면 탭에 발생하는 공기력에 의해 조종면이 움직임
Anti-servo	조종면	동일 방향	증가	조종면이 움직이는 방향과 같은 방향으로 움직일 수 있도록 기계적으로 연결
Spring	Pilot(고속시)	반대 방향(고속시)	감소(고속시)	고속시 Servo tab 기능
Trim	Trim	반대 방향	0	조종사의 조종간에 작용하는 조종력을 "0"이 되게 함

Ⅱ. 안정 및 조종

【문제】1. The inherent quality of an aircraft which return it to its original condition, when disturbed from a condition of steady flight, is known as?
① Equilibrium ② Stability
③ Controllability ④ Maneuverability

정답 16. ② / 1. ②

【문제】2. 조종간을 앞으로 압력을 가했다가 다시 놓았더니 원래 위치로 돌아가려고 하는 성질이 있었다면?
① 정적 안정성이 있다.   ② 정적 중립성이 있다.
③ 동적 안정성이 있다.   ④ 동적으로 불안정하다.

【문제】3. 주익의 받음각이 증가할 때 미익의 받음각도 증가하므로 미익을 들어 올리려고 하는 힘의 작용은?
① (−) 정안정   ② (+) 정안정   ③ (−) 동안정   ④ (+) 동안정

【문제】4. 비행기가 외부의 힘을 받아 원래의 위치에서 새로운 위치로 벗어난 후, 외부의 힘에 대해 새로운 위치에 그대로 남아 있으려는 성질은?
① Dynamic static   ② Positive static
③ Neutral static   ④ Negative static

【문제】5. 항공기가 평형상태에서 이탈한 후 시간이 경과함에 따라 운동의 진폭이 점차 감소하는 현상은?
① 정적 안정   ② 정적 불안정   ③ 동적 안정   ④ 동적 불안정

【문제】6. 세로 동적 안정성이 음(−)일 때의 현상은?
① 진동이 증가하면서 상승한다.   ② 진동이 증가하면서 강하한다.
③ 진동 주기가 점점 작아진다.   ④ 진동 주기가 점점 커진다.

【문제】7. 정적 안정 및 동적 안정에 대한 다음 설명 중 틀린 것은?
① 정적 안정: 항공기가 외부의 요란을 받아 원래의 위치를 이탈한 후 원래의 위치로 되돌아가려 함
② 정적 불안정: 항공기가 외부의 요란을 받은 후 시간이 지남에 따라 진폭이 계속 커짐
③ 동적 안정: 항공기가 외부의 요란을 받은 후 시간이 지남에 따라 진폭이 점점 작아짐
④ 정적 중립: 항공기가 외부의 요란을 받아 원래의 위치를 이탈한 후 새로운 위치에 남아 있음

【문제】8. 정적 안정과 동적 안정의 관계를 옳게 설명한 것은?
① 정적으로 안정하면 반드시 동적으로 안정하다.
② 정적으로 불안정하면 반드시 동적으로 안정하다.
③ 동적으로 안정하면 반드시 정적으로 안정하다.
④ 동적으로 불안정하면 반드시 정적으로 불안정하다.

〈해설〉 정적 안정(static stability)과 동적 안정(dynamic stability)의 종류는 다음과 같다. 일반적으로 정적 안정이 있다고 해서 동적 안정이 있다고는 할 수 없지만, 동적 안정이 있는 경우에는 정적 안정이 있다고 할 수 있다.
1. 정적 안정(static stability)
가. 양(+)의 정적 안정, 정적 안정 : 평형상태로부터 벗어난 뒤에 다시 평형상태로 되돌아가려는 경향

정답 2. ①   3. ②   4. ③   5. ③   6. ④   7. ②   8. ③

나. 음(-)의 정적 안정, 정적 불안정 : 평형상태에서 벗어난 물체가 처음 평형상태로부터 더 멀어지려는 경향
　　다. 정적 중립 : 평형상태에서 벗어난 물체가 새로운 위치에 그대로 남아 있으려는 경우
2. 동적 안정(dynamic stability)
　　가. 양(+)의 동적 안정, 동적 안정 : 운동의 진폭이 시간이 지남에 따라 감소되는 것
　　나. 음(-)의 동적 안정, 동적 불안정 : 운동의 진폭이 시간이 지남에 따라 커지는 것
　　다. 동적 중립 : 운동의 진폭이 시간이 경과되어도 변화가 없는 것

【문제】9. 평형상태(equilibrium)의 조건으로 맞는 것은?
① 물체에 작용하는 모든 힘의 합이 "0"이다.
② 물체에 작용하는 모든 모멘트의 합이 "0"이다.
③ 물체에 작용하는 모든 힘의 합과 모멘트의 합이 "0"이다.
④ 물체에 작용하는 모든 가속도의 합이 "0"이다.

【문제】10. 비행기의 안정과 조종, 그리고 운동의 기준이 되는 3축의 중심이 되는 점은?
① Center of gravity　　　　　　② Center of pressure
③ Mean aerodynamic center　　④ Aerodynamic center

〈해설〉 비행기에 작용하는 모든 힘의 합이 "0"이며, 모멘트(키놀이, 옆놀이 및 빗놀이 모멘트)의 합이 "0"인 경우를 평형상태라고 한다.
　　비행기의 안정과 조종, 그리고 운동의 문제를 다루는 데 있어서 기준이 되는 좌표축을 기체축(body axis)이라 하며, 비행기의 무게중심(CG; Center of Gravity)을 원점으로 한다.

【문제】11. 비행기의 운동과 조종면의 관계가 맞지 않는 것은?
① Pitch - Elevator　　　　② Roll - Aileron
③ Yaw - Rudder　　　　　④ Roll - Flap

【문제】12. 항공기의 종축(longitudinal axis)에 대한 회전 운동은?
① Pitching　　② Yawing　　③ Rolling　　④ Slipping

【문제】13. 방향 안정성은 항공기의 무슨 축에 대한 안정성인가?
① 수직축　　② 수평축　　③ 가로축　　④ 세로축

【문제】14. 수직 안정판에 의한 방향 안정성은 어느 축에 대한 안정성인가?
① 가로축　　② 세로축　　③ 수직축　　④ 수평축

【문제】15. 방향 안정성과 관련된 모멘트는?
① 롤링 모멘트　　　　② 요잉 모멘트
③ 피칭 모멘트　　　　④ 회전 모멘트

〈해설〉 항공기의 기준축(body axis)은 다음과 같다.

정답　9. ③　10. ①　11. ④　12. ③　13. ①　14. ③　15. ②

기준축	모멘트	안 정	조종면
세로축(종축)	옆놀이 모멘트(rolling moment)	가로안정	보조날개
가로축(횡축)	키놀이 모멘트(pitching moment)	세로안정	승강키
수직축(Z축)	빗놀이 모멘트(yawing moment)	방향안정	방향키

【문제】16. 다음 중 비행기의 주 조종면은?
　① Flap　　　② Slat　　　③ Elevator　　　④ Dorsal fin

【문제】17. 비행기의 primary flight control은?
　① Flap, Elcvator, Rudder　　② Aileron, Flap, Rudder
　③ Aileron, Elevator, Flap　　④ Aileron, Elevator, Rudder

【문제】18. 비행기의 보조 조종면을 맞게 나열한 것은?
　① Flap, Aileron, Elevator　　② Spoiler, Trim tab, Rudder
　③ Flap, Spoiler, Trim tab　　④ Aileron, Elevator, Rudder

〈해설〉 조종계통(조종면)의 구분
　1. 주 조종계통(primary flight control system), 주 조종면 : 도움날개(aileron), 승강키(elevator), 방향키(rudder)
　2. 보조 조종계통(secondary flight control system), 보조 조종면 : 고양력 장치, 스포일러(spoiler), 탭(tab) 등

【문제】19. 선회 시 adverse yaw의 발생 원인은?
　① 내려간 날개는 유도항력이 증가하고, 올라간 날개는 유도항력이 감소하기 때문에
　② 내려간 날개는 유도항력이 감소하고, 올라간 날개는 유도항력이 증가하기 때문에
　③ 내려간 날개는 유해항력이 증가하고, 올라간 날개는 유해항력이 감소하기 때문에
　④ 내려간 날개는 유해항력이 감소하고, 올라간 날개는 유해항력이 증가하기 때문에

【문제】20. 선회 진입 시 adverse yaw가 발생하는 원인으로 맞는 것은?
　① 내려간 날개는 양력 감소, 유도항력 증가
　② 내려간 날개는 양력 증가, 유도항력 증가
　③ 올라간 날개는 양력 감소, 유도항력 증가
　④ 올라간 날개는 양력 증가, 유도항력 증가

【문제】21. 선회 시 adverse yaw가 발생하는 원인으로 맞는 것은?
　① 선회축 바깥쪽 날개는 항력이 감소하고, 안쪽 날개는 항력이 증가하기 때문에
　② 선회축 바깥쪽 날개는 항력이 증가하고, 안쪽 날개는 항력이 감소하기 때문에
　③ 선회축 바깥쪽 날개는 양력이 감소하고, 안쪽 날개는 항력이 증가하기 때문에
　④ 선회축 바깥쪽 날개는 양력이 증가하고, 안쪽 날개는 항력이 증가하기 때문에

정답　16. ③　17. ④　18. ③　19. ②　20. ④　21. ②

【문제】22. 선회 시 adverse yaw를 막기 위한 조작방법으로 적합한 것은?
① Aileron과 rudder를 함께 사용한다.
② Aileron 만으로 균형을 유지한다.
③ 받음각을 증가시킨다.
④ 선회경사각을 증가시킨다.

【문제】23. 대형 항공기의 inboard aileron은 주로 언제 사용하는가?
① 저속 시에만 사용한다. ② 고속 시에만 사용한다.
③ 저속과 고속 시에 모두 사용한다. ④ 착륙 시에만 사용한다.

【문제】24. 대형 항공기의 outboard aileron은 언제 정상적으로 사용 가능한가?
① Low speed 비행 시 ② High speed 비행 시
③ Low speed 및 high speed 비행 시 ④ Normal speed 비행 시

【문제】25. 운송용항공기의 inboard 및 outboard aileron 작동에 대한 설명 중 맞는 것은?
① Outboard aileron은 고속에서만, inboard aileron은 저속과 고속에서 작동된다.
② Outboard aileron은 저속에서만, inboard aileron은 저속과 고속에서 작동된다.
③ Outboard aileron은 저속과 고속에서, inboard aileron은 고속에서만 작동된다.
④ Outboard aileron은 저속과 고속에서, inboard aileron은 저속에서만 작동된다.

〈해설〉역 빗놀이(adverse yaw)와 도움날개(aileron)
1. 선회 진입 시 선회축 안쪽의 내려간 날개는 받음각이 작아지도록 비틀리기 때문에 양력이 감소(유도항력 감소)하고, 바깥쪽 올라간 날개는 받음각이 커지도록 비틀리기 때문에 양력이 증가(유도항력 증가)하여 도움날개의 역작용인 역 빗놀이(adverse yaw)가 발생한다.

구분(선회 시)	선회축 안쪽 날개	선회축 바깥쪽 날개
주날개	내려감	올라감
받음각	작아지도록 비틀림	커지도록 비틀림
양 력	감소	증가
유도항력	감소	증가

2. 역 빗놀이(adverse yaw)를 방지하기 위해 가장 많이 사용되고 있는 조작 방법은 도움날개(aileron)와 방향키(rudder)를 함께 사용하는 것이다.
3. 역 빗놀이 현상은 고속 비행에서 더욱 현저하다. 따라서 대형 운송용항공기는 이를 방지하기 위하여 outboard aileron과 inboard aileron 2종류의 aileron을 설치하여 outboard aileron은 저속에서만, inboard aileron은 저속과 고속에서 작동하도록 되어 있다.

【문제】26. 항공기의 세로 안정성에 대한 설명 중 틀린 것은?
① 무게중심(CG) 위치가 압력중심(CP)과 가까울수록 세로 안정성이 좋다.
② 꼬리날개 면적이 크면 세로 안정성이 좋다.
③ High wing은 세로 안정성이 좋다.
④ 꼬리날개 효율 값이 클수록 세로 안정성이 좋다.

[정답] 22. ① 23. ③ 24. ① 25. ② 26. ①

【문제】 27. 세로 안정성을 증가시키기 위한 방법과 관련 없는 것은?
① 항공기 후방으로 무게중심(CG)을 이동한다.
② 날개가 무게중심(CG) 위로 오도록 한다.
③ 수평꼬리날개의 면적을 크게 한다.
④ 무게중심에서 수평꼬리날개 압력중심까지의 거리를 크게 한다.

【문제】 28. 세로 안정성을 좋게 하기 위한 방법이 아닌 것은?
① CG가 CP의 앞에 오도록 한다.
② 날개가 무게 중심점 위에 오도록 설계한다.
③ 수평꼬리날개를 크게 한다.
④ 날개에 쳐든각을 준다.

【문제】 29. CG와 CP에 대한 설명 중 틀린 것은?
① AOA가 클수록 CP는 앞으로 이동한다.
② CG와 CP가 가까울수록 세로 안정성이 좋다.
③ 공력중심(AC)은 AOA와 무관하다.
④ 날개보다 CG가 위에 있으면 불안정하다.

【문제】 30. CG가 CG limit보다 앞에 있을 때 항공기에 미치는 영향으로 맞는 것은?
① 세로 안정성이 좋아진다. ② 방향 안정성이 좋아진다.
③ 수직 안정성이 좋아진다. ④ 가로 안정성이 좋아진다.

〈해설〉 세로 안정성을 좋게 하기 위한 방법은 다음과 같다.
  1. 무게중심(CG)이 날개의 공기역학적 중심(또는 압력중심)보다 앞에 위치할수록 안정성이 좋아진다.
  2. 날개가 무게중심보다 높은 위치에 있을 때 안정성이 좋아진다.
  3. 꼬리날개 부피(tail volume) 값이 클수록 안정성이 좋아진다. 즉 꼬리날개 면적을 크게 하거나, 무게중심에서 수평꼬리날개의 압력중심까지의 거리를 크게 해야 한다.
  4. 꼬리날개 효율 값이 클수록 안정성이 좋아진다.
〈참고〉 날개의 쳐든각은 가로안정에 가장 중요한 요소이다.

【문제】 31. 항공기가 날개에 상반각을 주는 이유로 가장 적합한 것은?
① 선회성능을 좋게 하기 위해서 ② 날개의 저항을 적게 하기 위해서
③ 옆미끄럼을 적게 하기 위해서 ④ 익단실속을 적게 하기 위해서

【문제】 32. 항공기 날개에 상반각을 주게 되면 다음과 같은 특성을 갖게 한다. 가장 올바른 내용은?
① 유도저항을 적게 하고 방향 안정성을 좋게 한다.
② 옆미끄럼을 방지하고 가로 안정성을 좋게 한다.
③ 익단실속을 방지하고 세로 안정성을 좋게 한다.
④ 선회성능을 향상시키나 가로 안정성을 해친다.

정답 27. ① 28. ④ 29. ② 30. ① 31. ③ 32. ②

【문제】33. 비행기의 가로 안정성을 가장 크게 증가시키는 효과를 가진 날개는?
① 처든 날개 ② 처진 날개 ③ 삼각형 날개 ④ 후퇴 날개

【문제】34. 다음 중 가로안정(lateral stability)에 영향을 주지 않는 것은?
① 수평꼬리날개 ② 후퇴각 ③ Dihedral ④ 수직꼬리날개

【문제】35. 가로 안정성과 관련이 없는 것은?
① Sweep back ② Dihedral ③ Keel effect ④ Dorsal fin

【문제】36. 다음 중 lateral stability와 관련이 있는 것은?
① 후퇴날개, 상반각, 하반각
② Keel effect, 후퇴날개, 하반각
③ Keel effect, 후퇴날개, 상반각
④ 후퇴날개, 상반각, 하반각

【문제】37. 항공기의 가로안정에 영향을 주지 않는 것은?
① 상반각 ② 후퇴각 ③ 승강타 ④ 방향타

【문제】38. 다음 중 가로 안정성과 관련이 없는 것은?
① CG와 수평꼬리날개까지의 거리
② 상반각
③ Keel area
④ 후퇴각

〈해설〉 정적 가로안정(lateral stability)에 영향을 주는 요소는 다음과 같다.
  1. 날개(wing) : 날개는 비행기의 가로안정에서 가장 중요한 요소이다. 특히, 기하학적으로 날개의 처든각(dihedral)은 옆미끄럼에 의한 옆놀이에 정적인 안정을 주므로 가로안정에 가장 중요한 요소이다. 날개의 뒤젖힘각 효과(sweepback effect)도 정적 가로안정에 큰 기여를 한다.
  2. 동체 : 날개의 동체에 대한 위치가 안정성에 영향을 주기 때문에 날개와 동체, 그리고 꼬리날개의 조합에 의한 효과는 중요하다. 항공기가 돌풍 등과 같이 측풍을 받아 기울어져서 강하할 경우 동체 측면과 수직꼬리날개에 의해 옆놀이 모멘트(rolling moment)가 생성되고, 항공기를 원 수평비행 자세로 되돌리려는 가로 안정성의 효과가 발생하는데 이를 keel effect라고 한다.
  3. 수직꼬리날개 : 수직꼬리날개가 클 경우 옆미끄럼에 의한 힘은 옆놀이 모멘트를 발생시켜 가로안정에 대해 중요한 영향을 끼친다.

【문제】39. Dihedral 효과보다 방향 안정성이 더 큰 결과로 나타날 수 있는 것은?
① 방향 불안정(directional instability)
② 나선 불안정(spiral divergence)
③ 더치 롤(dutch roll)
④ 역요(reverse yaw)

【문제】40. 다음 중 나선 불안정(spiral instability) 현상이 나타날 수 있는 경우는?
① 방향 안정성이 세로 안정성보다 작을 때
② 방향 안정성이 가로 안정성보다 작을 때
③ 방향 안정성이 세로 안정성보다 클 때
④ 방향 안정성이 가로 안정성보다 클 때

정답 33. ① 34. ① 35. ④ 36. ③ 37. ③ 38. ① 39. ② 40. ④

【문제】41. 다음 중 방향 안정성과 관련이 없는 것은?
　　① Dutch roll　　　　　　　② Directional divergence
　　③ Spiral Divergence　　　　④ Pitch down

【문제】42. 가로방향 안정성과 관련하여 동적으로는 안정성을 가지지만 진동하는 성질 때문에 발생하는 불안정은?
　　① Dutch roll　　　　　　　② Tuck under
　　③ Spiral instability　　　　④ Directional divergence

【문제】43. Dutch roll은 비행기의 어떤 운동이 복합되어 나타나는가?
　　① Roll and pitch　　　　　② Pitch and yaw
　　③ Roll and yaw　　　　　　④ Pitch and adverse yaw

【문제】44. Dutch roll을 방지하기 위한 방법으로 틀린 것은?
　　① 상반각을 준다.　　　　　② 후퇴각을 준다.
　　③ 방향 안정성을 증대한다.　④ Yaw damper를 설치한다.

【문제】45. 가로방향의 상호작용으로 생기는 현상이 아닌 것은?
　　① Deep stall　　　　　　　② Spiral divergence
　　③ Dutch roll　　　　　　　④ Directional instability

【문제】46. 다음 설명 중 틀린 것은?
　　① Dutch roll은 정적 방향안정보다 쳐든각 효과가 클 때 발생한다.
　　② Directional divergence는 정적 가로 안정성보다 정적 방향 안정성이 훨씬 클 때 나타난다.
　　③ Spiral divergence는 정적 방향 안정성이 정적 가로 안정성보다 훨씬 클 때 나타난다.
　　④ Tuck under는 음속에 가까운 속도로 비행할 때 기수가 내려가려는 경향과 조종력의 역작용 현상을 말한다.
　〈해설〉 가로 및 방향 불안정의 종류는 다음과 같다.
　　1. 방향 불안정(directional divergence) : 음(−)의 방향안정으로 인해 생긴다.
　　2. 나선 불안정(spiral divergence) : 정적 방향 안정성이 정적 가로 안정성보다 훨씬 클 때 나타난다. 즉 쳐든각(dihedral) 효과에 의한 가로 안정성보다 방향 안정성이 더 클 때 나타난다.
　　3. 가로 방향 불안정(lateral divergence) : 더치 롤(dutch roll)이라고도 하며, 가로진동(roll)과 방향진동(yaw)이 결합된 것으로서 대개 동적으로는 안정하지만 진동하는 성질 때문에 문제가 된다. 이러한 운동은 바람직하지 않으며 이것은 정적 방향안정보다 쳐든각(상반각) 효과가 클 때 일어난다.

【문제】47. Sweep back 항공기에서 dutch roll을 방지하기 위한 장치는?
　　① Pitch trim compensator　② Spin strip
　　③ Yaw damper　　　　　　④ Vortex generator

정답　41. ④　42. ①　43. ③　44. ①　45. ①　46. ②　47. ③

【문제】48. 제트비행기가 정상적인 순항고도 및 속도로 비행 중 dutch roll이 발생하기 전에 yaw damper out 시 처치방법은?
① 특별한 조치가 필요하지 않다.　　② 고도 및 속도를 감소시킨다.
③ 속도를 증가시킨다.　　　　　　④ Rudder를 사용하여 수동으로 회복한다.

【문제】49. Yaw damper 고장 시 조치사항으로 적합한 것은?
① 출력을 줄이고 러더로만 수평을 잡는다.　② 에어러론으로만 조종한다.
③ 고고도로 올라간다.　　　　　　　　　　④ 저고도로 내려간다.

【문제】50. 더치 롤(dutch roll) 시 요 댐퍼가 고장이 나면 어떻게 하여야 하는가?
① Aileron 만으로 균형을 유지한다.
② 고도를 올리고 rudder로 균형을 유지한다.
③ 고도를 낮추고 rudder로 균형을 유지한다.
④ 출력을 줄이고 rudder로 균형을 유지한다.

〈해설〉 통상 항공기는 자동적으로 rudder를 움직여 비감쇠 현상을 보정하는 요 댐퍼(yaw damper)를 장비함으로서 더치 롤에 대한 안정성을 개선한다. 제트비행기가 정상적인 순항고도 및 속도로 비행 중 더치 롤이 발생하기 전에 요 댐퍼가 고장이 난 경우 고도 및 속도를 감소시켜야 한다. 더치 롤 시 요 댐퍼가 고장이 난 경우, 조종사가 더치 롤을 개선하기 위하여 aileron을 사용할 것을 권고하고 있다.

【문제】51. 수직 안정판과 관련된 안정성은?
① 가로 안정성　② 세로 안정성　③ 수직 안정성　④ 방향 안정성

【문제】52. 비행기의 vertical fin은 어떤 안정성을 좋게 하는가?
① 수직 안정성　② 세로 안정성　③ 방향 안정성　④ 가로 안정성

【문제】53. 방향 안정성을 증가시키려면?
① Vertical stabilizer를 크게 한다.
② Horizontal stabilizer를 크게 한다.
③ 날개에 상반각을 준다.
④ 무게중심이 압력중심의 앞에 오게 한다.

【문제】54. 수직꼬리날개로부터 동체로 연결되어 수직꼬리날개가 실속하는 큰 옆미끄럼 각에서도 방향 안정성을 향상시켜 주는 것은?
① Stall strips　② Vortilon　③ Dorsal fin　④ Ventral fin

〈해설〉 방향 안정성에 영향을 끼치는 요소는 다음과 같다.
1. 수직꼬리날개(vertical fin, vertical stabilizer) : 수직꼬리날개는 비행기의 방향안정에 일차적으로 영향을 준다. 수직꼬리날개 영향의 크기는 수직꼬리날개 양력의 변화와 수직꼬리날개 모멘트 팔 길이에 의존하므로, 수직꼬리날개의 위치가 가장 중요한 요소가 된다.

정답　48. ②　49. ④　50. ①　51. ④　52. ③　53. ①　54. ③

2. 동체, 엔진 등에 의한 영향 : 동체와 엔진은 방향안정에 있어 불안정한 영향을 끼치는 가장 큰 요소들이다. 비행기의 수직꼬리날개 앞에 도살 핀(dorsal fin)을 장착하여 수직꼬리날개가 실속하는 큰 옆미끄럼 각에서도 방향안정을 유지하는 효과를 얻기도 한다.
3. 추력 효과 : 프로펠러 회전면이나 제트기 공기 흡입구가 무게 중심의 앞에 위치했을 때 불안정을 유발한다.

Ⅲ. 고속기의 비행 불안정

【문제】1. Jet 수송기의 tuck under를 수정하기 위한 장치는?
① Mach trimmer ② Pitch damper
③ Rudder lock ④ Buffet compensator

【문제】2. Pitch와 관련된 현상이 아닌 것은?
① Tuck under ② Pitch up ③ Deep stall ④ Wing drop

【문제】3. Pitch up 발생의 원인이 아닌 것은?
① 뒤젖힘 날개의 날개끝 실속 ② 뒤젖힘 날개의 비틀림
③ 쳐든각 효과의 감소 ④ 날개의 풍압중심이 앞으로 이동

【문제】4. 다음 중 고속기의 세로 불안정 현상이 아닌 것은?
① Wing drop ② Pitch up ③ Deep stall ④ Tuck under

【문제】5. 가로 불안정성으로 인해 생기는 불안정과 무관한 것은?
① Dutch roll ② Pitch up
③ Lateral divergency ④ Wing drop

【문제】6. 수평꼬리날개가 높은 위치에 있거나, T형 꼬리날개를 가진 비행기가 실속 시에 발생할 수 있는 현상은?
① Deep stall ② Pitch up ③ Tuck under ④ Dutch roll

〈해설〉 세로 불안정의 종류는 다음과 같다.
1. 턱 언더(tuck under) : 음속에 가까운 속도로 비행할 때 속도를 증가시키면 기수가 오히려 내려가는 경향이 생기므로 조종간을 당겨야 하는데, 이와 같이 기수가 내려가는 경향과 조종력의 역작용 현상을 턱 언더라 한다. 턱 언더에 의한 조종력의 역작용은 마하 트리머(mach trimmer)나 피치 트림 보상기(pitch trim compensator)를 설치하여 자동적으로 수정할 수 있게 한다.
2. 피치 업(pitch up)
  가. 피치 업 : 비행기가 하강비행을 하는 동안 조종간을 당겨 기수를 올리려 할 때, 받음각과 각속도가 특정값을 넘게 되면 예상한 정도 이상으로 기수가 올라가는 현상
  나. 피치 업의 원인
    (1) 뒤젖힘 날개의 날개끝 실속
    (2) 뒤젖힘 날개의 비틀림

정답 1. ① 2. ④ 3. ③ 4. ① 5. ② 6. ①

(3) 날개의 풍압중심이 앞으로 이동
(4) 승강키 효율 감소

3. 디프 실속(deep stall) : 수평꼬리날개가 높은 위치에 있거나 T형 꼬리날개를 가지는 비행기가 실속할 때 날개나 뒤쪽에 장착된 엔진 포트(port)가 실속상태가 되면, 수평꼬리날개는 동압이 작은 후류 속으로 들어가기 때문에 안정을 잃어버리게 되고 실속을 회복하기가 어렵게 된다. 이러한 실속을 디프 실속 또는 슈퍼 실속(super stall)이라 한다.

【문제】7. 고고도에서 강하 시 갑자기 한쪽 날개의 양력이 상실되어 옆놀이를 일으키는 현상은?
① Wing drop   ② Pitch up   ③ Deep stall   ④ Tuck under

【문제】8. Wing drop 현상에 대한 설명 중 잘못된 것은?
① Wing heaviness라고도 한다.
② 한쪽 날개가 충격실속 이후 급격한 rolling을 일으키는 현상이다.
③ 이 현상을 줄이기 위해 후퇴익을 적게 한다.
④ 이러한 현상이 발생하면 aileron의 효율이 떨어지므로 회복하기가 어렵다.

【문제】9. 다음 중 가로 불안정에 속하지 않는 것은?
① 나선 불안정성   ② Dutch roll   ③ Wing drop   ④ Pitch up

【문제】10. 천음속 항공기에 나타나는 현상이 아닌 것은?
① Deep stall   ② Wing drop   ③ 고속 buffet   ④ Tuck under

〈해설〉 가로 불안정의 종류는 다음과 같다.
1. 날개 늘어짐(wing drop, wing heaviness) : 비행기가 수평비행이나 급강하로 속도를 증가하여 천음속 영역에 도달하게 되면, 한쪽 날개가 충격실속을 일으켜서 갑자기 양력을 상실하여 급격한 옆놀이를 일으키는 현상이다. 이러한 현상이 발생하면 도움날개의 효율이 떨어지므로 회복하기가 어렵다.
2. 옆놀이 커플링(roll coupling) : 큰 옆놀이 각속도가 받음각을 가지게 되면 큰 관성 커플링을 일으켜 받음각과 옆미끄럼각을 계속 증가시켜서 발산하게 되는데 이러한 현상을 옆놀이 커플링이라 한다.
3. 나선 불안정(spiral divergence) : 정적 방향 안정성이 정적 가로 안정성보다 훨씬 클 때 나타난다.
4. 가로 방향 불안정(lateral divergence) : 더치 롤(dutch roll)이라고도 하며, 가로진동과 방향진동이 결합된 것이다.

정답 7. ①   8. ③   9. ④   10. ③

비행이론(Flight Theory)

PART 2

항공기 계통(Aircraft Systems)

- 항공기 엔진
- 항공기 계기

1 항공기 엔진(Aircraft Engine)

제1절 가스터빈엔진(Gas Turbine Engine)

1. 가스터빈엔진의 종류와 특징

가. 터보제트 엔진(Turbojet engine)

터보제트 엔진은 공기를 빠른 속도로 분사시키므로 소형, 경량으로도 큰 추력을 낼 수 있고, 후기 연소기(after burner)를 장착할 때는 초음속 비행이 가능하므로 주로 고속 군용기에 사용되고 있다.

이 엔진은 비행속도가 빠를수록 효율이 좋고, 아음속에서 초음속에 걸쳐 우수한 성능을 가진다. 그러나 저속에서는 효율이 감소하고 연료 소비율이 증가하며, 배기가스가 고속으로 분사되므로 소음이 심한 결점이 있다. 터보제트 엔진은 그림 2-1과 같이 흡입구, 압축기, 연소실, 터빈 및 배기노즐로 이루어져 있다.

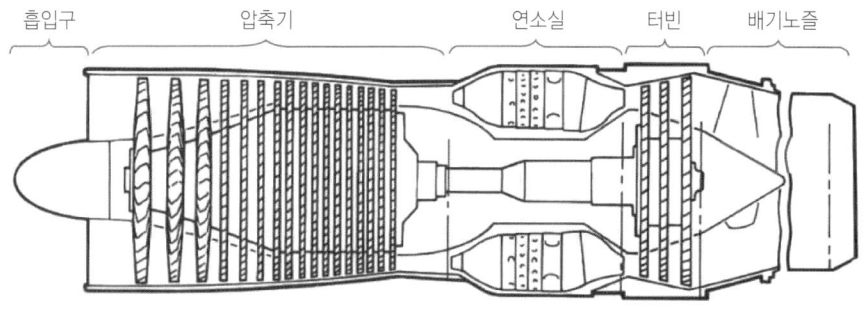

그림 2-1. 터보제트 엔진

나. 터보팬 엔진(Turbofan engine)

터보팬 엔진은 터보제트 엔진과 같은 구조로 되어 있으나, 프로펠러 엔진의 우수한 성능을 살리기 위하여 팬이 장착되어 있다. 전방 터보팬 엔진은 흡입구, 전방 팬, 압축기, 연소실, 터빈 및 배기노즐로 이루어져 있다. 가장 많이 사용하는 것은 그림 2-2와 같이 dual-spool 압축기를 가진 엔진이다.

Dual-spool 압축기의 전방 압축기는 저압 압축기 또는 N_1 압축기라고 하며, 후방 압축기는 고압 압축기 또는 N_2 압축기라고 한다. 저압 압축기는 팬(fan)과 저압 터빈에 연결되어 있으며 고압 압축기는 고압 터빈에 연결되어 있다.

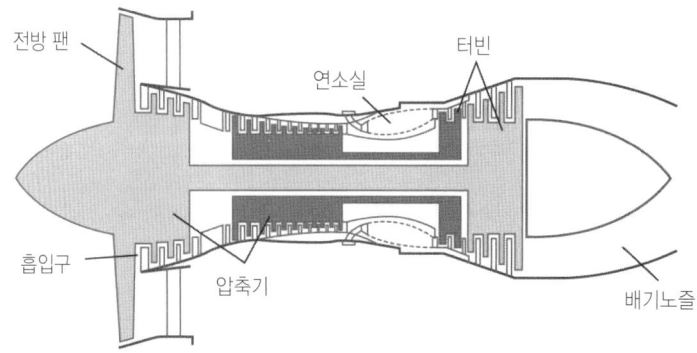

그림 2-2. 터보팬 엔진

터보팬 엔진은 바이패스 공기 및 연소가스를 배기노즐로 분사함으로써 추력을 얻지만, 터보제트 엔진에 비해 많은 양의 공기를 비교적 느린 속도로 분사시킨다. 그러므로 배기가스의 평균 분사속도는 낮지만 아음속에서 효율이 좋고 연료 소비율이 작으며, 소음 방지에 유리하여 대형 여객기뿐만 아니라 군용기에도 널리 사용되고 있다.

다. 터보프롭 엔진(Turboprop engine)

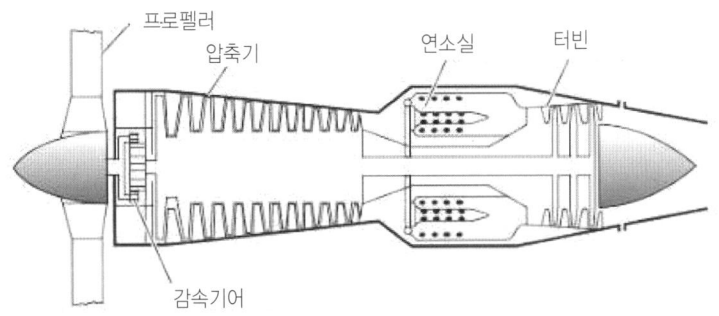

그림 2-3. 터보프롭 엔진

터보프롭 엔진은 터보제트 엔진에 프로펠러를 장착한 형태로 추력의 75% 정도를 프로펠러에서 얻고, 나머지는 배기노즐로 분사되는 배기가스에서 얻는다.

터보프롭 엔진은 엔진과 프로펠러 사이에 감속기어를 장착하여 프로펠러를 회전시킨다. 프로펠러 구동축과 압축기 및 터빈이 직접 연결된 것을 고정 터빈 방식이라 하고, 터빈이 압축기와 분리 가능한 것을 자유동력 터빈(free power turbine) 방식이라 한다. 자유동력 터빈 방식은 지상에서 프로펠러의 회전속도를 매우 낮게 유지할 수 있으며, 엔진 시동이 용이하고 프로펠러 등에서 발생하는 진동이 엔진 내부로 전달되지 않는 장점이 있다.

터보프롭 엔진은 다른 유형의 엔진에 비해 무게가 가볍고, 조작이 간편하고 진동이 적다. 또한 단위 무게 당 출력이 높다는 장점을 가지고 있으며, 저속 및 중속에서 효율이 좋다. 그러나 일반적인 순항속도 범위에서 속도가 증가하면 추진효율은 감소한다.

터보프롭 엔진은 250~400 mph의 속도와 18,000~30,000 ft의 고도에서 가장 효율적이다.

라. 터보샤프트 엔진(Turboshaft engine)

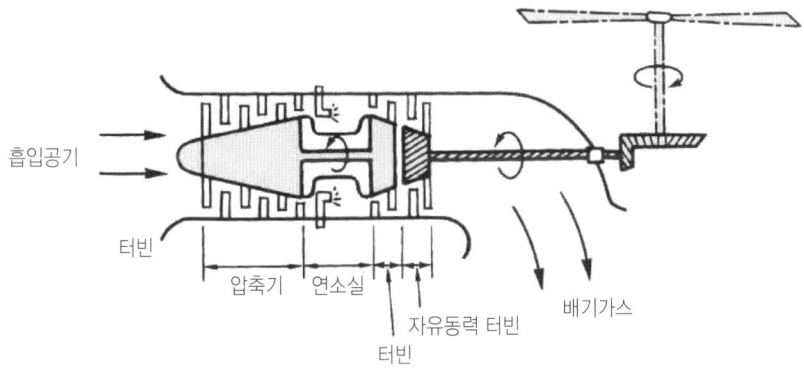

그림 2-4. 터보샤프트 엔진

터보샤프트 엔진은 터보프롭 엔진과 구조가 유사하다. 터보프롭 엔진은 터빈에 연결되어 있는 샤프트(shaft)를 이용하여 프로펠러를 회전시키는데, 프로펠러 회전보다 고속으로 회전하는 터빈의 회전수를 감소시키기 위한 감속기어를 엔진 앞부분에 장착한다. 이에 비하여 터보샤프트 엔진은 감속기어 대신에 배기가스를 이용하여 다른 자유동력 터빈(free power turbine)을 구동하여 동력 축(power shaft)에 힘을 전달한다. 이 엔진은 주로 헬리콥터에 많이 사용된다.

2. 가스터빈엔진의 작동원리

가. 작동원리

가스터빈엔진은 연료를 연소시켜 발생한 고온 고압의 연소가스를 터빈에 작용시켜 직접 회전운동의 일을 얻고, 제트엔진은 배기가스의 분사 추진력을 이용하여 추력을 발생시키는 열엔진(heat engine)이다.

제트추진은 뉴턴의 운동 제3법칙, 즉 작용이 있으면 반드시 그것과 크기가 같고 방향이 반대인 반작용이 있다는 것을 응용한 것이다. 제트추진의 원리는 고무풍선을 불어 입구에서 손을 떼면 공기가 입구 쪽으로 분출하며 반대 방향으로 날아가는 것과 같은 원리라고 할 수 있다. 고무풍선이 이동하는 것은 풍선 내부의 공기가 외부로 나가면서 발생되는 힘의 반작용 때문이며, 제트엔진은 이와 같이 압축된 고온 고압의 가스를 배기노즐을 통하여 고속으로 분사시켜 그 반작용으로 만들어진 힘으로 추진하는 엔진이다.

가스터빈엔진의 3가지 주요 구성품은 압축기, 연소실 및 터빈이며 이들을 가스 발생기(gas generator)라고 한다. 가스 발생기는 압축기에서 공기를 흡입, 압축하여 연소실로 보내면 연소실에서는 압축된 공기와 분사된 연료가 혼합되어 고온 고압의 가스를 발생시킨다. 이 고온 고압의 가스는 터빈을 통과하면서 팽창되어 터빈을 회전시킨다.

터빈의 회전동력은 압축기 및 그 밖의 필요한 장치들을 구동하고, 나머지 연소가스의 에너지를 이용하여 자유 동력터빈에 의해서 회전일을 얻거나 또는 연소가스를 배기노즐에서 빠른 속도로 팽창, 분사시켜 추력을 얻는다.

나. 가스터빈엔진 내부의 압력, 온도 및 속도 변화

(1) 압력 변화

최고 압력상승은 압축기 바로 뒤에 있는 확산통로인 디퓨저(diffuser)에서 이루어진다. 디퓨저를 통과한 공기는 연소실을 지나면서 압력이 약간 감소하고, 터빈노즐의 수축통로를 지나면서 공기 속도는 가속되고 압력은 급격히 떨어진다.

이 공기가 터빈 회전자(turbine rotor)를 지나면서 고온가스의 압력 에너지가 터빈 회전력으로 바뀌기 때문에 압력은 감소하며, 엔진의 터빈 단 수가 많을수록 압력의 감소는 커진다. 마지막으로 배기노즐 출구에서의 압력은 대기압보다 약간 높거나, 같은 상태로 대기 중으로 배출된다.

(2) 온도 변화

압축기로 들어가는 공기는 압축기에서 압축되면서 온도가 서서히 증가한다. 압축기 출구의 온도는 압축기의 압력비와 효율에 따라 결정되는데, 일반적으로 대형엔진에서는 300~400℃ 정도이다.

압축기를 거친 공기가 연소실로 들어가 연료와 함께 연소되면 연소실 중심에서의 온도는 1,600 ~2,000℃까지 올라간다. 이 온도는 금속을 녹일 수도 있으므로 압축기에서 나와 연소에 참가하지 않은 공기 중의 일부가 연소실 벽의 안쪽과 바깥쪽을 따라 흐르도록 함으로써, 연소실 안쪽의 온도보다 낮은 온도의 공기막(air film)에 의하여 냉각되어 보호된다.

연소실 뒷부분에서는 냉각작용을 하는 공기와 연소가스가 혼합되기 때문에 터빈으로 들어가는 가스의 온도는 800~1,300℃로 낮아지고, 터빈을 지나는 동안 팽창되어 더욱 낮아진다.

(3) 속도 변화

터빈 노즐의 수축통로에서 압력이 감소되면서 배기가스의 속도가 급격히 증가되고, 터빈 회전자에서는 운동 에너지가 터빈의 회전력으로 바뀌므로 속도가 급격히 감소된다.

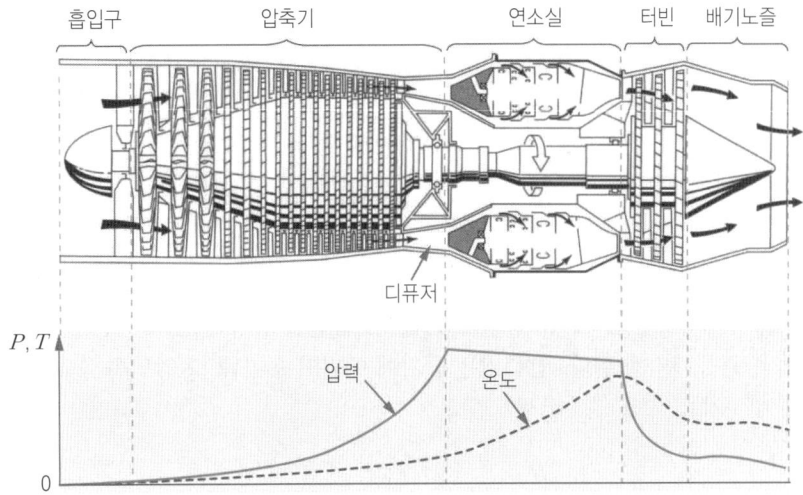

그림 2-5. 가스터빈엔진 내부의 압력/온도 변화

3. 가스터빈엔진의 구조

가. 압축기(Compressor)

엔진 흡입구로 들어오는 공기를 압축하여 압력을 증가시킨다. 압축된 공기는 디퓨저(diffuser)를 지나면서 적당한 속도와 압력으로 변환되어 연소실로 공급된다.

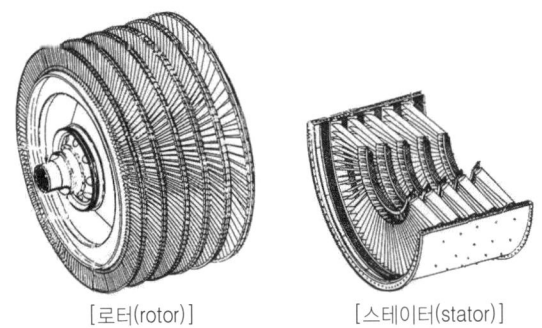

[로터(rotor)]   [스테이터(stator)]

그림 2-6. 축류형 압축기(Axial flow compressor)

나. 연소실(Combustor)

연소실은 압축기에서 압축된 고압 공기에 연료를 분사하여 연소시킴으로써 연료의 화학적 에너지를 열 에너지로 변환시키는 장치이다.

압축기로부터 연소실에 들어오는 공기는 1차 공기와 2차 공기로 나누어지는데, 1차 공기는 20~30% 정도를 차지하며 연소에 사용된다. 연소되지 않은 70~80%의 2차 공기는 연소실 뒤쪽으로 공급되어 연소된 1차 공기와 혼합됨으로써 연소실 출구온도를 터빈 입구온도에 적합하도록 균일하게 낮추어 주는 냉각 역할을 한다.

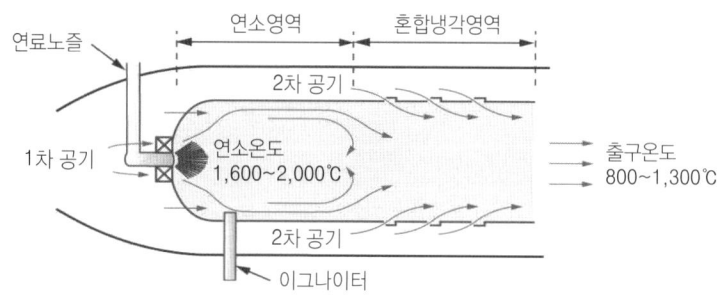

그림 2-7. 연소실의 1차 공기와 2차 공기

다. 터빈(Turbine)

터빈은 배기가스의 운동 에너지와 열 에너지의 일부를 기계적 일로 바꾸는 기능을 해서 압축기와 기타 부품들을 구동시키게 된다. 압축기는 공기에 에너지를 가해 그 압력을 증가시키는 반면, 터빈은 연소가스를 팽창시켜 에너지를 발생시킨다.

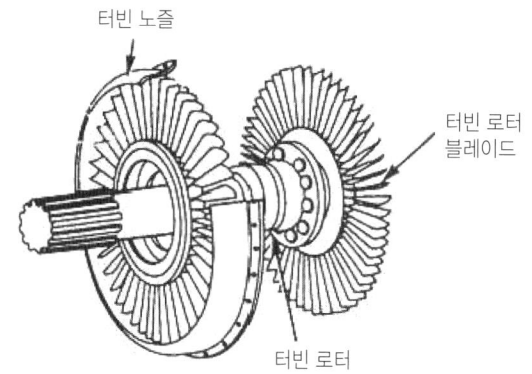

그림 2-8. 축류형 터빈(Axial flow turbine)

4. 가스터빈엔진의 성능

가. 추력에 영향을 미치는 요소

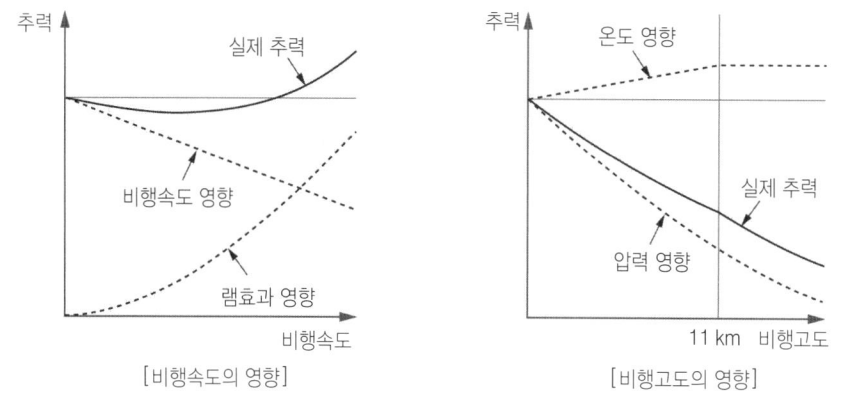

그림 2-9. 추력에 영향을 미치는 요소

(1) 공기밀도의 영향

공기밀도는 압력에 비례하고 온도에 반비례한다. 따라서 대기의 온도가 증가하면 밀도가 감소하여 추력은 감소하게 되고, 대기압이 증가하면 밀도가 증가하여 추력은 증가한다.
(2) 비행속도의 영향

비행속도가 증가하면 추력은 어느 정도까지는 감소하다가, 램 효과(ram effect)가 증가함에 따라 다시 증가한다.

(3) 비행고도의 영향

고도가 높아지면 압력과 온도는 감소한다. 압력의 감소로 인한 밀도의 감소보다 온도의 감소로 인한 밀도의 증가가 작기 때문에 고도가 높아짐에 따라 실제 밀도는 감소하게 된다. 따라서 고도가 높아지면 추력은 감소한다.

나. 가스터빈엔진의 작동
(1) 가스터빈엔진의 성능

엔진의 성능을 좌우하는 여러 가지 변수 중 대표적인 것은 엔진으로 들어가는 연료유량과 흡입공기의 상태이다. 흡입공기의 상태에 영향을 미치는 요소는 공기의 온도, 압력, 밀도 및 비행속도이지만 공기의 온도, 압력 및 밀도는 표준 대기표에 따라 변한다면 단지 고도만의 함수가 된다. 따라서 흡입공기의 상태는 비행속도와 고도만으로써 표시가 가능하다.

연료유량은 엔진의 회전수 또는 기관 압력비(EPR; engine pressure ratio)로써 대치가 가능하다. 여기서 기관 압력비란 압축기 입구 전압력과 터빈 출구 전압력의 비를 말하며, 보통 추력에 직접 비례한다. 따라서 가스터빈엔진의 성능은 비행속도, 비행고도, 그리고 엔진 회전수의 함수로 나타낼 수 있다.

(2) 비정상시동
(가) 과열시동(hot start): 시동할 때에 배기가스온도(EGT; exhaust gas temperature)가 규정된 한계값 이상으로 증가하는 현상을 과열시동이라 한다. 이 현상은 연료-공기 혼합비를 조정하는 연료조정장치의 고장, 결빙 및 압축기 입구 부분에서 공기 흐름의 제한 등에 의하여 발생한다.
(나) 결핍시동(false or hung start): 시동이 시작된 다음 엔진의 회전수가 완속 회전수(idle rpm)까지 증가하지 않고 이보다 낮은 rpm에 머물러 있는 현상을 결핍시동이라 한다. 결핍시동의 주원인은 시동기에 공급되는 동력이 충분하지 못하기 때문이다.
(다) 시동불능(no start): 엔진이 규정된 시간 안에 시동되지 않는 현상을 시동불능이라고 한다. 시동불능은 엔진의 회전수나 배기가스의 온도가 상승하지 않는 것으로 판단할 수 있다.

(3) 축류식 압축기의 실속
(가) 압축기 실속(compressor stall)

압축기 blade의 받음각이 커지면 비행기 날개에서와 비슷하게 압축기의 압력비는 증가하지만, 너무 커지면 rotor blade에서 실속이 발생하여 압력비가 급격히 떨어지고 기관은 출력이 감소하여 작동이 불가능해진다. 이와 같은 현상을 압축기 실속이라 한다.

(나) 압축기 실속의 원인

공기 흡입속도가 작을수록, 그리고 압축기의 회전속도가 클수록 rotor blade의 받음각이 커지고 실속이 발생할 수 있다. 또한 기관을 가속할 때 연료의 흐름이 너무 많으면 압축기 출구 압력(연소실 압력)이 높아져 흡입공기의 속도가 감소하게 되고, rotor blade의 받음각이 커져 실속이 발생할 수 있다.

따라서 조종사는 압축기 실속이 발생하면 이를 회복하기 위해서 즉시 throttle을 감소시켜 출력을 줄이고, 비행기의 받음각을 감소시켜 대기속도를 증가시켜야 한다.

다. 추력증가장치 및 역추력장치
 (1) 추력증가장치
  (가) 후기 연소기(after burner) : 배기도관 안에 연료를 분사시켜 터빈을 통과한 고온의 배기가스와 2차 연소영역에서 나온 연소 가능한 공기와 연료를 혼합한 것을 다시 연소시켜 추력을 증가시키는 장치
  (나) 물분사 장치(water injection) : 압축기 입구와 출구의 디퓨저 부분에 물이나 물-알코올의 혼합액을 분사함으로써 이륙할 때 추력을 증가시키는 장치
 (2) 역추력장치(thrust reverser)
  배기가스를 항공기의 앞쪽 방향으로 분사시킴으로써 항공기에 제동력을 주는 장치로서 착륙 후의 비행기 제동에 사용된다. 일반적으로 착륙할 때 접지 후 역추력장치를 작동시켜 150~110 km/h 정도까지 항공기를 감속하고, 역추력장치를 원상태로 돌린 이후 휠 브레이크(wheel brake)를 사용하는 조작이 이루어진다.

제2절 왕복엔진(Reciprocating Engine)

1. 왕복엔진의 구조
 가. 연료계통
  (1) 기화기(carburetor)
   (가) 부자식 기화기(float type carburetor)
    부자식 기화기는 부자실(float chamber)에 작용하는 대기압과 벤튜리(venturi) 목 부분에 작용하는 압력의 차이에 의해 방출노즐로부터 연료가 분사된다. 이 기화기는 구조가 간단하고 비행자세의 영향이 크며, 기화기에 결빙이 발생하기 쉽기 때문에 주로 소형 항공기에 이용된다.
   (나) 압력 분사식 기화기(pressure injection carburetor)
    연료펌프에 의해서 가압된 연료를 기화기의 스로틀 밸브(throttle valve) 뒷부분 또는 과급기의 입구에 분사노즐로써 분사시킨다.
    벤튜리의 저항이 작고 기화기의 결빙현상이 거의 없으며, 연료의 분무화와 혼합비의 조정이 용이하다. 그러나 혼합가스를 각 실린더로 항상 같은 혼합비로 분배해야 하는 문제는 남아 있다.
   (다) 직접 연료 분사장치(fuel injection system)
    주조정장치에서 조절된 연료를 연료 분사펌프로 유도하여 높은 압력으로 각 실린더의 연소실 안에 직접 분사하거나 흡입구에 분사한다.
    결빙의 위험이 없고, 연료 흐름이 양호하여 시동성능이 좋으며, 연료 분배가 양호하여 혼합비 조절 불량으로 인한 일부 실린더의 과열현상이 없다. 추운 날씨에도 시동이 용이하나, hot engine의 시동에는 어려움이 있다.
  (2) 이상 연소 현상
   (가) 디토네이션(detonation)
    디토네이션은 점화된 혼합가스가 팽창하면서 아직 연소되지 않은 부분에 고온 고압을 전달하여 자연 발화온도로 올려줌으로써 많은 양의 미연소 가스가 동시에 자연 발화하는 현상이다. 디토네이션이 발생하면 폭발적인 연소에 의해 생긴 충격파가 엔진 진동을 일으키고, 실린더 내부의

온도가 급격히 상승하며 피스톤, 밸브 및 커넥팅 로드 등이 손상을 받기도 한다.

디토네이션을 발생시키는 과도한 온도와 압력의 원인으로는 낮은 등급의 연료 사용, 실린더 내의 높은 압력, 혼합비가 너무 희박할 때, 압축비가 너무 높을 때 등을 들 수 있다.

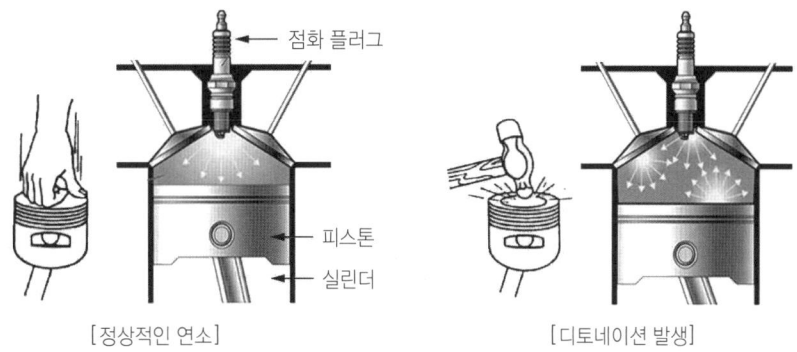

그림 2-10. 디토네이션(Detonation)

(나) 조기점화(preignition)

조기점화는 정상적인 불꽃 점화가 일어나기 전에 밸브, 피스톤, 점화 플러그와 같이 뜨거운 부품에 의해 비정상적인 점화가 일어나는 현상이다.

나. 흡입계통

(1) 과급기(supercharger)

(가) 내부 구동식 과급기(internal supercharger)

내부 구동식 과급기는 주로 고출력 성형엔진에서 사용된다. 과급기는 크랭크 축에 직접 연결되어 있으며 크랭크 축으로부터 기어열(gear train)을 통하여 구동된다.

(나) 외부 구동식 과급기(external supercharger)

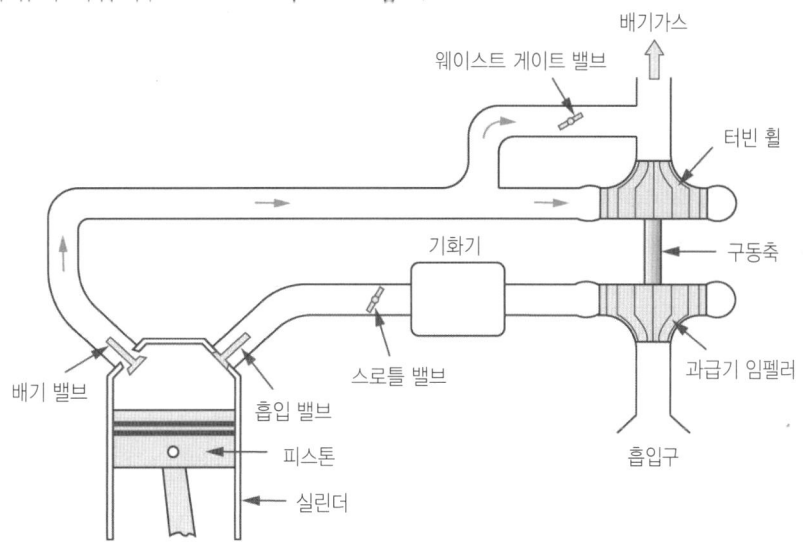

그림 2-11. 외부 구동식 과급기(External supercharger)

외부 구동식 과급기는 엔진의 기화기나 연료조절장치의 입구로 압축된 공기를 공급하도록 설계되어 있다. 엔진 배기가스의 동력으로 구동되는 외부 구동식 과급기는 유입 공기를 압축시키는 임펠러(impeller)를 터빈이 직접 구동시킨다. 이러한 이유 때문에 외부 구동식 과급기를 터보슈퍼차저(turbosupercharger) 또는 터보차저(turbocharger)라고 부른다.

배기가스에 의해서 회전되는 터빈 휠(turbine wheel)은 과급기 임펠러를 구동시켜 공기를 압축시키며, 웨이스트 게이트 밸브(waste gate valve)는 터빈 휠로 흐르는 배기가스의 양을 조절해 준다. 웨이스트 게이트 밸브가 완전히 열리면 모든 배기가스는 대기로 배출되고, 흡입공기는 압축되지 않은 상태로 기화기를 거쳐 엔진 실린더로 보내진다. 반대로 웨이스트 게이트 밸브가 완전히 닫히면 배기가스가 최대로 터빈 휠로 흐르고 최대 압축이 이루어진다.

(2) 기화기 방빙

고정 피치 프로펠러 비행기에서 기화기에 결빙이 발생하면 엔진 rpm이 감소하고, 이어서 엔진 진동이 발생할 수 있다. 고정 피치 프로펠러 비행기에 결빙이 있는 경우 기화기 히터(carburetor heater)를 사용하면 rpm이 감소한 다음에, 결빙이 제거됨에 따라 점진적으로 rpm의 증가를 가져온다. 결빙이 없다면 rpm은 감소한 다음에 일정해진다.

정속 프로펠러를 장착한 비행기에서는 기화기 결빙을 매니폴드 압력(manifold pressure)의 감소를 통해 인지할 수 있으며 rpm으로는 인지할 수 없다. 정속 프로펠러에서는 조속기(governor)가 프로펠러 피치를 조정하여 기관 출력에 관계없이 항상 일정한 rpm을 유지하기 때문에 결빙이 발생해도 rpm은 변하지 않기 때문이다.

정속 프로펠러 비행기에 결빙이 있는 경우 기화기 히터(carburetor heater)를 사용하면 매니폴드 압력이 감소한 다음에, 결빙이 제거됨에 따라 점진적으로 매니폴드 압력이 증가한다.

2. 왕복엔진의 성능

가. 엔진 정격(Engine rating)
  (1) 이륙마력(take-off horsepower): 항공기가 이륙을 할 때 엔진이 낼 수 있는 최대의 마력
  (2) 정격마력(rated horsepower): 엔진을 보통 30분 정도 연속작동을 해도 아무 무리가 없는 최대마력이나, 사용 시간의 제한 없이 장시간 연속 작동을 보증할 수 있는 연속 최대마력을 말하며 이것에 의해 임계고도가 정해진다.

    임계고도란 고도의 영향 때문에 어느 고도 이상에서는 엔진이 정격마력을 낼 수 없는 고도를 말하며, 정격마력을 METO(maximum except take off horsepower)라고도 한다.
  (3) 순항마력(cruise horsepower): 항공기가 순항비행을 할 때 사용하는 마력으로 연료 소비율이 가장 작은 상태에서 얻어지는 동력

나. 작동 특성

과급기(turbocharger) 엔진에서 throttle은 항상 천천히 부드럽게 조작하여야 한다. Throttle을 급격하게 증가시키면 overboosting이 발생할 수 있다. Overboosting이란 왕복엔진에서 제작회사가 규정한 manifold 압력을 초과하는 상태를 말하며, 이러한 현상이 발생하면 엔진 구성품이 손상될 수 있다.

따라서 출력을 조절할 때는 overboosting을 방지하기 위하여 최대 manifold 압력한계를 초과하지 않도록 throttle을 주의하여 조작하여야 하며, 엔진 지시계를 주의 깊게 살펴보아야 한다.

제3절 프로펠러(Propeller)

1. 프로펠러의 구조

가. 프로펠러 깃(Propeller blade)
  (1) 깃각: 회전면과 깃의 시위선이 이루는 각
  (2) 유입각(또는 피치각): 비행속도와 깃의 선속도를 합하여 하나의 합성속도로 만든 다음 이것과 회전면이 이루는 각
  (3) 받음각: 깃각에서 유입각을 뺀 것

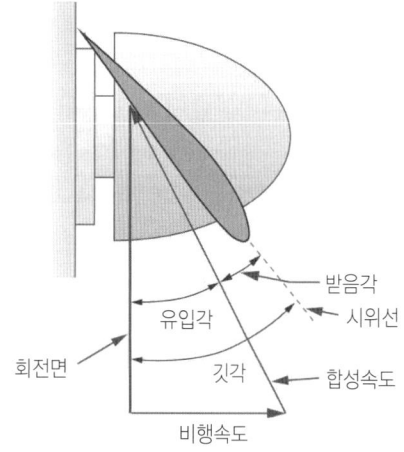

그림 2-12. 프로펠러 깃각

나. 프로펠러 피치(Propeller pitch)
  (1) 기하학적 피치(geometric pitch)
    깃을 한 바퀴 회전시켜 프로펠러가 앞으로 전진 할 수 있는 이론적인 거리로서, 깃의 전 길이에 걸쳐 기하학적 피치를 같게 하기 위해서 깃 끝으로 갈수록 깃각이 작아지도록 비틀어져 있다.
  (2) 유효 피치(effective pitch)
    공기 중에서 프로펠러가 1회전 할 때 실제로 전진하는 거리로서, 항공기의 진행거리이다.
  (3) 프로펠러의 슬립(slip)
    기하학적 피치와 유효 피치의 차이를 슬립(slip)이라고 하며, 평균 기하학적 피치의 백분율로 표시한다.

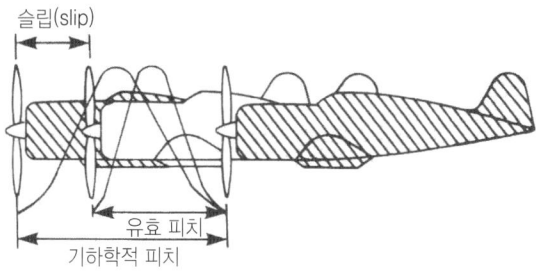

그림 2-13. 프로펠러의 슬립(slip)

2. 프로펠러의 종류

가. 고정 피치 프로펠러(Fixed-pitch propeller)
  순항속도에서 프로펠러 효율이 가장 좋도록 깃각이 하나로 고정되어 피치 변경이 불가능한 프로펠러
나. 조정 피치 프로펠러(Adjustable-pitch propeller)
  한 개 이상의 비행속도에서 최대의 효율을 얻을 수 있도록 지상에서 엔진이 작동되지 않을 때 비행 목적에 따라 피치의 조정이 가능한 프로펠러

다. 가변 피치 프로펠러(Controllable-pitch propeller)
　공중에서 비행목적에 따라 조종사에 의해 피치 변경이 가능한 프로펠러
(1) 2단 가변 프로펠러: 조종사가 저피치와 고피치인 2개의 위치만을 선택할 수 있는 프로펠러
(2) 정속 프로펠러(constant-speed propeller)
　(가) 피치 변경
　　　비행 중이나 엔진 작동 상태에서 유압이나 전기 또는 기계적 장치에 의해서 피치를 변경한다. 이륙 시 최대 허용 rpm과 출력을 얻을 수 있도록 깃각을 작게 맞추고, 이륙 직후에는 약간 깃각을 크게 해서 엔진 과속을 방지하고 엔진 rpm과 항공기 속도의 최상의 상승조건을 만든다. 항공기가 순항고도에 이르면 프로펠러 순항 rpm을 낮게 하여 비교적 고피치로 조정하거나, 저피치로 조정하여 순항 rpm을 높이고 속도를 크게 조정할 수 있다.
　(나) 출력 조절
　　　정속 프로펠러 항공기는 propeller control(또는 pitch control이라고 한다)로 rpm을 변경하고, throttle로 연료량과 매니폴드 압력(manifold pressure)을 변경하여 출력을 조절한다. 출력을 조절할 때 매니폴드 압력이 제작회사가 규정한 권고치보다 높아질 경우 큰 실린더 압력이 유발되고 엔진 구성품이 손상될 수 있다.
　　　이를 방지하기 위하여 출력을 증가시킬 때는 먼저 propeller control로 rpm을 증가시킨 다음, throttle로 원하는 만큼 매니폴드 압력을 증가시켜야 한다. 출력을 감소시킬 때는 반대로 throttle로 매니폴드 압력을 감소시킨 다음 propeller control로 rpm을 감소시켜야 한다.

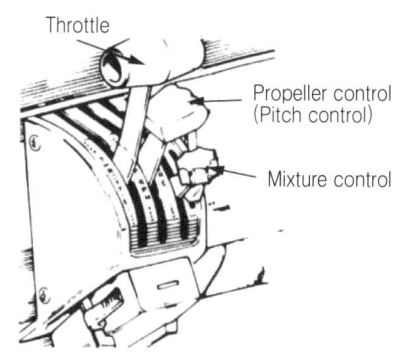

그림 2-14. 정속 프로펠러 controller

(3) 페더링 프로펠러(feathering propeller)
　　비행 중 엔진에 고장이 발생되었을 때 정지된 프로펠러에 의한 공기 저항을 감소시키고, 프로펠러 회전에 따른 엔진의 고장 확대를 방지하기 위해서 프로펠러 깃을 비행방향과 평행이 되도록 피치를 변경시킬 수 있는 프로펠러
(4) 역피치 프로펠러(reverse-pitch propeller)
　　착륙 후 프로펠러를 역피치로 하여 착륙거리를 단축시킬 수 있는 프로펠러

3. 프로펠러의 성능
가. 프로펠러 효율(Propeller efficiency)
　　항공기의 추력으로 소비된 동력을 마력 단위로 환산한 것을 추력마력(thrust horsepower)이라고

한다. 엔진은 크랭크 축에서 나오는 제동마력(brake horsepower)을 회전축을 통하여 프로펠러에 공급하고, 프로펠러는 추력마력으로 변환시킨다. 이 변환 과정에서 약간의 동력이 손실된다. 프로펠러의 효율은 엔진으로부터 프로펠러에 전달된 입력출력에 대한 유효출력의 비이기 때문에, 프로펠러 효율(η_p)은 제동마력에 대한 추력마력의 비로 구할 수 있다.

$$\eta_p = \frac{추력마력}{제동마력}$$

나. 진행률(Advance ratio)

프로펠러 1회전 원주거리에 대한 항공기의 실제 진행거리와의 비를 진행률이라고 하는데 J로 표시되며, 깃의 선속도에 대한 비행속도와의 관계를 나타낸다. 비행속도를 V, 프로펠러 회전수를 n, 그리고 프로펠러 직경을 D라고 하면 진행률을 구하는 식은 다음과 같다.

$$진행률(J) = \frac{V}{nD}$$

프로펠러 효율은 진행률에 따라 결정되며, 진행률이 작을 때는 속도가 느리므로 깃각을 작게 하고, 비행속도가 빨라짐에 따라 깃각을 크게 하면 비행속도에 따라 프로펠러 효율을 좋게 유지할 수 있다. 따라서 이륙하거나 상승할 때는 속도가 느리므로 깃각을 작게 하고, 비행속도가 빨라짐에 따라 깃각을 크게 하여야 한다.

출제예상문제

Ⅰ. 가스터빈엔진

【문제】1. 많은 양의 공기를 유입하여 비교적 느린 속도로 분사시켜 추력을 얻는 가스터빈엔진은?
① 터보프롭 엔진　　　　　　　② 터보제트 엔진
③ 터보팬 엔진　　　　　　　　④ 터보샤프트 엔진

【문제】2. Turbo fan engine에서 제일 앞의 fan을 구동시키는 것은?
① N_1　　　② N_2　　　③ 소형 압축기　　　④ 대형 압축기

【문제】3. Turboprop engine의 장점이 아닌 것은?
① Light weight
② Minimum vibration
③ Simplicity of operation
④ Efficiency increases as airspeed increases.

【문제】4. 터보프롭 항공기의 효율성이 가장 좋은 고도는?
① 5,000 ft 이하　　　　　　　② 5,000~10,000 ft
③ 18,000~30,000 ft　　　　　④ 30,000 ft 이상

【문제】5. 다음 중 가스터빈엔진이 아닌 것은?
① 터보제트 엔진　　　　　　　② 램제트 엔진
③ 터보프롭 엔진　　　　　　　④ 터보팬 엔진

〈해설〉 가스터빈엔진(gas turbine engine)의 종류 및 특징
1. 압축기, 연소실 및 터빈을 기본 구성품으로 하는 터보제트 엔진, 터보팬 엔진, 터보프롭 엔진 및 터보샤프트 엔진을 가스터빈엔진이라고 한다.
2. 터보팬 엔진(turbo fan engine)은 터보제트 엔진에 비해 많은 양의 공기를 비교적 느린 속도로 분사시킨다.
　　Dual-spool 터보팬 엔진의 전방 압축기는 저압 압축기 또는 N_1 압축기라고 하며, 후방 압축기는 고압 압축기 또는 N_2 압축기라고 한다. 저압 압축기는 팬(fan)과 저압 터빈에 연결되어 있으며, 고압 압축기는 고압 터빈에 연결되어 있다.
3. 터보프롭 엔진(turbo prop engine)은 터보제트 엔진에 프로펠러를 장착한 형태로 대부분의 추력을 프로펠러에서 얻는다. 터보프롭 엔진의 특징은 다음과 같다.
　가. 다른 유형의 엔진에 비해 무게가 가볍고, 조작이 간편하며 진동이 적다.
　나. 단위 무게당 출력이 높다는 장점을 가지고 있으며 저속 및 중속에서 효율이 좋다. 그러나 일반적인 순항속도 범위에서 속도가 증가하면 추진효율은 감소한다.
　다. 터보프롭 엔진은 250~400 mph의 속도와 18,000~30,000 ft의 고도에서 가장 효율적이다.

[정답] 1. ③　2. ①　3. ④　4. ③　5. ②

【문제】 6. 가스터빈엔진의 3가지 주요 구성요소는?
① 흡입구, 압축기, 배기노즐
② 흡입구, 압축기, 연소실
③ 압축기, 연소실, 배기도관
④ 압축기, 연소실, 터빈

【문제】 7. 제트엔진의 추진원리는?
① 뉴턴의 1법칙   ② 뉴턴의 2법칙   ③ 뉴턴의 3법칙   ④ 뉴턴의 4법칙

〈해설〉 제트엔진의 추진원리와 가스발생기(gas generator)
1. 제트추진은 뉴턴의 운동 제3법칙, 즉 작용이 있으면 반드시 그것과 크기가 같고 방향이 반대인 반작용이 있다는 것을 응용한 것이다. 제트엔진은 압축된 고온 고압의 가스를 배기노즐을 통하여 고속으로 분사시켜 그 반작용으로 만들어진 힘으로 추진하는 엔진이다.
2. 가스터빈엔진의 3가지 주요 구성품은 압축기, 연소실 및 터빈이며 이들을 가스 발생기(gas generator) 라고 한다.

【문제】 8. 터보제트 엔진에서 가장 압력이 높은 곳은?
① 연소실   ② 터빈 노즐   ③ Fan   ④ 디퓨저

【문제】 9. 터빈엔진에서 압력이 가장 높은 곳은?
① Compressor outlet
② Compressor inlet
③ Turbine outlet
④ Combustion chamber outlet

【문제】 10. Turbojet engine 내부에서 온도가 가장 높은 곳은?
① Compressor discharge
② Burner inlet
③ Turbine inlet
④ Turbine discharge

〈해설〉 터보제트 엔진 내부를 지나는 공기의 압력 및 온도의 변화
1. 압축기와 연소실 사이에 위치하는 디퓨저(diffuser)는 확산 구조로서 공기속도를 줄이고 정압을 상승시키는 역할을 하며, 터빈 엔진에서 압력이 가장 높은 곳이다.
2. 압축기로 들어가는 공기는 압축기에서 압축되면서 온도가 서서히 증가한다. 압축기를 거친 공기는 연소실로 들어가 연소되며, 연소가스는 연소실 뒷부분에서 냉각작용을 하는 공기와 혼합되어 터빈으로 들어간다. 따라서 엔진 내부에서 온도가 가장 높은 곳은 터빈 입구(turbine inlet) 이다.

【문제】 11. 터빈엔진의 연소실에 유입된 공기의 상태는?
① 연료를 만나 연소하여 온도는 상승하고 부피는 팽창한다.
② 공기와 연료가 혼합 연소되며, 온도는 일정하고 부피만 팽창한다.
③ 유입된 전체 공기는 연료와 완전히 혼합된다.
④ 유입된 공기는 연소와 엔진 냉각에 쓰인다.

〈해설〉 압축기로부터 연소실에 들어오는 공기는 1차 공기와 2차 공기로 나누어지는데, 1차 공기는 20~30% 정도를 차지하며 연소에 사용된다. 연소되지 않은 70~80%의 2차 공기는 연소실 뒤쪽으로 공급되어 연소된 1차 공기와 혼합됨으로써 연소실 출구온도를 터빈 입구온도에 적합하도록 균일하게 낮추어주는 냉각 역할을 한다.

정답   6. ④   7. ③   8. ④   9. ①   10. ③   11. ④

【문제】 12. 높은 대기온도는 터빈엔진의 성능에 어떤 영향을 미치는가?
① 공기밀도가 감소하기 때문에 엔진 성능은 저하한다.
② 뜨거운 공기로부터 더 많은 열 에너지를 얻기 때문에 엔진 성능은 증가한다.
③ 엔진 성능은 일정하지만, 터빈온도는 상승한다.
④ 희박한 공기밀도로 항공기의 효율이 더 좋아지기 때문에 엔진 성능은 증가한다.

【문제】 13. 습도가 높을 때 항공기 성능은?
① 수증기는 공기보다 무거우므로 항공기 성능은 좋아진다.
② 수증기는 공기보다 가벼우므로 항공기 성능은 좋아진다.
③ 수증기는 공기보다 무서우므로 항공기 성능은 나빠진다.
④ 수증기는 공기보다 가벼우므로 항공기 성능은 나빠진다.

【문제】 14. 습도가 증가할 때 가스터빈기관의 추력은?
① 추력은 변하지 않는다.
② 추력은 모든 고도에서 증가한다.
③ 추력은 모든 고도에서 감소한다.
④ 해면상에서는 영향이 없으나, 높은 고도에서는 추력이 증가한다.

【문제】 15. 이륙성능과 상승성능을 감소시키는 요소만으로 짝지어진 것은?
① 높은 온도, 높은 상대습도　　② 낮은 온도, 높은 상대습도
③ 높은 온도, 낮은 상대습도　　④ 낮은 온도, 낮은 상대습도

【문제】 16. 항공기의 이륙성능과 상승성능을 감소시키는 요소만으로 이루어진 것은?
① 높은 온도, 낮은 습도, 낮은 밀도고도　　② 높은 온도, 높은 습도, 낮은 밀도고도
③ 낮은 온도, 높은 습도, 높은 밀도고도　　④ 높은 온도, 높은 습도, 높은 밀도고도

〈해설〉 추력에 영향을 미치는 요소는 다음과 같다.
　1. 온도 : 대기의 온도가 증가하면 밀도가 감소하여 추력은 감소한다.
　2. 습도 : 수증기 비율이 커지면 공기의 평균 분자량이 작아지게 되고 무게도 가벼워진다. 공기 중의 수분의 양이 증가할수록 공기의 밀도는 감소하며, 따라서 추력은 감소한다.
　3. 밀도고도 : 밀도고도가 증가할수록 밀도는 감소하며 추력은 감소한다.

【문제】 17. 가스터빈엔진의 출력을 정확히 나타내는 것은?
① N_1　　② EPR　　③ EGT　　④ RPM

【문제】 18. 터보제트엔진의 추력은 무엇으로 확인할 수 있는가?
① rpm　　② EGT　　③ EPR　　④ N_1

〈해설〉 기관 압력비(EPR ; Engine Pressure Ratio)란 압축기 입구 전압력과 터빈 출구 전압력의 비를 말하며, 기관 압력비는 보통 추력에 직접 비례한다.

정답　12. ①　13. ④　14. ③　15. ①　16. ④　17. ②　18. ③

【문제】19. 터빈엔진 시동 시 hung start 란?
　　① 연료는 공급되었으나 점화가 되지 않은 상태
　　② 점화는 되었지만 idle speed까지 상승하지 않은 상태
　　③ Idle speed에 도달하였으나 EGT가 규정치를 초과한 상태
　　④ Starter가 engine speed를 상승시키지 못하는 상태
〈해설〉 가스터빈엔진 시동 중 시동이 시작된 다음 엔진의 회전수가 완속 회전수(idle rpm) 이상 증가하지 않고 이보다 낮은 회전수에 머물러 있는 현상을 결핍 시동(false 또는 hung start)이라고 한다.

【문제】20. Compressor stall 시 회복방법으로 적합한 것은?
　　① Power를 늘리고, 비행기의 받음각을 감소시켜 속도를 증가시킨다.
　　② Power를 늘리고, 비행기의 받음각을 증가시켜 속도를 감소시킨다.
　　③ Power를 줄이고, 비행기의 받음각을 감소시켜 속도를 증가시킨다.
　　④ Power를 줄이고, 비행기의 받음각을 증가시켜 속도를 감소시킨다.
〈해설〉 기관을 가속할 때 연료의 흐름이 너무 많으면 압축기 출구 압력(연소실 압력)이 높아져 흡입공기의 속도가 감소하게 되고, rotor blade의 받음각이 커져 실속이 발생할 수 있다. 따라서 조종사는 압축기 실속이 발생하면 이를 회복하기 위해서 즉시 throttle을 감소시켜 power를 줄이고, 비행기의 받음각을 감소시켜 대기속도를 증가시켜야 한다.

【문제】21. 가스터빈엔진의 추력을 증가시키는 장치는?
　　① After burner, Water injection
　　② After burner, Noise suppression
　　③ Thrust reverser, Water injection
　　④ Thrust reverser, Noise suppression
〈해설〉 가스터빈엔진의 추력증가장치는 다음과 같다.
　1. 후기 연소기(after burner) : 배기도관 안에 연료를 분사시켜 터빈을 통과한 고온의 배기가스와 2차 연소영역에서 나온 연소 가능한 공기와 연료를 혼합한 것을 다시 연소시켜 추력을 증가시키는 장치
　2. 물분사 장치(water injection) : 압축기 입구와 출구의 디퓨저 부분에 물이나 물-알코올의 혼합액을 분사함으로써 이륙할 때 추력을 증가시키는 장치

【문제】22. 착륙거리를 감소시키기 위한 thrust reverser는 언제 사용하여야 하는가?
　　① 접지 직후　　　　　　　　② 접지 직전
　　③ 제동장치 사용 직전　　　　④ 제동장치 사용 직후
〈해설〉 역추력 장치(thrust reverser)는 엔진 배기가스의 분출 방향을 역방향으로 변경하여 기체의 제동력을 얻는 장치이다. 일반적으로 착륙할 때 접지 후 역추력 장치를 작동시켜 150~110 km/h 정도까지 항공기를 감속하고, 역추력 장치를 원상태로 돌린 이후 휠 브레이크(wheel brake)를 사용하는 조작이 이루어진다.

정답　19. ②　20. ③　21. ①　22. ①

Ⅱ. 왕복엔진

【문제】 1. Float-type carburetor system에 비해 fuel injection system의 장점이 아닌 것은?
① easier hot-engine starts
② better fuel distribution to the cylinders
③ better fuel flow
④ easier cold weather starts

〈해설〉 직접 연료 분사장치(fuel injection system)의 특징은 다음과 같다.
  1. 결빙의 위험이 없고, 연료흐름이 양호하여 시동성능이 좋으며, 연료분배가 양호하여 혼합비 조절 불량으로 인한 일부 실린더의 과열현상이 없다.
  2. 추운 날씨에도 시동이 용이하나, hot engine의 시동에는 어려움이 있다.

【문제】 2. Detonation이 발생하는 원인이 아닌 것은?
① 낮은 등급의 연료 사용
② 실린더 내의 높은 압력
③ 실린더 내의 남은 연료
④ 마그네토의 늦은 점화

【문제】 3. 다음 중 detonation이 발생할 수 있는 원인은?
① 추천되는 연료보다 낮은 등급의 연료 사용
② 농후한 혼합비
③ 낮은 엔진 온도
④ 실린더 내의 carbon 산화물

【문제】 4. 다음 중 detonation의 발생 원인은?
① 농후한 혼합비
② 낮은 매니폴드 압력
③ 추천되는 연료보다 높은 등급의 연료 사용
④ 높은 RPM

〈해설〉 디토네이션(detonation)을 발생시키는 과도한 온도와 압력의 원인으로는 낮은 등급의 연료 사용, 실린더 내의 높은 압력, 혼합비가 너무 희박할 때 및 압축비가 너무 높을 때 등을 들 수 있다.

【문제】 5. Turbocharger에서 exhaust gas discharge를 control하는 장치는?
① Turbine wheel
② Pressure controller
③ Waste gate
④ Throttle

【문제】 6. Turbocharger 왕복엔진에서 waste gate의 역할은?
① 배기가스의 양 제어
② Supercharger 기어비(gear ratio) 제어
③ 스로틀 위치 제어
④ 연료-공기 혼합비 제어

정답 1. ① 2. ④ 3. ① 4. ④ 5. ③ 6. ①

〈해설〉 Turbocharger에서 웨이스트 게이트(waste gate)는 터빈으로 향하는 배기가스의 양을 조절하여 로터(터빈과 임펠러)의 회전속도를 조절한다. 웨이스트 게이트가 완전히 닫히면 모든 배기가스가 터빈으로 보내지게 된다. 웨이스트 게이트가 부분적으로 닫혀 있으면 일부분의 배기가스만 터빈으로 향하게 된다. 웨이스트 게이트가 완전히 열렸을 때는 거의 모든 배기가스는 압력 상승 없이 외부로 배출된다.

【문제】7. 고정 피치 프로펠러에서 carburetor에 icing이 생기면 rpm은?
① 감소한다.
② 증가한다.
③ 처음에 감소하다 증가한다.
④ 처음에 증가하다 감소한다.

【문제】8. Fixed-pitch propeller에서 carburetor ice를 제거하기 위해 carburetor heater 작동 시 나타나는 현상은?
① RPM이 증가하다가 점차 감소한다.
② RPM이 감소한 다음에 일정해진다.
③ RPM이 증가한 다음에 일정해진다.
④ RPM이 감소하다가 점차 증가한다.

〈해설〉 고정 피치 프로펠러 비행기에서 기화기에 결빙이 발생하면 먼저 엔진 rpm이 감소하고, 이어서 엔진 진동이 발생할 수 있다. 고정 피치 프로펠러 비행기에 결빙이 있는 경우, carburetor heater를 사용한다면 rpm이 감소한 다음에 결빙이 제거됨에 따라 점진적으로 rpm의 증가를 가져온다. 결빙이 없다면 rpm은 감소한 다음에 일정해진다.

【문제】9. 왕복 발동기를 최대동력으로 장시간 연속 사용할 수 있는 동력은?
① 정격동력   ② 지시동력   ③ 이용동력   ④ 필요동력

〈해설〉 정격마력(rated horsepower)이란 엔진을 보통 30분 정도 연속작동을 해도 아무 무리가 없는 최대마력이나, 사용 시간의 제한 없이 장시간 연속 작동을 보증할 수 있는 연속 최대마력을 말한다.

【문제】10. 왕복엔진에서 throttle을 급격히 증가 시 발생할 수 있는 현상은?
① Spool
② Overshooting
③ Overboosting
④ Mushing

〈해설〉 Throttle을 급격하게 증가시키면 overboosting이 발생할 수 있다. Overboosting이란 왕복엔진에서 제작회사가 규정한 manifold 압력을 초과하는 상태를 말하며, 이러한 현상이 발생하면 엔진 구성품이 손상될 수 있다.

Ⅲ. 프로펠러(Propeller)

【문제】1. 프로펠러의 깃각이 깃 끝으로 갈수록 작아지도록 비틀어져 있는 이유는?
① 프로펠러 hub 근처의 깃 부분이 실속되는 것을 방지하기 위하여
② 더 큰 응력(stress)에 견딜 수 있도록 하기 위하여
③ 프로펠러 깃의 전 길이에 걸쳐 비교적 일정한 받음각을 얻기 위하여
④ 프로펠러 깃의 전 길이에 걸쳐 비교적 일정한 붙임각을 얻기 위하여

정답 7. ①   8. ④   9. ①   10. ③   /   1. ③

【문제】2. 프로펠러의 깃각이 허브에서 깃 끝으로 갈수록 달라지는 이유는?
　① 더 큰 기계적 응력(stress)에 견딜 수 있도록 하기 위하여
　② 깃의 바깥쪽에서 더 큰 양력을 발생시키기 위해서
　③ 깃의 안쪽에서 더 큰 양력을 발생시키기 위해서
　④ 프로펠러 깃의 전 길이에 걸쳐 동일한 양력을 발생시키기 위해

【문제】3. 프로펠러 깃의 안쪽보다 바깥쪽의 받음각을 작게 만드는 이유는?
　① 더 큰 기계적 응력(stress)에 견딜 수 있도록 하기 위하여
　② 프로펠러 깃의 전 길이에 걸쳐 동일한 양력을 발생시키기 위해
　③ 깃의 안쪽에서 더 큰 양력을 발생시키기 위해서
　④ 깃의 바깥쪽에서 더 큰 양력을 발생시키기 위해서

【문제】4. 프로펠러가 한 번 회전할 때 앞으로 나아갈 수 있는 이론적인 거리는?
　① Blade pitch　　　　　　　② Geometric pitch
　③ Effective pitch　　　　　　④ Relative pitch

【문제】5. 프로펠러가 한 번 회전할 때 앞으로 전진하는 실제 거리는?
　① Geometric pitch　　　　　② Relative pitch
　③ Effective pitch　　　　　　④ Resultant pitch

【문제】6. Propeller slip 이란?
　① 프로펠러 깃의 선속도와 항공기 전진속도의 차이
　② 프로펠러의 geometric pitch와 effective pitch의 차이
　③ 프로펠러의 geometric pitch와 받음각의 차이
　④ 프로펠러의 깃각과 받음각의 차이

〈해설〉 프로펠러 피치(Propeller pitch)
　1. 기하학적 피치(geometric pitch) : 깃을 한 바퀴 회전시켜 프로펠러가 앞으로 전진 할 수 있는 이론적 거리를 말한다. 깃의 전 길이에 걸쳐 비교적 일정한 받음각이 얻어지도록, 즉 기하학적 피치를 같게 하기 위해서 깃 끝으로 갈수록 깃각이 작아지도록 비틀어져 있다.
　2. 유효피치(effective pitch) : 공기 중에서 프로펠러가 1회전 할 때 실제로 전진하는 거리
　3. 프로펠러의 슬립(slip) : 기하학적 피치와 유효피치의 차이

【문제】7. Constant speed propeller에 대한 설명으로 맞는 것은?
　① 조종사가 pitch를 변경하지 않아도 governor에 의하여 자동적으로 propeller의 회전수를 항상 일정하게 유지한다.
　② 조종사가 pitch를 변경하여 propeller의 회전수를 항상 일정하게 유지한다.
　③ 조종사가 governor에 의하여 수동적으로 propeller의 회전수를 일정하게 유지한다.
　④ Governor의 자동조절에 의해 고도만 선정되면 propeller는 그 고도를 유지시키는 일정 속도의 회전을 계속한다.

정답　2. ④　3. ②　4. ②　5. ③　6. ②　7. ①

【문제】8. 조정 피치 프로펠러에 대한 설명으로 맞는 것은?
① 지상에서 엔진이 작동하지 않을 때 비행목적에 따라 피치의 조정이 가능하다.
② 비행 중 공중에서 비행속도에 알맞도록 조종사에 의해 피치의 조정이 가능하다.
③ 조종사가 저피치와 고피치의 2개의 위치만을 선택할 수 있다.
④ 비행속도나 기관출력의 변화에 관계없이 프로펠러를 항상 일정한 속도로 유지한다.

〈해설〉 프로펠러의 종류
  1. 정속 프로펠러(constant-speed propeller) : 비행속도나 기관출력의 변화에 관계없이 프로펠러를 항상 일정한 속도로 유지하여 가장 좋은 프로펠러 효율을 가지도록 한다.
  2. 조정 피치 프로펠러 : 한 개 이상의 비행속도에서 최대의 효율을 얻을 수 있도록 지상에서 엔진이 작동되지 않을 때 비행목적에 따라 피치의 조정이 가능한 프로펠러

【문제】9. 최대의 동력과 출력을 얻기 위해 constant-speed propeller의 깃각은 어떻게 setting 하여야 하는가?
① 큰 받음각과 낮은 RPM
② 작은 받음각과 높은 RPM
③ 큰 받음각과 높은 RPM
④ 작은 받음각과 낮은 RPM

【문제】10. 이륙 시 최대동력과 추력을 얻기 위하여 constant speed propeller의 깃각은 어떻게 set 하여야 하는가?
① Large AOA, low RPM
② Large AOA, high RPM
③ Small AOA, high RPM
④ Small AOA, low RPM

【문제】11. Cruising altitude에서 프로펠러 효율을 증가시키기 위하여 propeller pitch 및 rpm은 어떻게 setting 하여야 하는가?
① Lower pitch, lower rpm
② Lower pitch, higher rpm
③ Higher pitch, lower rpm
④ Higher pitch, higher rpm

〈해설〉 정속 프로펠러의 피치(pitch)
  1. 이륙하는 동안 최대출력과 추력이 요구될 때, 정속 프로펠러는 작은 깃각(저피치)으로 설정된다. 작은 하중 때문에 엔진은 고회전하게 되고, 주어진 시간에 많은 양의 연료를 열 에너지로 변환하여 최대 추력을 발생시킨다. 비록 회전수당 적은 질량의 공기를 처리하지만 엔진 회전수와 프로펠러를 지나가는 후류 속도는 높고, 낮은 비행기 속도에서 추력은 최대가 된다.
  2. 이륙 후 비행기의 속도가 증가하면 정속 프로펠러의 깃각은 더 큰 각도(고피치)로 변한다. 더 큰 깃각은 회전수당 처리된 공기의 질량을 증가시키고, 엔진 회전수를 감소시켜 추력을 최대로 유지한다.

【문제】12. 터보프롭 항공기가 비행 중에 engine이 fail 되었을 때 프로펠러의 공기 저항을 최소로 하기 위한 방법은?
① Throttle을 idle 위치로 set 한다.
② Mixture control을 idle cutoff 위치로 set 한다.
③ Cowl flap을 open 한다.
④ Propeller를 feathering 시킨다.

정답 8. ① 9. ② 10. ③ 11. ③ 12. ④

【문제】 13. Turboprop 항공기 착륙 시 reverse pitch는 언제 사용해야 하는가?
① 접지 후 바로 사용한다. ② 접지하기 바로 전에 사용한다.
③ Brake를 밟기 전에 사용한다. ④ Roll-out 시 사용한다.

〈해설〉 페더링 프로펠러와 역피치 프로펠러
1. 페더링 프로펠러(feathering propeller) : 비행 중 엔진에 고장이 발생되었을 때 정지된 프로펠러에 의한 공기 저항을 감소시키고, 프로펠러의 풍차작용(wind milling)으로 엔진이 자동 회전하여 고장이 확대되는 것을 방지하기 위해서 프로펠러 깃을 비행방향과 평행이 되도록 피치를 변경시킬 수 있는 프로펠러
2. 역피치 프로펠러(reverse-pitch propeller) : 비행기의 착륙 접지 직후에 프로펠러를 역피치로 하여 추진력을 뒤쪽으로 향하게 함으로써 제동효과를 증가시켜 착륙거리를 단축시킬 수 있는 프로펠러

【문제】 14. 프로펠러 항공기의 power 증감 시의 순서로 옳은 것은?
① Power 감소 시 프로펠러 RPM을 줄이고, 그 후에 매니폴드 압력을 줄인다.
② Power 감소 시 매니폴드 압력을 증가시키고, 그 후에 프로펠러 RPM을 줄인다.
③ Power 증가 시 프로펠러 RPM을 증가시키고, 그 후에 매니폴드 압력을 증가시킨다.
④ Power 증가 시 매니폴드 압력을 증가시키고, 그 후에 프로펠러 RPM을 증가시킨다.

〈해설〉 정속 프로펠러 항공기는 propeller control(또는 pitch control이라고 한다)로 rpm을 변경하고, throttle로 연료량과 매니폴드 압력(manifold pressure)을 변경하여 출력을 조절한다.
1. 출력을 증가시킬 때 : 먼저 propeller control로 rpm을 증가시킨 다음, throttle로 원하는 만큼 매니폴드 압력을 증가시켜야 한다.
2. 출력을 감소시킬 때 : 먼저 throttle로 매니폴드 압력을 감소시킨 다음, propeller control로 rpm을 감소시켜야 한다.

【문제】 15. 프로펠러 효율(propeller efficiency) 이란?
① 제동마력에 대한 추진마력의 비율
② 프로펠러가 한 바퀴 회전할 때 실제 앞으로 나아간 거리
③ 프로펠러의 유효 피치에 대한 기하학적 피치의 비율
④ 프로펠러의 유효 피치와 기하학적 피치의 차이

【문제】 16. 밀도고도가 증가하면 프로펠러 효율은?
① 프로펠러 깃에 미치는 마찰이 적어지기 때문에 효율은 증가한다.
② 프로펠러는 낮은 밀도고도보다 높은 밀도고도에서 적은 힘을 발휘하기 때문에 효율은 감소한다.
③ 높은 밀도고도에서 공기의 밀도는 낮은 밀도고도보다 높기 때문에 효율은 증가한다.
④ 공기 밀도가 감소함에 따라 프로펠러는 큰 힘을 발휘하기 때문에 효율은 증가한다.

〈해설〉 프로펠러의 효율(propeller efficiency)
1. 프로펠러의 효율은 엔진으로부터 프로펠러에 전달된 축 동력인 제동마력에 대한 프로펠러의 출력인 추력마력(추진마력)의 비이다.
2. 프로펠러는 회전하는 프로펠러가 가속하는 공기 질량에 비례하여 추력을 생성한다. 공기 밀도가 감소(밀도고도가 증가)하면 프로펠러 효율도 감소한다.

정답 13. ① 14. ③ 15. ① 16. ②

2 항공기 계기(Aircraft Instrument)

제1절 동정압계통 계기

1. 동정압 계통(Pitot-static system) 구성

가. 동정압 계기

동정압 계기는 항공기 주위에 흐르는 공기의 압력(동압, 정압)을 측정하여 압력의 크기와 변화를 나타내주는 계기로 속도계, 고도계 및 승강계 등이 있다. 속도계는 피토관(pitot tube)에서 측정되는 공기의 전압(동압+정압)과 정압공에서 측정된 정압을 이용하여 속도를 측정하고, 고도계와 승강계는 정압공(static port)에서 측정된 공기의 정압을 이용한다.

이 밖에도 피토 정압관은 여압계통, 자동조종계통, 대기자료 컴퓨터(air data computer), 비행 기록계(flight recorder) 등과 같이 전압이나 정압이 필요한 계기에 연결된다.

나. 동정압관(Pitot-static tube)의 구성

동정압관이라 하면 피토공과 정압공이 함께 있는 것을 말하나 일반적으로 피토관은 전압 만을 수감하는 피토공 만을 가지며, 정압공은 동체 좌우에 대칭으로 설치하고 서로 연결하여 빗놀이(yawing)와 선회비행 등과 같은 원인에 의한 오차를 줄이도록 한다. 피토관은 기본적으로 층류가 흐르도록 해야 하므로 기축과 평행하게 설치하는 것이 중요하며 기수의 아랫부분 또는 앞부분, 날개의 앞전 및 수직 안정판의 앞전 등에 장착한다.

피토 정압관에는 유입된 수분 등이 배출되도록 드레인 홀(drain hole)이 마련되어 있으며, 겨울에는 제빙을 위하여 전기식 가열기(heater)가 설치되어 있다.

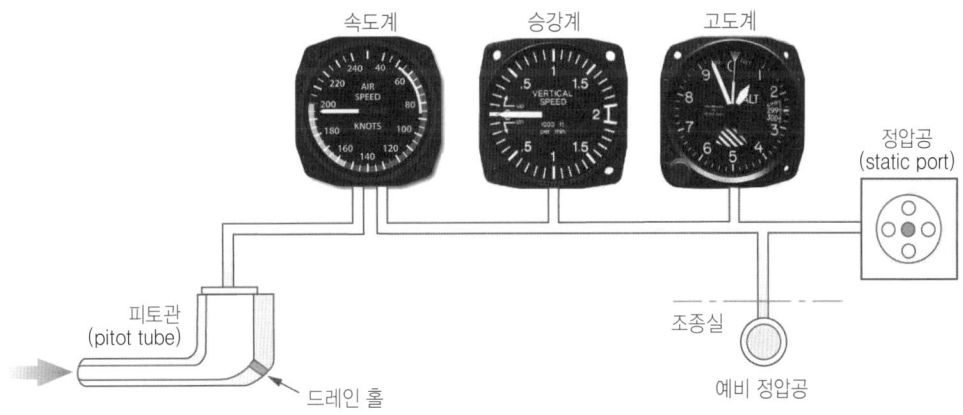

그림 2-15. 동정압 계통

다. 동정압 계통 막힘(Blockage of the pitot-static system)

(1) Pitot 계통 막힘(blocked pitot system)

Pitot tube가 막혀 있고 drain hole은 열려 있다면 ram air는 더 이상 pitot 계통으로 들어가지 못하며, 계통의 공기는 drain hole을 통해 배출되어 잔여 압력은 해당 고도의 대기압으로 감소된다. 이러한 상황에서는 전압과 정압의 차이가 없어지기 때문에 속도계의 지시값은 서서히 "0"으로

감소한다.

Pitot tube와 drain hole이 모두 막히고 static port가 막히지 않았다면 속도계는 고도계와 같은 작용을 한다. 따라서 비행기가 pitot 계통이 막힌 고도 이상으로 상승하면 속도계의 지시값은 증가하고, 강하하면 속도계의 지시값은 감소한다.

(2) Static 계통 막힘(blocked static system)

Static port가 막혔더라도 pitot tube가 막히지 않았다면 속도계는 계속 작동하지만 이 속도 지시는 정확하지 않다. 이러한 상태에서 비행기가 상승하면 대기압이 감소하여 막힌 static 계통의 정압이 해당 고도의 정압보다 높으므로, 실제 속도보다 느린 속도가 지시된다. 반대로 비행기가 강하하면 막힌 static 계통의 정압이 해당 고도의 정압보다 낮으므로 실제 속도보다 빠른 속도가 지시된다.

Static 계통이 막히면 고도계와 승강계도 영향을 받는다. Static 계통이 막혀서 정압이 변하지 않으면 고도계는 현재 고도를 지시한 채 변하지 않으며, 승강계는 계속 "0"을 지시한다.

일부 항공기는 조종실에 예비 정압공(alternate static port)을 갖추고 있다. 정압공이 막힌 경우, 예비 정압공이 열려서 항공기 외부의 정압(대기압) 대신에 조종실의 기압을 정압계통에 공급한다. 따라서 여압 항공기의 경우, 정압공이 막히거나 정압관이 깨지면 조종실의 기압을 지시하기 때문에 고도계는 실제 비행고도보다 낮게 지시한다.

(3) 속도계, 고도계 및 승강계에 대한 영향

Pitot 계통의 pitot tube나 drain hole, 또는 static 계통의 정압공(static port)이 막혔을 때 동정압 계통의 속도계, 고도계 및 승강계에 미치는 영향은 다음과 같다.

표 2-1. Pitot/Static 계통이 막혔을 때 동정압 계통의 계기 지시

계통	Pitot 계통		Static 계통	동정압 계통의 계기 지시		
	Pitot Tube	Drain Hole	Static Port	속도계	고도계	승강계
상태	Close	Open	Open	서서히 "0"으로 감소	영향 없음	영향 없음
	Close	Close	Open	수평비행 시 - 일정 상승비행 시 - 증가 강하비행 시 - 감소	영향 없음	영향 없음
	Open	Open	Close	상승비행 시 - 감소 강하비행 시 - 증가	고정	"0" 지시

2. 고도계

가. 기압 고도계(Barometric altimeter)

그림 2-16. 기압 고도계

일반적으로 말하는 고도계는 기압을 측정하여 간접적으로 고도를 알게 되는 것이므로, 일종의 기압계이다.

기압 고도계(barometric altimeter)는 비행하고 있는 항공기 주위의 정압(static pressure)을 측정하여 고도계의 기압계 창(altimeter setting window)에 맞추어진 기압면으로부터 항공기까지의 높이를 feet나 meter로 나타내는 계기이다.

나. 고도의 종류

항공기의 고도는 아래 그림 2-17과 같이 구분할 수 있는데, 해면상에서부터의 고도를 진고도(true altitude), 항공기로부터 그 당시의 지표면까지의 고도를 절대고도(absolute altitude), 기압 표준선, 즉 표준대기압 해면(29.92 inHg)으로부터의 고도를 기압고도(pressure altitude)라 한다. 또 이외에도 표준대기의 밀도에 상당하는 고도를 나타내는 밀도고도(density altitude) 등이 있다.

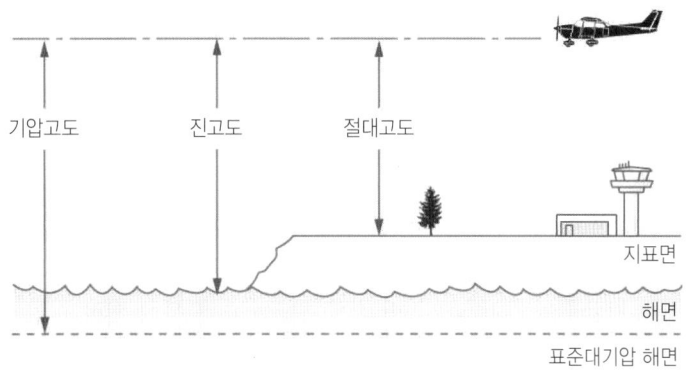

그림 2-17. 고도의 종류

다. 고도계 오차

기압 고도계(pressure altimeter)는 표준대기(ISA: International Standard Atmosphere) 조건 하에서 진고도(true altitude)를 지시하며, 표준대기 상태일 때 기압고도, 진고도와 밀도고도는 같아진다.

(1) 기압의 영향

고기압 지역에서 저기압 지역으로 비행할 때 항공기는 고도계가 지시하는 고도보다 지표면에 더 근접해 있을 것이다. 즉 기압이 낮아질 때 실제 고도계수정치를 설정할 수 없다면 항공기의 진고도는 지시고도보다 낮아진다. 고도계수정치 1 in의 오차는 고도 1,000 ft의 오차를 발생시킨다.

(2) 기온의 영향

낮은 기온으로 인한 오차는 낮은 기압으로 인한 오차와 동일한 결과를 가져온다. 외기온도가 표준 대기온도보다 낮으면 진고도는 지시고도(또는 기압고도)보다 낮아지고, 높으면 진고도는 지시고도(또는 기압고도)보다 높아진다.

기온이 표준대기온도보다 높으면 공기는 팽창되어 밀도는 희박해지고 밀도고도는 기압고도보다 높아진다. 반대로 기온이 표준대기온도보다 낮으면 밀도는 농후해지고 밀도고도는 기압고도보다 낮아진다.

3. 속도계

가. 대기속도계(Airspeed indicator)

대기속도계는 대기에 대한 상대속도, 즉 대기속도를 지시하는 계기로서 대기가 정지하고 있을 때는 지면에서의 속도와 같다. 속도계는 동압을 측정하여 이것을 베르누이의 정리를 이용하여 속도로 환산하여 항공기의 속도를 지시하는 것이다.

일반적으로 사용하는 피토 정압식 속도계에서 피토관(pitot tube)은 공기의 운동 에너지에 상당하는 전압을 받게 되는데, 이것을 피토압이라고도 한다. 정압공에는 정압이 작용되며, 이때 전압과 정압의 차이는 동압이 된다.

따라서 대기속도계의 공함에는 동압이 가해지고 동압은 유속의 제곱에 비례하므로, 압력 눈금 대신에 환산된 속도 눈금으로 표시하면 대기속도가 측정된다. 이때의 속도를 지시대기속도(indicated air speed : IAS)라 한다.

나. 속도의 종류

여러 속도들을 간추려 도식화하면 다음과 같다.

(1) 지시대기속도(indicated air speed; IAS) : 속도계에 표시되는 계기속도로서 일정한 고도를 유지한다고 가정했을 때, IAS는 엔진에서 발생되는 추력의 크기에 비례한다.

속도계는 동정압관의 장착 위치 및 계기 자체의 오차 등에 의한 오차가 있을 수 있다. 또 항공기 주의의 공기 흐름은 일정하게 흐르지 못하고 흐트러지게 된다. 그러므로 이러한 공기 흐름 등에 의해서도 오차가 있을 수 있다. 이와 같은 오차를 포함한 지시값을 지시대기속도(IAS)라고 한다.

(2) 수정대기속도(calibrated air speed; CAS) : 지시대기속도에서 전압, 정압 계통의 장착 위치 및 계기 자체의 오차를 수정한 것을 수정대기속도(CAS)라고 한다.

(3) 등가대기속도(equivalent air speed; EAS) : 수정대기속도에 공기의 압축성 효과를 고려한 것을 등가대기속도(EAS)라고 한다.

(4) 진대기속도(True air speed; TAS) : 눈금은 표준대기 고도의 공기 밀도를 이용하여 만들어져 있다. 그런데 실제로 항공기는 해면상 만을 비행하는 것이 아니고 수시로 고도를 달리하므로, 등가대기속도에서 공기의 밀도(외기온도)를 보정한 것을 진대기속도(TAS)라고 한다.

다. 속도계의 색표지(Color marking)

그림 2-18. 대기속도계

(1) 적색 방사선(red radiation) : 최대 및 최소 운용한계(operating limit)를 나타낸다.

(2) 황색 호선(yellow arc) : 경고 내지 경고 범위, 안전 운용 범위와 초과금지 사이의 경계와 경고 범위를 나타낸다.

(3) 녹색 호선(green arc) : 안전 운용 범위, 즉 계속 운전 범위를 나타내는 것으로서, 순항 운용 범위

를 의미한다.
   (가) 녹색 호선의 하한(V_{S1}) : 특정 configuration에서의 실속속도 또는 최소비행유지속도(minimum steady flight speed). 대부분 비행기의 경우, 이것은 최대착륙중량 시 clean configuration(접을 수 있다면 gear 올림, flap 올림)에서의 무동력 실속속도이다.
   (나) 녹색 호선의 상한(V_{NO}) : 구조면에서 본 최대순항속도로 항공기에 구조적 손상을 끼치지 않는 최대속도이다.
  (4) 백색 호선(white arc) : 대기속도계에서 플랩 조작에 따른 항공기의 속도 범위를 나타내는 것으로서, 최대착륙중량 시의 실속속도에서 플랩을 내릴 수 있는 최대속도까지의 범위를 표시한다.

4. 승강계(Vertical speed indicator)

항공기의 수직 방향의 속도, 즉 상승률 또는 하강율을 분당 feet로 지시하는 계기이다. 승강계는 일종의 차압계로 아네로이드(aneroid)에 작은 구멍을 뚫어 고도 변화에 의한 기압의 변화율을 측정함으로써 항공기의 승강률을 나타낸다.

그림 2-19. 승강계

제2절 자기 컴퍼스(Magnetic Compass)

1. 자기 컴퍼스 일반

항공기용 자기 컴퍼스는 영구자석의 지자기 탐지 특성을 이용한 것으로, 컴퍼스 카드(compass card)에 2개의 막대자석을 붙인 것을 사용한다. 이것은 지자기의 남북 방향을 감지하여 기수 방위가 사북으로부터 몇 도인가를 지시하는 것인데, 막대자석을 붙인 컴퍼스 카드를 피벗(pivot)과 베어링으로 받쳐 자유롭게 회전하도록 한 다음 케이스에 고정된 기준선(lubber line)으로 방위를 읽는다.

2. 자기 컴퍼스의 동적오차

가. 북선 오차(Northern turning error)

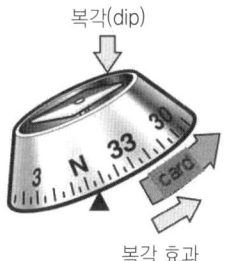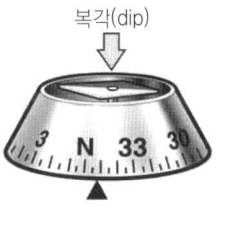

그림 2-20. 북선 오차

자기 컴퍼스는 복각에 관계없이 컴퍼스 카드가 수평으로 유지되도록 컴퍼스 카드의 무게중심이 지지점보다 아래로 오도록 되어 있다. 그런데 컴퍼스 카드의 지지점인 중심과 무게중심이 일치하지 않은 경우, 항공기가 북진하고 있는 상태에서 동쪽 또는 서쪽으로 선회하게 되면 컴퍼스 카드는 항공기의 선회방향과 같은 방향으로 회전하게 되므로 선회 중에는 적게 지시하고 선회가 끝나면 많이 선회한 것으로 나타난다.

이러한 오차는 선회 때 어느 방위에서도 나타나지만 북진하다가 동 또는 서로 선회할 때 오차가 가장 크므로 북선 오차라 하며, 선회할 때에 나타난다고 하여 선회 오차라고도 한다.

나. 가속도 오차(Acceleration 또는 Deceleration error)

항공기가 가속도 비행 시에 나타나는 지시오차로서, 컴퍼스 카드의 지지점과 무게중심의 불일치 및 지자기의 복각에 의하여 발생되는 것이다.

자기 컴퍼스의 가속도 오차는 북반구에서 기수가 동서의 진로에서 최대로 나타나며, 가속할 때는 북으로 가려는 오차가 생기고 감속할 때는 남으로 가려는 오차가 발생하는데 남북방향에서는 이러한 오차가 거의 나타나지 않으므로 동서 오차라고도 한다. 남반구에서는 컴퍼스 카드의 가속도 오차가 북반구와 반대로 발생한다.

가속도 오차는 수정방법이 없고 속도가 안정되면 오차는 없어진다.

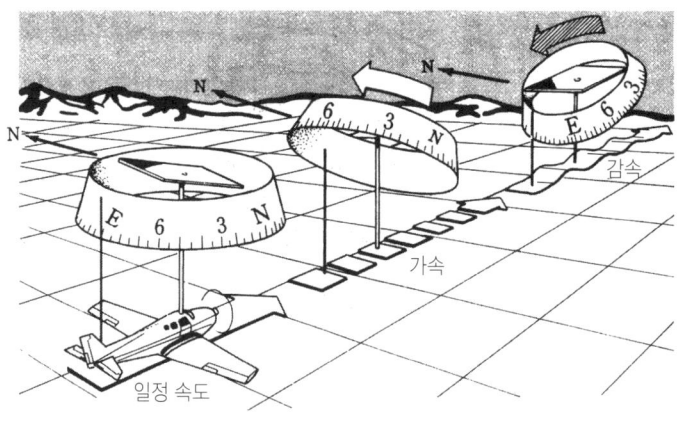

그림 2-21. 가속도 오차

제3절 자이로 계기(Gyroscopic Instrument)

1. 자이로 계기 일반

자이로 계기는 자이로의 강직성과 섭동성을 이용하여 항공기의 기수 방위, 항공기의 분당 선회량 및 항공기의 자세를 나타내는 계기이다.

가. 선회 경사계(Turn and bank indicator)

선회 경사계는 1개의 케이스 안에 선회계와 경사계가 들어 있는 계기인데, 이 중에서 선회계 만이 자이로를 이용한 계기이다.

나. 방향 자이로 지시계(Directional gyro indicator)

방향 자이로 지시계는 자기 컴퍼스의 지시오차 등에 의한 불편을 없애기 위하여 개발된 것으로서, 자이로의 강직성을 이용하여 항공기의 기수방위와 선회비행을 할 때 정확한 선회각을 지시하는 계기이다.

다. 자이로 수평 지시계(Gyro horizon indicator)

항공기 기수 방향에 대하여 수직인 자이로 축을 가진 3축 자이로로서, 자이로의 특성 중 강직성과 섭동성을 이용한 직립장치를 사용하여 자이로 회전자의 회전축이 언제나 지구 중심을 향하게 함으로써 항공기의 지구 표면에 대한 자세, 즉 피치(pitch)와 경사(roll)를 알 수 있게 하는 계기이다.

  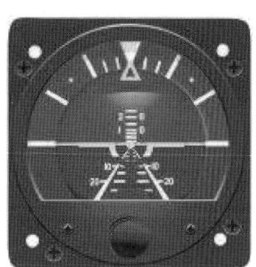

[선회 경사계]   [방향 자이로 지시계]   [자이로 수평 지시계]

그림 2-22. 자이로 계기

2. 자이로 회전자의 동력원

가. 진공 계통(Vacuum system)

벤튜리 관(venturi tube)의 목 부분에서 공기를 배출시키거나, 엔진에 의해 구동되는 진공펌프로 공기를 강제 배출시킴으로써 얻는 진공압으로 공기를 빨아들여 자이로 회전자에 회전력을 준다. 벤튜리 관은 글라이더나 소형기에 사용하고 진공펌프는 중형기에 사용하였으나, 현재에는 소형기와 중형기에서도 거의 진공펌프를 사용하고 대형기에는 전기 계통을 사용한다.

나. 공기압 계통

공기압 계통은 대기압보다 높은 압력으로 자이로의 회전자를 회전시키는 계통으로 높은 고도에서는 대기밀도가 희박해지므로 진공 계통보다 효율적이다.

다. 전기 계통

자이로 계기의 중요성이 커짐에 따라 쉽게 읽을 수 있고 자립 특성이 좋으며 오자가 적고, 높은 고도에서도 효과적인 전기로 구동되는 자이로가 많이 사용되고 있다.

출제예상문제

Ⅰ. 동정압계통 계기

【문제】1. 다음 중 pitot-static tube 및 drain hole과 관련된 계기가 아닌 것은?
① 속도계 ② 고도계 ③ 선회경사계 ④ 승강계

【문제】2. 다음 중 정압(static pressure)과 관계없는 계기는?
① 속도계 ② 고도계 ③ 승강계 ④ 방향지시계

【문제】3. 피토-정압계통의 계기 중 정압과 전압을 모두 사용하는 계기는?
① 고도계 ② 속도계 ③ 승강계 ④ 선회계

【문제】4. 비행 중 Pitot tube가 막혔을 때 영향을 받는 계기는?
① Altimeter
② Vertical speed indicator
③ Airspeed indicator
④ Altimeter, Vertical speed indicator, Airspeed indicator

〈해설〉 동정압 계통(Pitot-static System)
1. 동정압관(pitot-static tube)은 정압을 수감하는 정압공과 전압을 수감하는 피토관으로 구성되어 있으며 일반적으로 고도계, 속도계 및 승강계가 장착된다. 정압공(static port)은 속도계, 고도계 및 승강계에 정압 또는 대기압을 제공한다. 따라서 정압공이 막히면 이 세 계기 모두 작동하지 않게 된다.
2. 고도계와 승강계는 정압공(static port)에서 측정된 공기의 정압을 이용하고, 속도계는 정압공에서 측정된 정압과 피토관(pitot tube)에서 측정되는 공기의 전압(동압+정압)을 이용하여 속도를 측정한다.
3. 피토계통은 속도계에만 ram 또는 pitot 압력을 제공한다. 따라서 피토관(pitot tube)이 막히면 속도계의 정확성에만 영향을 미친다.

【문제】5. Pitot tube와 drain hole 둘 다 막혔을 경우, 비행기 상승 시 속도계의 지시는?
① "0"을 지시한다. ② 증가한다.
③ 변하지 않는다. ④ 감소한다.

【문제】6. Pitot system의 ram air input hole과 drain hole이 모두 막힌 경우 속도계는?
① 속도는 "0"을 지시한다. ② 고도가 변하여도 속도는 변하지 않는다.
③ 고도 상승 시 속도가 증가한다. ④ 고도 강하 시 속도가 증가한다.

【문제】7. Pitot tube가 막혔을 때 속도계의 지시는? (Drain hole, static port는 정상)
① 속도가 점점 "0"으로 떨어진다. ② 고도계처럼 작동한다.
③ 현재 지시속도 그대로 멈춘다. ④ 영향을 받지 않는다.

정답 1. ③ 2. ④ 3. ② 4. ③ 5. ② 6. ③ 7. ①

【문제】8. 정압공이 막힌 경우 계기의 지시로 맞는 것은?
① 고도계는 실제 고도보다 높게 지시한다.
② 속도는 점점 "0"으로 감소한다.
③ 고도가 변하여도 속도는 변하지 않는다.
④ 승강계는 "0"으로 고정된다.

〈해설〉 동정압 계통이 막혔을 때 속도계, 고도계 및 승강계의 지시

계통	Pitot 계통		Static 계통	동정압 계통의 계기 지시		
	Pitot Tube	Drain Hole	Static Port	속도계	고도계	승강계
상태	Close	Open	Open	서서히 "0"으로 감소	영향 없음	영향 없음
	Close	Close	Open	수평비행 시 - 일정 상승비행 시 - 증가 강하비행 시 - 감소	영향 없음	영향 없음
	Close	Open	Close	상승비행 시 - 감소 강하비행 시 - 증가	고정	"0" 지시
	Open	Open	Close			

【문제】9. 여압 항공기가 높은 고도에서 비행 중 정압관이 깨졌다면 고도계의 지시는?
① 실제 고도보다 높게 지시한다.　② 실제 고도보다 낮게 지시한다.
③ 서서히 "0"으로 감소한다.　④ 현재 고도로 고정된다.

〈해설〉 동정압 계통(pitot-static system)의 정압공(static port)이 막힌 경우, 예비 정압공이 열려서 항공기 외부의 정압(대기압) 대신에 조종실의 기압을 정압계통에 공급한다. 따라서 여압 항공기의 경우, 정압공이 막히거나 정압관이 깨지면 조종실의 기압을 지시하기 때문에 고도계는 실제 비행고도보다 낮게 지시한다.

【문제】10. 어떤 조건에서 기압고도와 진고도가 일치하는가?
① 고도계를 29.92″로 설정했을 때　② 표준대기 상태일 때
③ 대기온도가 15℃일 때　④ 지시고도와 기압고도가 동일할 때

〈해설〉 기압고도계(pressure altimeter)는 표준대기(standard atmosphere) 조건 하에서 진고도(true altitude)를 지시한다.

【문제】11. 조종사가 고기압 지역에서 저기압 지역으로 고도계 조정없이 비행했다면 고도계의 지시는?
① 해수면 위 실제고도를 지시한다.
② 해수면 위 실제고도보다 높게 지시한다.
③ 해수면 위 실제고도보다 낮게 지시한다.
④ 대기압의 변화는 고도계의 지시에 영향을 미치지 않는다.

〈해설〉 고도계의 오차
1. 표준대기(ISA; International Standard Atmosphere) 상태일 때 기압고도, 진고도와 밀도고도는 같아진다.
2. 고기압 지역에서 저기압 지역으로 비행할 때 항공기는 고도계가 지시하는 고도보다 지표면에 더 근접해 있을 것이다. 즉 기압이 낮아질 때 실제 고도계수정치를 설정할 수 없다면 항공기의 진고도는 지시고도보다 낮아진다.

정답　8. ④　9. ②　10. ②　11. ②

【문제】12. FL290으로 비행하던 조종사가 30.57 inHg로 setting하는 것을 깜박 잊고, field elevation이 650 ft인 공항에 착륙하였다. 착륙 후 비행기의 고도계에 표시되는 고도는?
　　① -150 ft　　② 0 ft　　③ 650 ft　　④ 1,300 ft

〈해설〉 표준대기압은 29.92 inHg 이므로, 기압 차이는 29.92-30.57=-0.65 inHg
　・ 1 inHg의 기압 차이는 1,000 ft의 고도 차이를 발생시키므로, -0.65×1,000=-650 ft
　　∴ 고도계는 실제 활주로 표고보다 650 ft 낮게 지시하므로, 지시고도는 650-650=0 ft 이다.

【문제】13. 김포공항에서 기압계를 30.12 inHg로 맞추니 고도가 75 ft를 가리켰다. 이 상태에서 6,000 ft로 상승했을 때의 기압고도는?
　　① 5,800 ft　　② 5,975 ft　　③ 6,075 ft　　④ 6,200 ft

〈해설〉 표준대기압은 29.92 inHg 이므로, 기압 차이는 29.92-30.12=-0.2 inHg
　・ 1 inHg의 기압 차이는 1,000 ft의 고도 차이를 발생시키므로, -0.2×1,000=-200 ft
　　∴ 고도계는 실제 고도보다 200 ft 낮게 지시하므로, 지시고도(기압고도)는 6,000-200=5,800 ft 이다.

【문제】14. 고도 35,000 ft에서 온도가 ISA보다 10℃ 낮을 때, pressure altitude(PA)와 true altitude(TA)의 관계로 옳은 것은?
　　① PA는 TA와 동일하다.　　② PA는 TA보다 낮다.
　　③ PA는 TA보다 높다.　　④ PA와 TA는 관련이 없다.

【문제】15. 고도 2,000 ft의 OAT가 17℃, 대기압이 29.32 inHg 일 때, density altitude(DA)와 pressure altitude(PA)의 관계로 옳은 것은?
　　① DA가 PA보다 높다.　　② DA가 PA보다 낮다.
　　③ DA와 PA는 같다.　　④ DA와 PA는 관련이 없다.

〈해설〉 온도의 변화에 따른 기압 고도계의 오차는 다음과 같다.
　1. 표준대기에서 표준 해면고도의 온도는 15℃이고, 고도 11 km까지 1,000 ft 당 약 2℃의 비율로 감소하므로 고도 2,000 ft의 표준대기온도는 15-(2×2)=11℃ 이다. 따라서 현재 고도 2,000 ft의 외기온도(OAT)는 17℃이므로, 표준대기온도보다 높다.
　　기온이 표준대기온도보다 높은 지역에서는 지시고도(또는 기압고도)가 진고도보다 낮아지고, 낮은 지역에서는 지시고도(또는 기압고도)가 진고도보다 높아진다.
　2. 기온이 표준대기온도보다 높으면 공기는 팽창되어 밀도는 희박해지고 밀도고도(DA)는 기압고도(PA)보다 높아진다. 반대로 기온이 표준대기온도보다 낮으면 밀도는 농후해지고 밀도고도는 기압고도보다 낮아진다.

【문제】16. 지시속도(IAS) 란?
　　① 어떤 고도에서의 대기속도
　　② 속도계가 지시하는 속도
　　③ 속도계의 눈금에 위치오차를 수정한 속도
　　④ 속도계의 눈금에 위치오차 및 계기오차를 수정한 속도

정답 　12. ②　13. ①　14. ③　15. ①　16. ②

【문제】17. CAS는 IAS에서 어떤 요소를 수정한 것인가?
　　① 장착오차, 계기오차　　　　　　② 압축오차
　　③ 밀도고도　　　　　　　　　　　④ 바람

【문제】18. CAS에서 기압변화 및 온도변화를 수정한 속도는?
　　① IAS　　　　② EAS　　　　③ TAS　　　　④ GS

【문제】19. CAS에서 압축오차를 수정한 속도는?
　　① TAS　　　　② EAS　　　　③ IAS　　　　④ GS

【문제】20. 수정대기속도(Calibrated Air Speed, CAS)에 공기의 압축성 효과와 고도 변화에 따른 공기 밀도를 보정한 값은?
　　① 등가대기속도(Equivalent Air Speed, EAS)
　　② 지시대기속도(Indicated Air Speed, IAS)
　　③ 진대기속도(True Air Speed, TAS)
　　④ 수정대기속도(CAS) 그대로

【문제】21. EAS에 밀도고도(기압고도, 온도)를 수정한 속도는?
　　① IAS　　　　② CAS　　　　③ TAS　　　　④ GS

【문제】22. 속도 수정순서로 맞는 것은?
　　① IAS-CAS-EAS-TAS　　　　② IAS-EAS-CAS-TAS
　　③ CAS-IAS-EAS-TAS　　　　④ CAS-EAS-IAS-TAS

【문제】23. TAS를 구하는 올바른 순서는?
　　① IAS-EAS-CAS=TAS　　　　② EAS-CAS-IAS=TAS
　　③ CAS-EAS-IAS=TAS　　　　④ IAS-CAS-EAS=TAS

〈해설〉 속도의 종류에 따른 수정순서는 다음과 같다.
　1. 지시대기속도(IAS) : 속도계에 표시되는 계기속도
　2. 수정대기속도(CAS) : 지시대기속도에서 전압, 정압 계통의 장착 위치 및 계기 자체의 오차를 수정한 속도
　3. 등가대기속도(EAS) : 수정대기속도에 공기의 압축성 효과를 고려한 속도
　4. 진대기속도(TAS) : 등가대기속도에서 공기의 밀도(외기온도)를 보정한 속도, 수정대기속도에 비표준 기압 및 기온을 수정한 속도

ICE Tea로 기억하세요.

【문제】24. 대기속도계에서 red radial line이 의미하는 것은?
　　① Maneuvering speed　　　　　② Maximum flap operating speed
　　③ Maximum structural cruising speed　　④ Never exceed speed

[정답] 17. ①　18. ③　19. ②　20. ③　21. ③　22. ①　23. ④　24. ④

【문제】25. 계기의 색표지(color marking) 중 붉은색 방사선은 무엇을 의미하는가?
① 최대 및 최소 운용한계를 표시 ② 안전 운용범위를 표시
③ 사용범위의 최대를 표시 ④ 경계 및 경고범위를 표시

【문제】26. 속도계에서 green arc 하한의 속도는?
① V_{S0} ② V_{S1} ③ V_{NE} ④ V_{NO}

【문제】27. 속도계에서 녹색 원호의 높은 속도 끝부분이 나타내는 속도는?
① V_{NE} ② V_{FE} ③ V_{NO} ④ V_{S1}

【문제】28. 대기속도계에서 green arc의 범위는?
① 하한 V_{S1}, 상한 V_{LO} ② 하한 V_{S1}, 상한 V_{NO}
③ 하한 V_{S0}, 상한 V_{NO} ④ 하한 V_{S1}, 상한 V_{NE}

〈해설〉대기속도계의 색표지(color marking)는 다음과 같다.
1. 적색 방사선(red radial line) : 최대 및 최소 운용한계(operating limit)
2. 녹색 호선(green arc) : 안전 운용 범위
   가. 녹색 호선의 하한(V_{S1}) - 특정 configuration에서의 실속도 또는 최소비행유지속도(minimum steady flight speed)
   나. 녹색 호선의 상한(V_{NO}) - 구조면에서 본 최대순항속도로 항공기에 구조적 손상을 끼치지 않는 최대속도

Ⅱ. 자기 컴퍼스와 자이로 계기

【문제】1. 비행 중 magnetic compass의 지시가 비교적 정확할 때는?
① 비행속도가 일정할 때
② 직진 등속 수평비행 시
③ 경사각이 18°를 초과하지 않는 선회비행 시
④ 180° 또는 360°의 heading으로 비행 시

〈해설〉항공기 자기 컴퍼스(magnetic compass)에는 선회 비행을 할 때 선회 오차, 가속도 비행 시 가속도 오차가 발생한다. 따라서 직진 등속 수평비행 시에는 이러한 오차가 발생하지 않는다.

【문제】2. 소형 항공기에서 진공계통의 압력이 감소하면 오차를 일으킬 수 있는 계기는?
① 기압고도계 ② 속도계 ③ 승강계 ④ 방향지시계

【문제】3. 다음 중 vacuum system과 관련이 있는 계기는?
① Heading indicator ② Airspeed indicator
③ Altimeter ④ Vertical speed indicator

〈해설〉자이로 계기(Gyroscopic instrument)

[정답] 25. ① 26. ② 27. ③ 28. ② / 1. ② 2. ④ 3. ①

1. 자이로 계기는 자이로의 강직성과 섭동성을 이용하여 항공기의 기수 방위, 항공기의 분당 선회량 및 항공기의 자세를 나타내는 계기이다. 자이로의 특성(강직성, 섭동성)을 나타내려면 자이로를 고속으로 회전시켜야 한다.
2. 자이로를 고속으로 회전시키기 위한 힘은 진공 압력(vacuum pressure)과 전기를 이용한다. 진공 압력을 발생시키는 진공 펌프는 주로 자세계(attitude indicator)와 방향지시계의 자이로(directional gyro)를 회전시키고, 선회계(turn coordinator)의 자이로는 전기를 이용하여 회전시킨다.

비행이론 (Flight Theory)

PART 3

항공기 성능 (Aircraft Performance)

- 항공기 무게중심과 균형
- 항공기 성능

항공기 무게중심과 균형

제1절 항공기 무게중심의 계산

1. 용어의 정의

가. 기준선과 모멘트
  (1) 기준선(Datum line): 무게중심의 위치나 거리(arm)의 위치를 측정하는 가상의 기준선이다.
  (2) 거리(Arm): 기준선(datum line)으로부터 화물의 위치까지 inch로 측정된 수평거리로서 화물의 위치가 기준선보다 뒤에 있으면 (+), 앞에 있으면 (-)로 표시한다.
  (3) 모멘트(Moment): 기준선으로부터 거리와 무게를 곱한 것으로 pound-inch로 표시한다.
  (4) 무게중심(CG; Center of Gravity): 항공기 무게가 균형을 이루는 지점으로 기준선으로부터 inch로 표시하거나, 평균시위선(MAC)의 %로 표시한다.

나. 무게의 구분
  (1) 최대이륙중량(Maximum take-off weight): 비행기가 이륙할 수 있는 최대의 중량
  (2) 최대착륙중량(Maximum landing weight): 비행기의 착륙을 허용할 수 있는 최대의 중량으로서, 착륙 시 강착장치의 구조강도상 안전을 기하기 위하여 최대착륙중량은 최대이륙중량보다 작은 값이 된다.
  (3) 자기중량(자중, Empty weight): 비행기의 중량을 계산하는데 있어서 기초가 되는 무게이다. 고정 밸러스트(ballast), 사용불능의 연료, 배출불능의 윤활유, 발동기 냉각액의 전량, 유압계통 작동유의 전량을 포함하며 승객 및 승무원, 유상하중, 사용가능 연료, 배출가능 윤활유 등의 중량은 포함하지 않는다.
  (4) 무연료중량(Zero fuel weight): 비행기의 중량에서 탑재된 연료와 윤활유를 제외한 중량이다. 이 중량은 큰 날개의 강도상 중요한 역할을 한다.
  (5) 유상하중(Payload): 승객, 수하물, 화물 등 수입의 대상이 되는 중량
  (6) 유용하중(Useful load): 승무원, 승객, 화물, 무장계통, 연료, 윤활유 등의 무게를 포함한 것으로, 최대 총무게에서 자중을 뺀 것을 말한다.
  (7) 테어 무게(Tare weight): 항공기의 무게를 측정할 때에 사용하는 잭(jack), 블록(block), 촉(chock)과 같은 부수적인 품목의 무게를 말한다.
  (8) 설계단위중량(Design unit weight): 비행기를 설계할 때 기준이 되는 중량

2. 무게중심의 위치

가. 무게중심 계산(Determining the CG)
  무게중심을 구하는 순서는 다음과 같다.
  (1) 기준선(datum)으로부터 각 물체까지의 거리(arm)를 측정한다.
  (2) 각 물체까지의 거리에 무게를 곱하여, 각각의 물체에 작용하는 모멘트를 계산한다.
  (3) 모멘트의 합(총 모멘트)과 무게의 합(총 무게)을 구한다.

(4) 총 모멘트를 총 무게로 나누어 무게중심의 위치를 구한다.

$$\therefore 무게중심 = \frac{총\ 모멘트}{총\ 무게}$$

예제 1. 아래 그림과 같이 기준선으로부터 50 in의 A 지점에 100 lb, 90 in의 B 지점에 100 lb, 그리고 150 in의 C 지점에 200 lb의 화물이 적재되어 있다. 기준선이 A 지점의 좌측 50 in의 거리에 있다면 무게중심의 위치는?

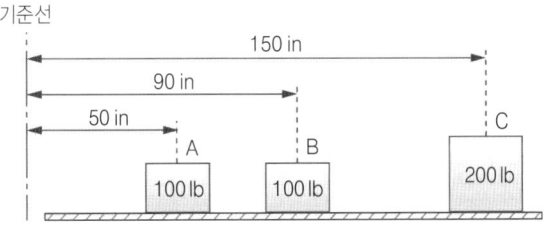

해설 다음과 같이 무게중심의 위치를 구한다.

1. 각 지점의 무게와 거리를 곱하여 각각의 모멘트를 구하고, 각각의 무게와 모멘트를 더하여 총 무게와 총 모멘트를 구한다. 각 지점의 무게와 모멘트를 더하면 다음 표와 같이 총 무게는 400 lb, 총 모멘트는 44,000 in-lb 이다.

지점	무게 (lb)	거리 (in)	모멘트
A	100	50	5,000
B	100	90	9,000
C	200	150	30,000
합계	400		44,000

2. 총 모멘트를 총 무게로 나누어 무게중심의 위치를 구한다.

$$무게중심 = \frac{총\ 모멘트}{총\ 무게} = \frac{44,000}{400} = 110\ in$$

∴ 따라서 무게중심(CG)의 위치는 아래 그림과 같이 기준선으로부터 +110 in 지점에 있다.

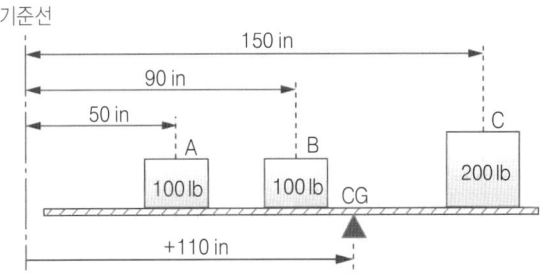

나. 무게중심 이동(Shifting the CG)

화물의 위치가 변하면 거리(arm)가 변하여 작용하는 모멘트의 크기가 달라진다. 무게가 일정하다고 가정했을 때 모멘트가 달라지면 무게중심의 위치는 변하게 된다. 화물의 위치와 무게가 변할 때 무게 중심의 변화량(ΔCG), 그리고 무게중심의 위치를 변경하고자 할 때 옮겨야 할 물체의 거리는 다음과 같은 식으로 구할 수 있다.

$$\therefore \text{무게중심의 변화량}(\Delta CG) = \frac{\text{옮긴 물체의 무게} \times \text{옮긴 물체의 이동거리}}{\text{항공기 총무게}}$$

$$\therefore \text{옮겨야 할 물체의 거리} = \frac{\text{총무게} \times \text{무게중심의 변화}(\Delta CG)}{\text{옮겨야 할 물체의 무게}}$$

예제 2. 무게 5,000 kg인 항공기의 무게중심이 기준선으로부터 58 in에 있다. 기준선으로부터 145 in에 있는 무게 100 kg의 화물을 45 in로 옮기면 새로운 무게중심은 기준선으로부터 얼마의 위치에 있는가?

해설 다음과 같이 새로운 무게중심의 위치를 구한다.

1. 먼저 물체의 이동으로 인한 무게중심의 변화량을 구한다.

$$\Delta CG = \frac{\text{옮긴 물체의 무게} \times \text{옮긴 물체의 이동거리}}{\text{항공기 총무게}} = \frac{100 \times -(145-45)}{5000} = -2 \text{ in}$$

2. 기존의 무게중심에서 무게중심의 변화량을 가감하여 새로운 무게중심의 위치를 구한다.

∴ 새로운 무게중심 = 기존의 무게중심 ± 무게중심의 변화량 = 58 − 2 = 56 in

3. 따라서, 항공기의 새로운 무게중심은 기준선으로부터 56 in에 있다.

제2절 무게중심과 안정성

1. 무게중심과 종적 안정성

항공기 무게중심의 위치는 비행 안정성을 결정하는 매우 중요한 요소이다. 종적 안정성(longitudinal stability)이 부족한 상태에서는 특히 실속회복이 잘 안 되며, 이착륙 성능에 나쁜 영향을 미치므로 비행안전에 심각한 영향을 미친다. 비행기의 종적 안정성을 결정하는 것은 항공기 무게중심(CG)의 위치이며, 무게중심의 위치는 고정된 것이 아니라 화물의 무게와 위치에 따라 변한다.

무게중심(CG)의 위치가 너무 뒤쪽에 있으면 항공기 기수가 가벼워지고, 너무 앞쪽에 있으면 기수가 무거워져 항공기 조종을 하는 데 위험을 초래할 수 있다. 비행 중인 항공기의 종적안정을 위해 무게중심의 위치를 양력의 중심점(center of lift)보다 앞에 두어 발생되는 nose down force와 수평안정판에서 발생되는 tail down force(nose-up force)와 균형을 이루도록 하고 있다.

2. 무게중심과 항공기 성능

가. 무게중심이 전방에 있을 경우(Forward CG)

항공기 무게중심의 위치가 너무 전방에 위치할 경우 항공기는 균형(수평비행)을 이루기 위해 tail down force를 증가시켜야 한다. Tail down force를 증가시키기 위해서 조종사는 항공기 기수를 들어 받음각을 증가시키게 된다. 받음각의 증가로 tail down force가 증가하면 유도항력(induced drag)이 증가되고, 무게와 같은 방향으로 작용하는 tail load가 증가되어 무게가 증가되는 효과를 가져 오게 된다.

무게중심의 위치가 전방에 있는 경우 다음과 같은 성능변화가 발생된다.

- 이륙 시 항공기 기수가 무거워 부양이 늦어지므로 이륙속도가 높아지고, 이륙거리가 길어진다.
- 상승성능(angle/rate of climb)이 줄어든다.
- 최대 상승고도가 낮아진다.
- 항공기 순항성능이 감소된다.
- 실속속도(stalling speed)가 증가된다.
- 항공기 기동성(maneuverability)이 감소되고, 세로 안정성이 증가된다.
- 착륙 시에 가장 치명적인 영향을 미친다. 착륙 시 심한 hard landing을 초래하거나, 또는 착륙장치(landing gear)의 nose가 먼저 접지되어 부러지거나 항공기의 구조적인 손상을 입을 수 있다.

나. 무게중심이 후방에 있을 경우(Aft CG)

항공기 무게중심의 위치가 너무 후방에 있을 경우, 전방에 있는 경우보다 항공기의 세로안정에 매우 심각한 영향을 미친다. 특히 항공기의 기수가 많이 들려서 실속에 진입할 경우 꼬리날개의 수평안정판에서 충분한 nose down force를 발생시키지 못하면 실속회복이 어렵게 된다.

무게중심의 위치가 후방에 있는 경우 다음과 같은 성능변화가 발생된다.

- 전반적으로 세로 안정성이 감소되며, 조종력의 감소로 인한 과도한 비행조작(over control)으로 기체에 과응력(overstress)을 초래할 수 있다.
- 실속속도는 낮아지지만 실속/스핀에 진입하기 쉬우며, 실속/스핀에 진입할 경우 회복이 어려울 수 있다.
- 순항성능은 좋아진다.

출제예상문제

I. 항공기 무게중심의 계산

【문제】1. 모멘트(moment)란 무엇인가?
① 무게×길이
② 무게÷길이
③ 무게×길이÷2
④ 무게÷길이×2

〈해설〉 항공기 무게중심을 계산할 때 모멘트(moment)란 기준선으로부터의 거리인 길이와 항공기 무게를 곱한 값을 말한다.

【문제】2. 항공기 무게중심(CG)의 위치는 어느 축을 기준으로 계산하는가?
① 종축
② 횡축
③ 수직축
④ 수평축

〈해설〉 무게중심은 항공기 총중량이 집중되는 지점이며 특정의 한계 내에 위치해야 한다. 종적, 횡적 평형은 모두 중요하지만 종적 평형이 주 관심사이다. 따라서 항공기 무게중심의 위치는 기준선을 원점으로 하여 앞쪽이나 뒤쪽, 즉 종축(세로축, longitudinal axis)을 기준으로 계산한다.

【문제】3. 항공기 무게중심(CG)의 기준이 되는 축은?
① 항공기 종축
② 항공기 수직축
③ 항공기 횡축
④ 항공기 종축과 횡축

〈해설〉 무게중심(CG)이란 항공기의 종축을 기준으로 해서 앞뒤로 균형을 맞추는 지점을 의미한다.

【문제】4. 비행 중 항공기 중량이 동체와 날개 접합부에 작용하여 구조적 강도에 무리를 줄 수 있으므로 제한하는 무게는?
① Maximum Take-off Weight
② Maximum Landing Weight
③ Maximum Cruise Weight
④ Maximum Zero Fuel Weight

〈해설〉 최대무연료중량(maximum zero fuel weight)은 비행기의 최대중량에서 탑재된 연료와 윤활유를 제외한 중량이다. 대부분의 연료가 날개에 탑재되는 항공기는 연료가 비어있는 상태에서는 비행 중 항공기 전체중량이 모두 동체와 날개 접합부에 작용하여 구조적 강도를 초과할 수 있으므로 제작사에서 정해 놓은 중량이다. 이 중량은 큰 날개의 강도상 중요한 역할을 하므로 최대무연료중량을 초과하지 않도록 항공기에 유상하중(payload)을 탑재하여야 한다.

【문제】5. Weight and balance 계산에서 다음 중 맞는 것은?
① Moment=Arm×C.G
② Moment=Arm×Weight
③ C.G=Total Weight/Total Moment
④ C.G=Total Arm/Total Weight

정답 1. ① 2. ① 3. ① 4. ④ 5. ②

【문제】6. 항공기 A 부위의 무게는 1,000 kg이고 무게중심은 기준선으로부터 150 in, B 부위의 무게는 2,000 kg이고 무게중심은 100 in, 그리고 C 부위의 무게는 1,000 kg이고 무게중심은 -50 in에 있을 때 총무게와 무게중심(CG)의 위치는?

① 3,000 kg, 100 in   ② 3,000 kg, 75 in
③ 4,000 kg, 100 in   ④ 4,000 kg, 75 in

〈해설〉 각 부위의 무게와 거리를 곱하여 각각의 모멘트를 구한 다음, 총 모멘트를 총 무게로 나누어 무게중심의 위치를 구한다.

부위	무게(kg)	거리(in)	모멘트
A	1,000	150	150,000
B	2,000	100	200,000
C	1,000	-50	-50,000
합계	4,000	-	300,000

$$\therefore 무게중심 = \frac{총\ 모멘트}{총\ 무게} = \frac{300,000}{4,000} = 75\ in$$

【문제】7. 총무게 4,000 lbs인 항공기의 무게중심이 STA 120.8에 위치한다. STA 140에 적재된 200 lbs의 화물을 STA 40으로 이동하였다면 새로운 무게중심(CG)의 위치는?

① STA 114. 2   ② STA 115.8   ③ STA 117. 6   ④ STA 121.3

〈해설〉 $\Delta CG = \frac{옮긴\ 물체의\ 무게 \times 옮긴\ 물체의\ 이동거리}{항공기\ 총무게} = \frac{200 \times -(140-40)}{4000} = -5$

∴ 따라서 새로운 무게중심의 위치는 120.8 - 5 = 115.8

【문제】8. 자중 2,545 lbs인 항공기의 무게중심이 103 in 이다. 109 in 지점에 170 lbs의 화물을 추가로 실으면 새로운 무게중심의 위치는?

① 102.7 in   ② 103.3 in   ③ 105. 5 in   ④ 109.2 in

〈해설〉 $\Delta CG = \frac{옮긴\ 물체의\ 무게 \times 옮긴\ 물체의\ 이동거리}{항공기\ 총무게} = \frac{170 \times (109-103)}{2545+170} = 0.376\ in$

∴ 따라서 새로운 무게중심의 위치는 103 + 0.376 = 103.376 in

【문제】9. 4,000 lbs 항공기의 무게중심 위치는 station 91 이었다. Station 160에 있는 화물을 station 40으로 이동하였더니 무게중심이 station 88로 변경되었다면 이동시킨 화물의 무게는?

① 89 lbs   ② 92 lbs   ③ 100 lbs   ④ 110 lbs

〈해설〉 옮긴 물체의 무게 $= \frac{\Delta CG \times 항공기\ 총무게}{옮긴\ 물체의\ 이동거리} = \frac{-(91-88) \times 4000}{-(160-40)} = 100\ lbs$

Ⅱ. 무게중심과 안정성

【문제】1. 무게중심이 전방에 있는 항공기의 특성으로 맞는 것은?

① 세로 안정성이 감소한다.   ② 순항속도가 증가한다.
③ Spin과 stall에 들어가기가 쉽다.   ④ 실속속도가 증가한다.

정답   6. ④   7. ②   8. ②   9. ③   /   1. ④

【문제】2. 전방 CG가 항공기에 미치는 영향에 대한 설명 중 틀린 것은?
① Increase longitudinal stability
② Good stall/spin recovery
③ Higher cruise speed
④ Higher stall speed

〈해설〉 무게중심의 위치가 전방(Forward CG)에 있는 경우 다음과 같은 성능변화가 발생된다.
1. 이륙 시 항공기 기수가 무거워 부양이 늦어지므로 이륙속도가 높아지고 이륙거리가 길어진다.
2. 상승성능(angle/rate of climb)이 줄어든다.
3. 최대 상승고도가 낮아진다.
4. 순항속도(cruising speed)가 감소된다.
5. 실속속도(stalling speed)가 증가된다.
6. 항공기의 세로 안정성(longitudinal stability)이 증가된다.

【문제】3. CG가 후방 limitation 내에 위치할 때의 영향으로 맞는 것은?
① 세로 안정성이 좋아진다. ② Stall speed가 낮아진다.
③ 이륙 시 활주거리가 증가한다. ④ 순항속도가 낮아진다.

【문제】4. 무게중심(CG)이 후방한계에 있을 때 어떠한 효과가 나타나는가?
① 실속에서 회복하기가 어렵다. ② 이륙거리가 늘어난다.
③ 더 높은 속도에서 실속이 일어난다. ④ 세로 안정성이 증가한다.

【문제】5. 항공기 CG가 후방 한계점에 위치할 때 나타나는 항공기의 특성 중 틀린 것은?
① 실속 시에 회복이 어렵거나 회복되지 않는다.
② 고속에서 안정성 증대 및 approach 속도 증가
③ 이륙활주거리가 길어진다.
④ 순항속도는 증가하고, 실속속도는 감소한다.

【문제】6. CG가 후방에 있는 항공기의 특성으로 맞는 것은?
① 높은 실속속도, 낮은 순항속도, 높은 안정성
② 높은 실속속도, 높은 순항속도, 낮은 안정성
③ 낮은 실속속도, 낮은 순항속도, 높은 안정성
④ 낮은 실속속도, 높은 순항속도, 낮은 안정성

【문제】7. 무게중심이 압력중심의 어디에 위치해 있을 때 실속으로부터 회복이 어려운가?
① 전방
② 후방
③ 무게중심은 이동하지 않는다.
④ 무게중심의 위치는 실속과 관련이 없다.

정답 2. ③ 3. ② 4. ① 5. ③ 6. ④ 7. ②

【문제】8. CG가 후방한계 이후에 있는 경우 나타나는 특성 중 틀린 것은?
① 세로 안정성 감소　　　　　　　② 가로 안정성 감소
③ 순항속도 증가　　　　　　　　④ 실속속도 감소

【문제】9. CG가 후방한계에 있는 항공기의 비행특성은?
① 실속 또는 스핀에 쉽게 진입한다.　② 실속속도가 높아진다.
③ 저속에서 안정성이 높아진다.　　④ 순항속도가 낮아진다.

【문제】10. Forward CG/Aft CG 비행기의 특성에 대한 설명으로 틀린 것은?
① Forward CG의 경우, 비행기의 이륙 및 착륙에 영향을 끼친다.
② Forward CG가 되면 실속속도는 증가하고, 순항속도는 감소할 수 있다.
③ Aft CG의 경우, 실속이나 스핀 진입 후 회복이 어렵다.
④ Aft CG의 경우, 비행기가 stress를 덜 받는다.

〈해설〉무게중심의 위치가 후방(Aft CG)에 있는 경우, 다음과 같은 성능변화가 발생된다.
1. 전반적으로 세로 안정성이 감소되며 과도한 비행조작(over control)으로 인한 과응력(overstress)을 초래할 수 있다.
2. 실속속도는 낮아지지만 실속/스핀에 진입하기 쉬우며, 진입할 경우 회복이 어려울 수 있다.
3. 순항성능은 좋아진다.
4. 저속에서 안정성이 감소하지만 고속에서는 안정성 증대 및 착륙 시 approach speed 증가

【문제】11. 전방 CG 상태에서 가장 위험한 비행단계는?
① 이륙단계　　② 착륙단계　　③ 실속단계　　④ 상승단계

【문제】12. CG가 전방한계에 있을 때 가장 위험한 상황은?
① 착륙 진입 시　② 실속 발생 시　③ 이륙 시　④ 상승 시

〈해설〉Elevator는 착륙을 하는 과정에서 항공기의 피치 자세를 유지시켜야 한다. 그러나 무게중심의 위치가 전방에 치우쳐 있는 경우, 기수가 무거워져 착륙을 위한 적절한 피치 자세를 유지하기 힘들어진다. 착륙을 위한 플레어(flare) 중에는 power를 줄이게 되고 속도가 감속되어 elevator 주위를 흐르는 공기 흐름이 줄어들게 되고, 이는 elevator의 효과를 감소시킨다.
따라서 무게중심의 위치가 전방에 치우쳐 있는 경우, 착륙 진입 시에 가장 치명적인 영향(hard landing, 항공기의 구조적인 손상 등)을 미칠 수 있다.

■ 잠깐! 알고 가세요.
[무게중심(CG)의 위치에 따른 특성]

구 분	전방 CG	후방 CG
실속속도	증가	감소
순항속도	감소	증가
세로 안정성	증가	감소
이륙거리	증가	감소
특 징	착륙 진입 시에 가장 위험	실속/스핀에 진입 쉬움

[정답] 8. ②　9. ①　10. ④　11. ②　12. ①

항공기 성능

제1절 항공기 성능

1. 속도(V speed)의 정의

가. 임계엔진(Critical engine)

임계엔진이란 엔진이 고장인 경우, 항공기의 성능과 조종특성에 가장 불리한 영향을 주는 1개 또는 2개 이상의 엔진을 말한다. 오른쪽으로 회전하는 프로펠러 비행기의 경우에 쌍발기에서는 왼쪽 엔진(1번 엔진)이 임계엔진이 되고, 4발기에서는 왼쪽 2개의 엔진이 임계엔진이 된다.

나. V speed

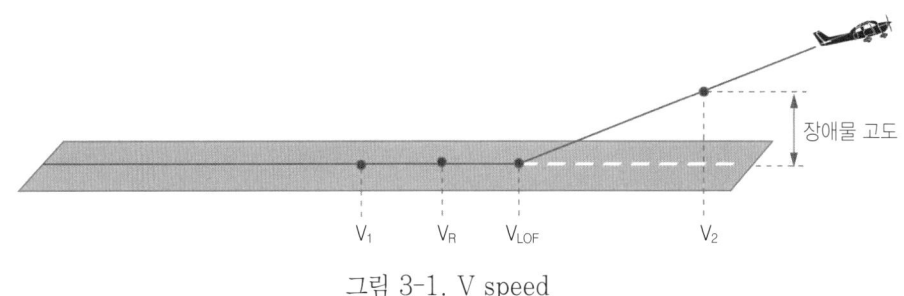

그림 3-1. V speed

(1) V_1(이륙결심속도, Takeoff Decision Speed) : 항공기가 이륙 활주 중에 장비된 엔진 중 1개가 고장인 경우 이륙을 할 것인가 또는 중지할 것인가를 결정하기 위해 설정된 속도이다. V_1 속도를 초과한 지점에서 엔진이 고장 났을 때는 나머지 엔진으로 이륙해야 한다.

이 V_1을 임계점속도(critical engine speed, critical engine failure speed) 또는 단념속도(refusal speed)라고도 한다.

(2) V_2(이륙안전속도, Takeoff Safety Speed) : 비행기가 지면을 벗어난 후 안전하게 이륙을 계속할 수 있는 속도로서 비행기가 장애물 고도까지 도달하지 않으면 안 될 속도이다. 일반적으로 V_2는 $1.2V_{S0}$ 또는 $1.1Vmca$ 중 큰 속도로 정의된다.

(3) V_{LOF}(부양속도, Lift-off Speed) : 비행기는 지상활주 중에 V_{LOF}(부양속도)에 도달하게 되면 지상에서 부양(lift-up)하게 되는데, 보통 이 속도를 V_2(이륙안전속도)로 한다.

(4) V_R(회전속도, Rotation Speed) : 지상에서 부양하기 전에 비행기는 기수를 올리는 비행자세를 갖게 되는데 이 속도를 회전속도라고 한다. 즉 회전속도(V_R)라는 것은 기수를 올리기 시작해서 최적의 이륙성능을 얻을 수 있는 속도를 말한다.

(5) V_{FE}(Maximum Flap Extend Speed) : 플랩을 내릴 수 있는 최대속도

(6) V_S(Stall Speed) : 실속도 또는 항공기를 조종할 수 있는 최소안전비행속도(minimum steady flight speed)

(7) V_{S0}(Stall Speed with Landing Configuration) : 착륙형태(landing configuration)에서의 실속속도 또는 최소비행속도

(8) V_G(Best Glide Speed) : 최대활공속도

(9) 가속정지거리(Accelerate-stop Distance) : 항공기가 이륙 활주 중에 어떤 속도에서 임계엔진이 정지했을 때 나머지 엔진을 정지시켜서 보통의 제어장치를 사용하여 완전히 정지할 때까지 필요한 거리

2. 하중배수선도(Load factor diagram)

가. 한계하중(Limit load)과 종극하중(Ultimate load)

항공기는 비행 중에 기체의 안전을 고려하여 작용하는 하중에 제한을 두고 있다. 항공기의 강도상 요구조건은 한계하중과 종극하중에 의하여 정해진다.

(1) 한계하중(또는 제한하중이라고도 한다)

한계하중(limit load)은 설계상 항공기가 감당할 수 있는 최대하중으로 항공기는 이 한계하중 내에서만 운용하도록 되어 있다. 이러한 한계하중을 초과하여 비행하면 항공기의 구조적 손상(structural damage)을 초래할 수 있다.

(2) 종극하중(또는 극한하중이라고도 한다)

한계하중 내에서 기체의 구조는 변형이나 기능의 장애를 일으키지 않기 때문에 항공기는 안전하다고 볼 수 있다. 그러나 항공기에는 예기치 않은 과도한 하중이 작용할 수 있으며, 이 과도한 하중에 항공기 기체는 최소한 3초간은 안전하게 견딜 수 있도록 설계해야 한다. 이 과도한 하중을 종극하중(ultimate load)이라고 하며, 이러한 종극하중을 초과하면 항공기의 구조적 파손(structural failure)으로 이어질 수 있다. 종극하중은 한계하중에 항공기의 일반적인 안전계수 1.5를 곱한 하중이 된다.

$$종극하중 = 한계하중 \times 안전계수(1.5)$$

나. 하중배수선도(V-n 선도)

항공기 속도에 따른 하중배수의 변화를 나타내는 하중배수선도는 구조 역학적으로 항공기의 안전한 비행범위를 정해 주며, 이를 V-n 선도라고 한다.

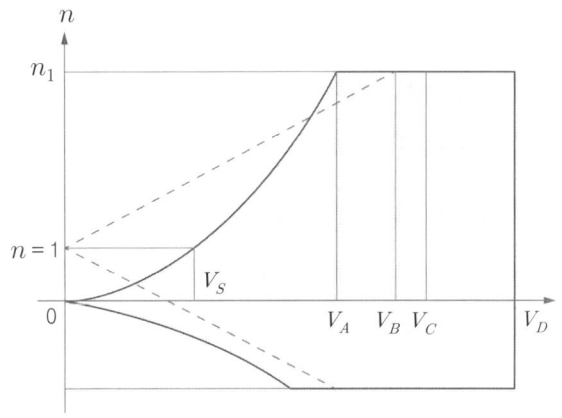

그림 3-2. 하중배수선도(V-n 선도)

이 선도는 항공기의 안전 운항을 담당하는 해당 기관에서 제시하는 것으로서 두 가지의 목적이 있다. 첫 번째는 항공기의 제작자에 대한 지시로서 어느 정도의 하중에 대하여 구조 역학적으로 안전하게 설계 및 제작하라는 것이다. 두 번째는 항공기의 사용자에 대한 지시로서 그 항공기가 구조 역학적으로 안전하기 위해서 어느 정도의 속도 범위 안에서 비행상태가 보장될 수 있도록 하는 것이다. 어떤

항공기의 V-n 선도가 제시되면 구조 역학적으로 안전한 비행범위가 제시된 것이며, 그 밖의 비행상태에 대해서는 구조상의 안전을 보장할 수 없다는 것을 의미하는 것이다.

(1) 설계제한하중배수(n_1, Design Limit Load Factor)

설계제한하중배수는 안전운항을 담당하는 감독청에서 지정한다. 어느 비행기의 설계제한하중배수가 n_1이라 함은, 그 비행기는 자중의 n_1배 되는 하중에 견디도록 설계, 제작되어야 하며 동시에 그 이상의 하중을 발생하는 비행은 금지한다는 것이다. 표 3-1은 항공기의 유형에 따른 설계제한하중배수를 나타낸 것이다.

표 3-1. 유형별 설계제한하중배수(n_1)

유형(category)	설계제한하중배수(n_1) Positive	설계제한하중배수(n_1) Negative	제한운동
A류(Acrobatic category)	$n_1=6.0$	$-0.5n_1$	곡예비행에 적합
U류(Utility category)	$n_1=4.4$	$-0.4n_1$	실용적으로 제한된 곡예비행만 가능
N류(Normal category)	$2.5 \leq n_1 \leq 3.8$	$-0.4n_1$	곡예비행 불가능
T류(Transport category)	$n_1 \geq 2.5$	$-1.0n_1$	수송기로서의 운동가능, 곡예비행 불가능

(2) 설계기동속도(V_A, Design Maneuvering Speed)

항공기의 구조적 손상없이 안전하게 기동할 수 있는 최대속도이며, 이 이상 속도에서 하중배수를 제한치 이상으로 초과시킬 경우에는 바로 구조적 손상을 초래하는 영역에 들어간다. 비행하는 동안 악기류나 심한 난기류(turbulence)와 조우하였다면, 비행기 구조의 응력(stress)을 최소화하기 위하여 속도를 설계기동속도 이하로 줄여야 한다.

이 속도를 참조할 때는 무게를 고려하는 것이 중요하다. 무게가 가벼운 항공기는 돌풍이나 난기류에 더 빠른 가속을 받을 수 있기 때문에 항공기 무게가 감소하면 설계기동속도(V_A)는 감소한다.

(3) 최대돌풍설계속도(V_B, Design Speed for Maximum Gust Intensity)

항공기가 어떤 속도로 수평비행을 하다가 지정된 속도의 수직상승 돌풍을 받았을 때 하중배수가 그 항공기의 설계제한하중배수(n_1)와 같아진다면 그 수평비행 속도를 최대돌풍설계속도(V_B)라고 한다.

V_B 이하의 속도에서는 돌풍을 받아도 하중배수가 n_1에 미치지 못하기 때문에 구조 역학상 항공기는 안전하다. 기상조건이 나빠서 돌풍이 예상될 때는 항공기의 속도를 V_B 이하로 줄여야 구조상의 안전을 유지할 수 있다.

(4) 설계순항속도(V_C, Design Cruising Speed)

비행성능과 연료소비율 등을 고려하여 결정되는 가장 경제적인 속도이다. 구조 역학적인 문제와는 관계가 없으며 일반적으로 V_B보다 크다.

(5) 설계급강하속도(V_D, Design Dive Speed)

항공기의 날개 단면은 양력을 발생하지 않는 비행상태에서도 비틀림을 받는다. 비틀림 모멘트가 최소값을 가지는 비행상태이더라도 날개가 비틀림에 견디지 못하는 최소속도를 설계급강하속도(V_D)라고 한다. 급강하를 하는 경우 항공기의 속도가 V_D를 넘지 않도록 하여야 한다.

3. 한쪽 엔진 부작동시 성능

가. 관련 V Speed

(1) V_X(Best angle of climb speed): 가장 짧은 거리 내에서 최대 상승이 가능한 속도이다. V_X는 이

용추력(available thrust)과 필요추력(required thrust)과의 차이인 여유추력(excess thrust)이 최대일 때, 즉 필요추력이 최소일 때 얻어진다.

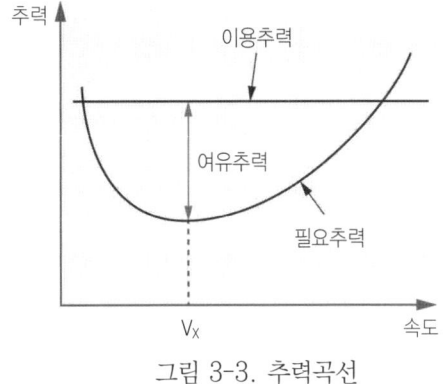

그림 3-3. 추력곡선

(2) V_{XSE}(Best angle of climb speed with one engine inoperative): 엔진 하나가 작동되지 않을 때 가장 짧은 거리 내에서 최대상승이 가능한 속도
(3) V_Y(Best rate of climb speed): 가장 짧은 시간 내에 최대상승이 가능한 속도
(4) V_{YSE}(Best rate of climb speed with one engine inoperative): 엔진 하나가 작동되지 않을 때 가장 짧은 시간 내에 최대상승이 가능한 속도로서, 속도계에 푸른색(blue) 선으로 표시되어 있다. 엔진 정지 운용 중 모든 상승에서 활용되는 속도이다. Single-engine absolute ceiling 이상의 고도에서 하나의 엔진에 고장이 발생하면 V_{YSE}를 유지해야 한다.
(5) V_{MC}(Minimum control speed with critical engine failure): 임계엔진이 작동되지 않을 때 조종이 가능한 최소속도이다. 이 속도는 경사각(bank angle)이 5°를 넘지 않고 방향키(rudder)를 최대로 사용(방향키를 조작하는 힘이 150 lbs 이내)하여 직선비행을 유지할 수 있는 최소속도로서 실속속도의 120%를 초과하지 않는다.

나. V_X, V_Y와 절대상승한계

짧은 활주로에서 이륙 시에는 일반적으로 V_X로 장애물 고도까지 초기 상승할 수 있도록 기수를 올리고 부양(lift-off)한 직후 V_X로 가속하여야 한다. 그리고 장애물을 회피한 후 V_Y로 전환한다.

항공기의 고도가 증가할수록 V_X(best angle of climb speed)는 증가하고, V_Y(best rate of climb speed)는 감소한다. 따라서 고도가 증가하면 두 속도는 교차하게 되며, 이 두 속도가 같아지는 지점이 비행기의 절대상승한계(absolute ceiling)가 된다.

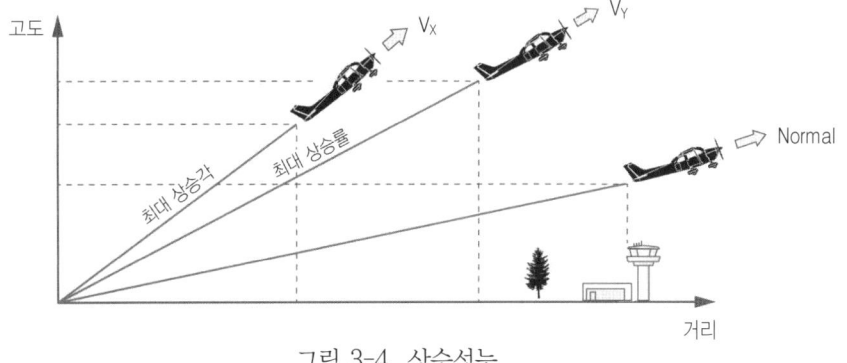

그림 3-4. 상승성능

이륙 초기 상승 중에 한쪽 엔진이 고장 난 경우, 장애물을 벗어날 수 있도록 가장 짧은 거리 내에서 최대 상승이 가능한 V_{XSE}를 사용한다. V_{XSE}를 사용하여 안전한 고도까지 상승한 후 V_{YSE}로 전환하여야 한다.

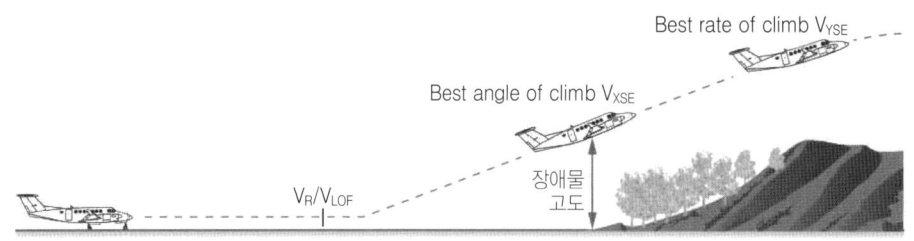

그림 3-5. 이륙 후 한쪽 엔진 고장 시의 상승

다. Zero sideslip 유지

　Sideslip의 크기는 상대풍(relative wind)과 항공기 세로축이 이루는 각도로 생각할 수 있다. 양쪽 엔진 모두 정상적으로 작동할 때는 비대칭 추력이 발생하지 않으므로 sideslip이 발생하지 않는 zero sideslip 상태가 되며, turn coordinator의 ball은 중앙에 유지된다.

　한쪽 엔진이 작동되지 않으면 작동되지 않는 엔진 쪽으로 sideslip이 발생하여 항력이 증가하고 성능이 저하되므로, 도움날개(aileron)와 방향키(rudder)를 사용하여 zero sideslip 상태가 되도록 조작하여야 한다.

　한쪽 엔진이 작동되지 않는 상태에서 아무런 조치를 취하지 않는 경우(turn coordinator의 ball 중앙, aileron neutral 유지), 작동되지 않는 엔진 쪽으로 sideslip이 발생한다. 그 결과 항력이 증가하며 방향키(rudder)와 수직 안정판(vertical fin)에 sideslip이 작용하여 작동되지 않는 쪽으로 yawing 현상이 발생한다. 이러한 yawing에 대응하기 위해서는 조종면을 크게 움직여야 한다.

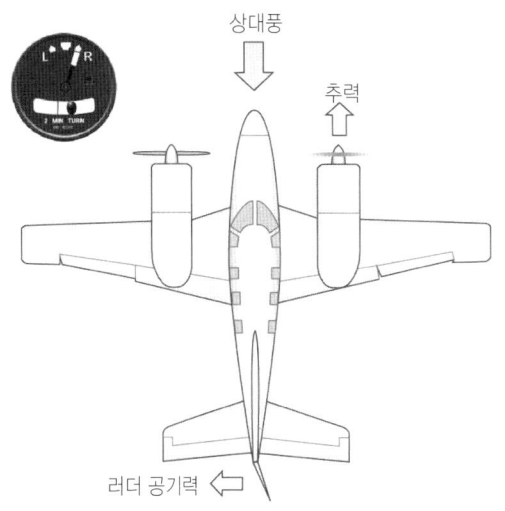

그림 3-6. Zero sideslip

　한쪽 엔진이 작동되지 않는 상태에서 방향키(rudder)를 사용하지 않고 8~10°의 경사각(bank angle)으로만 yawing에 대응하는 경우, 작동되는 엔진 쪽으로 sideslip이 발생하고 그 결과 항력이 증가하여 상승 성능이 매우 감소한다.

　그림 3-6과 같이 좌측 엔진이 작동되지 않는 경우 zero sideslip 상태를 유지하는 방법은 작동하는 우측 엔진 쪽으로 제작사가 권고하는 경사각 또는 약 5°의 경사각을 유지하고, turn coordinator의 ball을 작동되는 엔진 쪽으로 1/2~1/3 정도 벗어나도록 하는 것이다. Zero sideslip 상태를 유지하면 상대적으로 항력이 줄어들게 되며, 조종면의 움직임을 최소로 할 수 있다.

제2절 비행성능

1. 순항성능(Cruise performance)

프로펠러 비행기의 경우, 그림 3-7과 같은 동력-속도(power-speed) 그래프의 원점(0 knots인 점)에서부터 동력곡선에 직선을 그었을 때 동력곡선과 만나는 지점이 최대항속거리(maximum range)를 얻을 수 있는 속도가 된다. 이 속도는 최대 양항비를 얻을 수 있는 속도와 같다. 그리고 필요동력(power required)이 최저인 최저 필요동력 상태에서의 속도가 최대항속시간(maximum endurance)을 얻을 수 있는 속도가 된다.

일반적으로 장거리 비행을 할 때는 최대항속거리를 얻을 수 있는 속도의 99%에 해당하는 속도를 유지한다. 출력을 1% 줄임으로써 최대항속거리는 줄어들지만, 항속속도가 약 3~5% 증가하는 장점이 있기 때문이다.

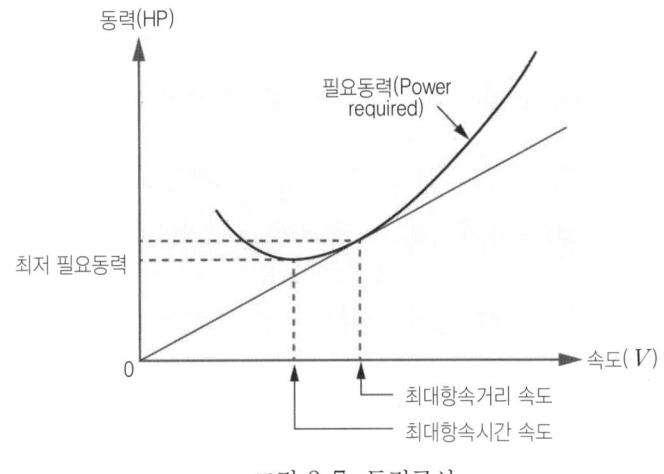

그림 3-7. 동력곡선

2. 이착륙 성능(Takeoff and landing performance)

가. 지면효과(Ground effect)

(1) 지면효과의 발생

항공기가 지면으로부터 수 ft 내에서 비행 시 날개 주변 공기흐름의 수직성분이 지면의 제한을 받아 변화한다. 이렇게 항공기가 지면에 근접하여 비행할 때 지면의 영향을 받아 발생하는 공기역학적 힘의 변화를 지면효과라고 한다. 지면효과는 상향흐름(upwash), 하향흐름(downwash) 및 날개끝 와류(wingtip vortex) 모두의 감소를 가져온다.

항공기의 날개 폭(wingspan) 또는 그 이하의 고도에서 지면에 더 가까이 접근할수록 지면효과는 증대된다. 날개길이와 동일한 고도에서 유도항력은 1.4% 정도 감소하나, 날개길이의 1/4 높이에서 유도항력은 23.5% 감소한다. 날개길이의 1/10 높이 고도까지 내려가면 유도항력은 47.6% 감소한다.

(2) 지면효과의 영향

지면효과로 인해 하향흐름과 날개끝 와류가 감소하면 유도항력이 감소한다. 유도항력이 감소하면 날개는 동일한 양력계수를 만들기 위해 지면효과 내에서는 더 적은 받음각이 필요하게 된다. 만일 받음각을 일정하게 유지한 상태로 지면효과 내에 진입할 경우 양력계수는 커지게 된다. 지면효과는 국지적 정압을 증가시키므로 속도와 고도가 실제보다 더 낮게 지시할 수 있다.

이륙 후 지면효과를 벗어나는 항공기가 동일한 양력계수를 유지하기 위해서는 받음각을 증가시켜야 하며, 유도항력이 증가하므로 추력의 증가가 필요하다. 또한 안정성이 감소되어 순간적인 기수 들림(nose-up) 현상이 발생하고, 정압이 감소하여 지시대기속도(indicated airspeed)가 증가한다.

나. 수막현상(Hydroplaning)
 (1) 수막현상의 발생

수막현상은 물이 고여 있는 활주로에 착륙하는 경우, 물의 영향으로 타이어(tire)가 활주로 표면에 완전하게 접촉되지 않아 브레이크 효과가 줄어들어 방향 안정성을 잃게 되는 현상을 말한다. 수막현상은 타이어의 압력과 항공기 속도에 큰 영향을 받는다. 수막현상이 발생하는 속도는 항공기 무게와 타이어(tire) 공기 압력에 비례하며, 그 크기는 $8.73(약\ 9) \times \sqrt{Tire\ Pressure}$ 이다. 예를 들어 타이어의 압력이 49 psi라면, $9 \times \sqrt{49}$ = 약 63 knots 이상에서 수막현상이 발생한다.

 (2) 수막현상의 종류
  (가) Dynamic hydroplaning: 활주로에 물이 많고 속도가 빠를 경우 수막에 의해 타이어가 떠있는 상태에서 발생하는 수막현상이다.
  (나) Viscous hydroplaning: 물의 점성으로 인하여 타이어에 물이 침투할 수 없으므로 타이어가 수막 위에서 활주하기 때문에 발생하는 현상이다. 이 수막현상은 dynamic hydroplaning보다 아주 낮은 속도에서 발생할 수 있지만, 접지구역과 같이 이전의 착륙으로 인하여 축적된 타이어 자국이 있는 매끄러운 표면이 있어야 한다.
  (다) Reverted rubber hydroplaning: 젖어 있는 활주로에 접지 시 마찰력으로 물이 끓어 타이어를 녹이고, 이 유액이 타이어 홈을 메워 물을 확산시키지 못함으로써 발생한다. 주로 과도한 브레이크압 사용으로 인해 바퀴가 회전하지 않는 채로 오랜 시간 미끄러질 때 발생한다. 이러한 종류의 수막현상에 대한 대처법은 조종사가 브레이크(brake)를 밟지 않고 바퀴가 충분히 회전하게 만들어야 하며, 중간 세기로 제동을 하는 것이다.

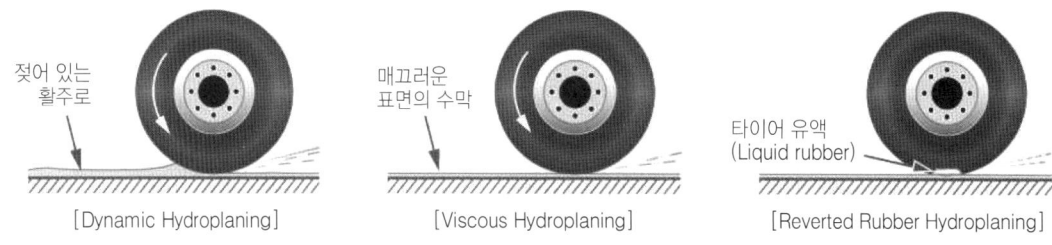

그림 3-8. 수막현상(hydroplaning)의 종류

 (3) 수막현상의 예방

수막현상의 발생이 예상되면 가능한 홈이 파여진 활주로에 착륙하는 것이 최선의 방법이다. 안전을 위해 접지속도는 가능한 한 낮게 유지하고, 착륙 후 바퀴가 충분히 회전할 수 있도록 브레이크를 너무 빨리 밟지 않아야 한다. Nose wheel이 활주로에 닿은 이후 중간 세기의 제동을 해야 한다. 만약 감속이 되지 않고 수막현상이 의심된다면, 기수를 들고 공기역학적 항력(aerodynamic drag)을 이용하여 효과적으로 제동이 되는 속도까지 감속한다.

다. 윈드시어(wind shear)의 영향
 (1) 윈드시어(wind shear)의 정의
    윈드시어는 바람의 급격한 움직임으로 인하여 발생하는 짧은 거리에 있어서의 풍향과 풍속의 급변현상을 말한다. 윈드시어는 모든 고도에서 발생이 가능하지만, 지상 2,000 ft 범위 내에서 항공기가 이착륙하는 짧은 시간 동안에 발생하는 저고도 윈드시어(low level wind shear)는 더욱 위험하다. 이 시점에서 항공기는 실속속도보다 약간 빠른 상태이기 때문에 풍속의 뚜렷한 변화는 양력을 잃게 할 수 있기 때문이다.
 (2) 비행에 미치는 영향
    윈드시어는 항공기의 이착륙 과정에서 매우 큰 영향을 준다. 항공기가 이착륙 할 때에 활주로 근처에서 윈드시어는 정풍이나 배풍의 급격한 증가 또는 감소를 초래하여 항공기의 실속이나 비정상적인 고도 상승을 초래하며, 측풍에 의해 활주로 이탈을 초래한다.
  (가) 양력 감소형
    착륙하기 위해 접근 중에 윈드시어가 발생하여 갑자기 정풍(head wind)이 멈추거나 배풍(tail wind)으로 변화되면, 항공기 날개에 대한 기류의 상대속도는 감소하고 비행속도가 감소한다. 비행속도가 감소하여 양력이 감소하게 되면 항공기 기수는 내려가고(pitch down), 정상적인 강하각보다 낮게 강하하게 된다. 이러한 윈드시어로 인해 고도가 급격하게 감소하면 활주로에 못 미쳐 추락하거나, 불시착 사고처럼 착륙 도중 뒤집힐 수도 있다.
    이렇게 정풍이 감소하는 윈드시어 상태를 양력 감소형이라고 하며, 항공기의 속도가 감소하게 되면 조종사는 즉시 항공기의 추력을 증가시켜야만 한다. 그러나 항공기의 속도와 강하각이 회복되면 즉시 추력을 다시 감소시켜야 한다. 만일 항공기의 속도와 강하각을 회복한 후에 증가된 추력을 즉시 제거하지 않으면 빠른 속도로 인해 활주거리가 길어진다.

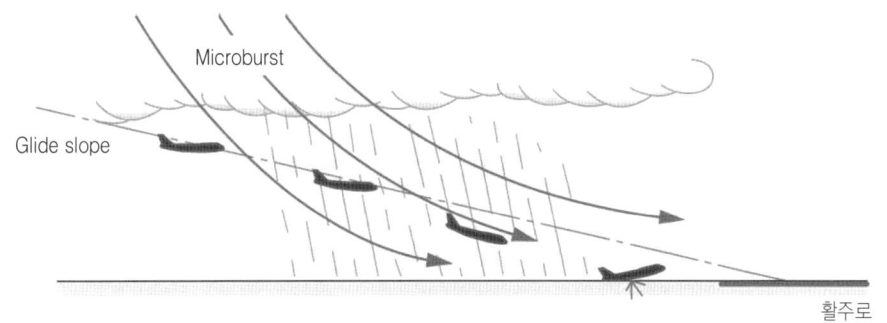

그림 3-9. 마이크로버스트로 인한 윈드시어(양력 감소형)

  (나) 양력 증가형
    착륙하기 위해 접근 중에 윈드시어가 발생하여 갑자기 배풍(tail wind)이 멈추거나 정풍(head wind)으로 변화되면, 항공기 날개에 대한 기류의 상대속도는 증가하고 비행속도가 증가한다. 비행속도가 증가하여 양력이 증가하게 되면 항공기 기수는 올라가고(pitch up), 정상적인 강하각보다 높게 강하하게 된다.
    이러한 윈드시어의 주된 위험은 활주거리를 길게 하여 항공기가 활주로를 벗어나게 할 수 있다는 것이다. 또 다른 위험요소는 항공기가 착륙할 때 갑자기 항공기의 속도가 증가하고 강하각이 증가하는 것을 느끼게 되면 대부분의 조종사는 속도를 감소시키고, 원래의 강하각을 유지하도록 기수를 내린다는 것이다. 시간이 지남에 따라 항공기에 작용하는 감속력은 항공기의 속도를 감소시킬 것이고, 조종사가 항공기의 추력이 낮다는 것을 느끼게 될 때는 너무 늦어서 회복할 수 없는 경우가 발생하기도 한다.

이렇게 정풍이 증가하는 윈드시어 상태를 양력 증가형이라고 하며, 항공기의 속도가 증가하게 되면 조종사는 즉시 항공기의 추력을 감소시켜야만 한다. 그리고 정상적인 강하각에 진입하면 추력을 정상적인 추력으로 증가시킨 후 접근 착륙하여야 한다.

3. 좌선회 경향(Left turning tendency)

단발 프로펠러 비행기가 좌측으로 선회하려는 특성은 토크 효과, 나선 후류, 자이로스코픽 운동 및 P-factor 요소들로 인해 발생한다.

가. 토크 효과(Torque effect), 또는 토크 반작용(Torque reaction)

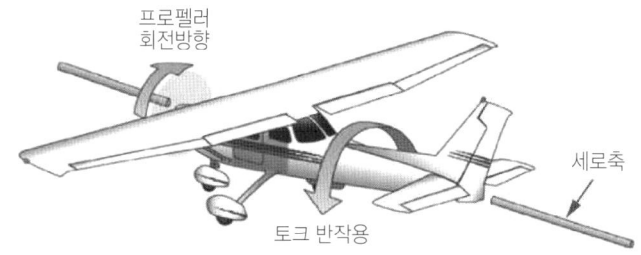

그림 3-10. 토크 효과(Torque effect)

토크 효과(또는 토크 반작용)란 뉴턴의 작용 반작용의 법칙에 따라 엔진의 내부 부품과 프로펠러가 한쪽 방향으로 회전함에 따라, 그와 동일한 회전 모멘트가 반대쪽 방향으로 동체에 작용하는 것을 말한다.

항공기가 이륙활주(take-off roll)를 할 때 좌측 바퀴는 이 토크 반작용에 의해 바퀴보다 더 많은 하중(이것은 마찰력과 항력을 증가시킨다)을 받게 되어, 항공기로 하여금 진행 방향으로부터 점점 좌측으로 벗어나도록 만든다. 이러한 모멘트의 강도는 엔진의 크기 및 마력, 프로펠러의 크기 및 rpm, 비행기의 크기, 그리고 지면 상태 등의 변수에 좌우된다.

나. 나선 후류(Spiral slipstream)의 corkscrew 영향

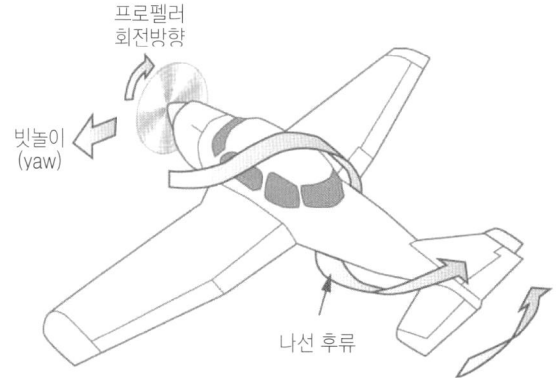

그림 3-11. 나선 후류(slipstream)의 corkscrew

빠른 속도로 회전하는 프로펠러는 회전하는 나선 모양의 후류를 생성한다. 항공기가 이륙할 때나 유동력 실속(power-on stall)에 걸렸을 때처럼 프로펠러의 속도는 빠른 반면에 항공기의 전진속도는 느린 경우에 이 현상이 두드러져, 이 회전형 후류는 항공기 수직꼬리날개의 좌측 측면을 강하게 밀게 된다. 따라서 항공기의 기수(nose)는 좌측으로 돌아가려 하게 된다.

프로펠러의 RPM이 높을수록 강한 효과를 나타낸다. 그러나 항공기의 전방속도가 점점 빨라짐에 따라 이 회전형 후류는 길게 늘어지게 되고 수직꼬리날개를 미는 효과도 점점 약해진다. 이 나선 모양의 후류는 세로축에 대하여 우측 방향으로 옆놀이 모멘트(rolling moment)를 발생시킨다.

다. 자이로스코픽 운동(Gyroscopic action), 또는 섭동성(Precession)

자이로스코프(gyroscope)는 기본적으로 강직성(rigidity)과 섭동성(precession)의 특성을 가지고 있으며, 좌선회 경향과 관련된 특성은 섭동성이다. 섭동성이란 회전하는 물체에 힘이 주어졌을 때 결과적으로 적용되는 힘은 최초 힘이 주어진 지점으로부터 90° 회전한 지점에 적용된다는 것이다.

회전하고 있는 프로펠러 역시 자이로스코프(gyroscope)의 일종이므로 이 현상이 적용된다. 특히 꼬리바퀴(tail wheel)를 가지고 있는 항공기인 경우, 이륙활주(take-off roll)중 꼬리가 위로 올라갈 때 이 현상이 발생한다. 이런 상황은 마치 회전중인 프로펠러의 상단을 뒤에서 앞으로 미는 힘으로 생각할 수 있으며 결과적으로 90° 회전한 지점에서 앞으로 미는 힘이 작용한다. 따라서 프로펠러가 반시계 방향으로 회전하는 항공기는 우측으로 빗놀이 운동(yaw)을 하게 되고, 프로펠러가 시계 방향으로 회전하는 항공기는 좌측으로 빗놀이 운동(yaw)을 하게 된다. 그러나 앞바퀴를 갖고 있는 대부분의 항공기는 이륙활주 중 이러한 현상이 발생하지 않는다.

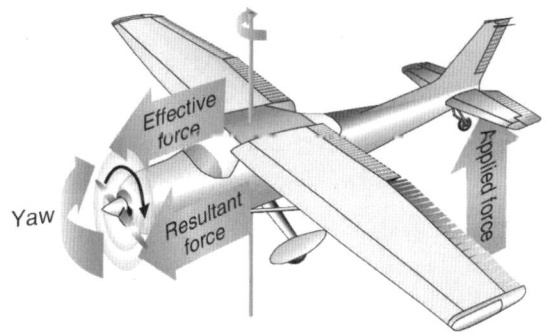

그림 3-12. 자이로스코픽 운동(Gyroscopic action)

라. 프로펠러의 비대칭 하중(Asymmetric loading), 또는 P-factor

항공기가 큰 받음각(AOA)으로 비행 중일 때 아래로 내려가는 프로펠러 블레이드는 위로 올라오는 프로펠러 블레이드보다 더 큰 받음각(AOA)과 더 빠른 속도로 공기와 부딪히게 된다. 따라서 조종석에서 바라본 프로펠러의 우측이 좌측보다 더 많은 추력(thrust)을 발생하게 되어 항공기는 좌측으로 빗놀이 운동(yaw)을 하게 된다.

I. 항공기 성능

【문제】1. Twin-engine 비행기에서 critical engine 이란?
① 추력의 중심이 기체 중심선으로부터 가장 먼 엔진으로 조종성에 가장 큰 영향을 미치는 엔진
② 추력의 중심이 기체 중심선으로부터 가장 가까운 엔진으로 조종성에 가장 큰 영향을 미치는 엔진
③ 제작자에 의하여 시정된 엔신으로 가장 유용한 추력을 얻는 엔진
④ 2차 시스템에 동력을 공급하는 엔진으로 고장이 난 경우 가장 나쁜 영향을 미치는 엔진

【문제】2. 속도 V_1의 정의로 맞는 것은?
① Take-off climb speed
② Engine failure speed
③ Speed for best angle of climb
④ Take-off decision speed

【문제】3. V_1에 대한 설명 중 잘못된 것은?
① Critical engine failure speed 이다.
② 이 이상의 속도에서 정상적인 이륙이 가능하다.
③ V_1은 max tire limit speed보다 크다.
④ 이륙을 위한 결심속도이지 참고속도가 아니다.

【문제】4. 이륙을 하는 동안 조종사가 이륙을 포기하고 가속정지거리 내에서 항공기를 정지시킬 수 있는 최대속도는?
① V_R
② V_{EF}
③ V_1
④ V_2

【문제】5. 이륙 시에 실속속도(V_{S0})의 1.2배인 속도는?
① V_1
② V_2
③ V_{LOF}
④ V_R

【문제】6. V_2 속도란?
① Takeoff decision speed
② Takeoff safety speed
③ Minimum takeoff speed
④ Final takeoff speed

【문제】7. 실속속도 또는 항공기를 조종할 수 있는 최소비행속도는?
① Vs
② Va
③ V_2
④ Vy

【문제】8. 최대 플랩내림속도는?
① V_{NE}
② V_X
③ V_{REF}
④ V_{FE}

정답 1. ② 2. ④ 3. ③ 4. ③ 5. ② 6. ② 7. ① 8. ④

【문제】9. 속도 Vg의 정의로 맞는 것은?
① Best Glide Speed
② Maneuvering Speed
③ Best Angle of Climb Speed
④ Minimum Unstick Speed

〈해설〉 V speed의 의미는 다음과 같다.

V speed	용어	비 고
V_1	Takeoff Decision Speed	항공기가 이륙 활주 중에 장비된 엔진 중 한 대가 고장인 경우 이륙을 할 것인가 또는 중지할 것인가를 판정하기 위해 설정된 속도. 임계점 속도(critical engine failure speed) 또는 단념속도(refusal speed)라고도 한다. [참고] V_1 speed는 max tire limit speed와 직접적인 관련이 없다.
V_2	Takeoff Safety Speed	비행기가 지면을 벗어난 후 안전하게 이륙을 계속할 수 있는 속도. 일반적으로 V_2는 $1.2V_{S0}$ 또는 $1.1V_{mca}$ 중 큰 속도로 정의된다.
V_S	Stalling Speed	실속속도 또는 항공기를 조종할 수 있는 최소안전비행속도(minimum steady flight speed)
V_{S0}	Stalling Speed with Landing Configuration	착륙형태(landing configuration)에서 실속속도 또는 항공기를 조종할 수 있는 최소안전비행속도
V_{FE}	Maximum Flap Extend Speed	플랩을 내릴 수 있는 최대속도
V_G	Best Glide Speed	최대활공속도

【문제】10. 이륙중량 증가 시 속도의 변화로 맞는 것은?
① Critical engine failure speed의 감소
② Rotation speed의 감소
③ Takeoff safety speed의 감소
④ Lift-off Speed의 감소

【문제】11. 이륙 시 항공기의 무게가 증가할수록 커지는 것이 아닌 것은?
① V_2
② Accelerate go distance
③ Accelerate stop distance
④ Critical engine failure speed

〈해설〉 무거운 이륙중량은 낮은 V_1(critical engine failure speed)을 야기하고, 가벼운 이륙중량은 높은 V_1 값을 야기한다. V_R, V_{LOF}, V_2 및 V_3의 값은 양력을 생성하기 위하여 필요한 동압과 관련이 있다. 따라서 항공기 중량이 증가하면 이러한 속도의 값을 증가시킬 것이다. 이것은 이륙중량 증가가 각 이륙단계에서 도달해야 하는 속도를 증가시킨다는 것을 의미한다.

【문제】12. 항공기의 구조적 손상을 입힐 수 있는 경계를 나타내는 하중계수는?
① 한계하중계수 ② 기동하중계수 ③ 경계하중계수 ④ 종극하중계수

【문제】13. 항공기의 구조적 파손을 초래할 수 있는 경계를 나타내는 하중계수는?
① 경계하중계수 ② 종극하중계수 ③ 기동하중계수 ④ 한계하중계수

〈해설〉 한계하중(limit load)과 종극하중(ultimate load)
1. 한계하중(또는 제한하중이라고도 한다) : 설계상 항공기가 감당할 수 있는 최대 하중으로 항공기는 이 한계하중 내에서만 운용하도록 되어 있다. 이러한 한계하중을 초과하여 비행하면 항공기의 구조적 손상(structural damage)을 초래할 수 있다.

[정답] 9. ① 10. ① 11. ④ 12. ① 13. ②

2. 종극하중(또는 극한하중이라고도 한다) : 비행기에는 예기치 않은 과도한 하중이 작용할 수 있으며, 이 과도한 하중에 항공기 기체는 최소한 3초간은 안전하게 견딜 수 있도록 설계해야 한다. 이 과도한 하중을 종극하중(ultimate load)이라고 하며, 이러한 종극하중을 초과하면 항공기의 구조적 파손 (structural failure)으로 이어질 수 있다. 종극하중은 한계하중에 항공기의 일반적인 안전계수 1.5를 곱한 하중이 된다.

【문제】14. V-n 선도는?
① 비행기의 속도와 양항비의 관계를 나타낸다.
② 비행속도와 하중과의 관계를 나타낸다.
③ 비행속도와 비행 중 공기의 저항에 의한 하중과의 관계를 나타낸다.
④ 비행기의 운동 가능한 하중의 범위를 나타낸다.

【문제】15. V-n 선도의 정의로 가장 올바른 것은?
① 비행속도와 하중계수와의 관계를 나타낸다.
② 비행속도에 따른 하중계수의 한계범위를 나타낸다.
③ 비행속도에 따른 양력과 항력과의 관계를 나타낸다.
④ 받음각의 변화에 따른 양력의 증가와 감소를 나타낸다.

【문제】16. 심한 난기류와 조우했을 때 날개하중을 최소화하기 위하여 가장 적절한 조치는?
① 동력을 조절하여 속도를 조절하고, 날개는 수평을 유지하고 고도의 변화를 허용한다.
② 승강키와 동력을 조절하여 속도를 조절하고, 날개의 경사와 고도의 변화를 허용한다.
③ 설계기동속도(Va) 또는 그 이하의 속도가 되도록 동력을 고정하고, 날개는 수평을 유지하며 속도와 고도의 변화를 허용한다.
④ 설계기동속도(Va) 또는 그 이하의 속도가 되도록 동력을 조절하고, 날개는 수평을 유지하며 이러한 속도를 유지할 수 있도록 자세를 유지한다.

【문제】17. Severe turbulence 조우 시 유지해야 할 speed는?
① Va 또는 그 이하의 속도   ② Va 또는 그 이상의 속도
③ Vs 또는 그 이하의 속도   ④ Vs 또는 그 이상의 속도

【문제】18. 극심한 난기류, 뇌우 또는 돌풍지역을 통과할 때 유지해야 할 속도는?
① Vx   ② Vy   ③ Vs   ④ Va

【문제】19. 항공기 무게와 Va speed와의 관계로 맞는 것은?
① 항공기 무게가 증가하면 Va는 커진다.
② 항공기 무게가 증가하면 Va는 작아진다.
③ 항공기 무게가 증가하여도 Va는 일정하다.
④ 항공기 무게와 Va는 관계가 없다.

정답   14. ④   15. ②   16. ③   17. ①   18. ④   19. ①

〈해설〉 하중배수선도와 설계기동속도
1. 하중배수선도(V-n 선도) : 항공기 속도에 따른 하중배수의 변화를 나타내는 그래프로서 구조 역학적으로 항공기의 안전한 비행범위를 정해 준다.
2. 설계기동속도(V_A, design maneuver speed)
   가. 항공기의 구조적 손상없이 안전하게 기동할 수 있는 최대속도이다. 항공기가 이 이상 속도에서 하중계수를 제한치 이상으로 초과시킬 경우에는 바로 구조적 손상을 초래하는 영역에 들어간다. 비행하는 동안 악기류나 심한 난기류(turbulence)와 조우하였다면, 비행기 구조의 응력(stress)을 최소화하기 위하여 속도를 설계기동속도 이하로 줄여야 한다.
   나. 무게가 가벼운 항공기는 돌풍이나 난기류에 더 빠른 가속을 받을 수 있기 때문에 항공기 무게가 감소하면 설계기동속도(V_A)는 감소한다.

【문제】20. Transport category 항공기의 제한하중배수는?
① 1.2   ② 2.5   ③ 3.8   ④ 4.4

【문제】21. Utility category 항공기의 limit load factor는?
① 2.5   ② 3.8   ③ 4.4   ④ 6.0

〈해설〉 감항류별에 따른 제한하중배수(limit load factor)는 다음과 같다.

감항류별	제한하중배수(n_1)	비 고
A류(Acrobatic category)	$n_1 = 6.0$	곡예비행에 적합
U류(Utility category)	$n_1 = 4.4$	실용적으로 제한된 곡예비행만 가능
N류(Normal category)	$2.5 \leq n_1 \leq 3.8$	곡예비행 불가능
T류(Transport category)	$n_1 \geq 2.5$	수송기로서의 운동가능, 곡예비행 불가능

【문제】22. Single engine 상황 시 주어진 거리 내에서 최대상승이 가능한 속도는?
① V_{XSE} ② V_{YSE} ③ V_{MC} ④ V_R

【문제】23. 다음 그림에서 점 S가 의미하는 것은?

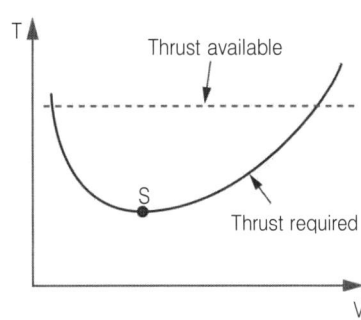

① Stall speed
② Maneuver speed
③ Best rate-of-climb speed
④ Best angle-of-climb speed

【문제】24. 이륙 중 쌍발 엔진의 한쪽 엔진이 고장 난 경우 안전한 고도까지 상승에 필요한 속도는?
① V_{XSE} ② V_{YSE} ③ V_A ④ V_{SSE}

정답   20. ②   21. ③   22. ①   23. ④   24. ①

【문제】 25. 쌍발기가 single-engine service ceiling보다 높은 고도에서 비행 중 하나의 engine이 fail 된 경우, 조종사가 유지해야 하는 속도는?
　　① V_{XSE}　　　② V_{YSE}　　　③ V_{MC}　　　④ V_{REF}

【문제】 26. Vmc 란?
　　① 한쪽 엔진이 작동하지 않을 때 주어진 거리 내에서 최대상승이 가능한 속도
　　② 플랩을 내릴 수 있는 최대속도
　　③ 이륙을 포기하고 가속정지거리 내에서 항공기를 정지시킬 수 있는 최대속도
　　④ 임계엔진이 작동하지 않을 때 조종이 가능한 최소속도

【문제】 27. 터보프롭 항공기에서 Vmc 속도에 대한 설명으로 맞는 것은?
　　① 한쪽 엔진이 고장 난 경우 다른 한쪽 엔진으로 비행할 수 있는 최소속도
　　② 한쪽 엔진이 고장 난 경우 날개를 5° 이내로 bank하여 직선비행을 유지할 수 있는 최소속도
　　③ 속도계에는 yellow arc로 표시된다.
　　④ V_1의 120%를 초과하지 않는다.

〈해설〉 V Speed의 유형

V Speed	비 고
V_X	(Best angle of climb speed) 가장 짧은 거리 내에서 최대상승이 가능한 속도
V_{XSE}	(Best angle of climb speed with one engine inoperative) 엔진 하나가 작동되지 않을 때 가장 짧은 거리 내에서 최대상승이 가능한 속도 　이륙 초기 상승 중 한쪽 엔진이 고장 난 경우, 장애물을 벗어날 수 있도록 가장 짧은 거리 내에서 최대상승이 가능한 V_{XSE}를 사용하여 안전한 고도까지 상승한다.
V_Y	(Best rate of climb speed) 가장 짧은 시간 내에 최대상승이 가능한 속도
V_{YSE}	(Best rate of climb speed with one engine inoperative) 엔진 하나가 작동되지 않을 때 가장 짧은 시간 내에 최대상승이 가능한 속도 　엔진 정지 운용 중 모든 상승에서 활용되는 속도이다. Single-engine absolute ceiling 이상의 고도에서 하나의 엔진에 고장이 발생하면 V_{YSE}를 유지해야 한다.
V_{MC}	(Minimum control speed with critical engine failure) 임계엔진이 작동되지 않을 때 조종이 가능한 최소속도 　이 속도는 경사각(bank angle)이 5°를 넘지 않고 방향키(rudder)를 최대로 사용하여 직선비행을 유지할 수 있는 최소속도로서, 실속속도의 120%를 초과하지 않는다.

【문제】 28. 짧은 활주로에서 이륙하자마자 유지해야 하는 속도는?
　　① Vx　　　　　　　　　② Vy
　　③ Va　　　　　　　　　④ Normal climb speed

【문제】 29. 항공기 고도 증가 시 Vx와 Vy 두 속도가 같아지는 지점은?
　　① Cruise ceiling　　　　② Absolute ceiling
　　③ Maximum operating ceiling　　④ Service ceiling

〈해설〉 V_X, V_Y와 절대상승한계(absolute ceiling)
　　1. 짧은 활주로에서 이륙 시에는 일반적으로 V_X로 장애물 고도까지 초기 상승할 수 있도록 기수를 올리고 부양(lift-off)한 직후 V_X로 가속하여야 한다. 그리고 장애물을 회피한 후 V_Y로 전환한다.

정답　25. ②　26. ④　27. ②　28. ①　29. ②

2. 항공기의 고도가 증가할수록 V_X(best angle of climb speed)는 증가하고, V_Y(best rate of climb speed)는 감소한다. 따라서 고도가 증가하면 두 속도는 교차하게 되며, 이 두 속도가 같아지는 지점이 비행기의 절대상승한계(absolute ceiling)가 된다.

【문제】30. Multi-engine 항공기에서 한쪽 엔진 고장 시 sideslip을 줄이려면?
① 작동 엔진의 출력을 증가시킨다.
② 작동 엔진 쪽으로 5° 이내의 bank를 준다.
③ Pitch를 낮추고 증속한다.
④ Wings level을 유지한다.

【문제】31. 쌍발엔진에서 one engine fail이 의미하는 것은?
① 전체성능의 50% 이상 상실
② 상승성능의 50% 이상 상실
③ 순항속도의 50% 이상 상실
④ 강하성능의 50% 이상 상실

〈해설〉쌍발엔진 항공기에서 한쪽 엔진 부작동 시 비행성능은 다음과 같다.
1. 한쪽 엔진이 작동되지 않는 경우, zero sideslip 상태를 유지하기 위해서는 작동하는 엔진 쪽으로 제작사가 권고하는 경사각 또는 약 5°의 경사각을 유지한다.
2. Twin-engine 항공기에서 하나의 엔진이 fail되면 50% 이상의 상승률이 감소된다.

Ⅱ. 비행성능

【문제】1. 다음과 같은 Power-speed 그래프에서 원점을 지나는 직선과 접하는 점을 X라 하고 곡선 그래프 상의 최하점을 Y라고 할 때, Y점이 의미하는 것은?

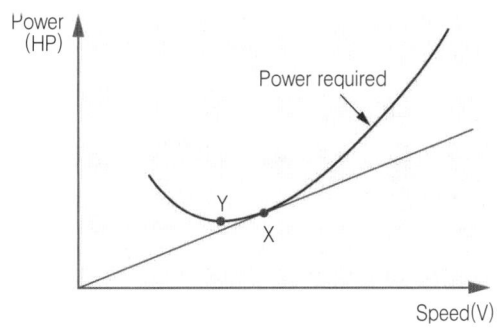

① Maximum power speed for maximum endurance
② Maximum power speed for best range
③ Minimum power speed for maximum endurance
④ Minimum power speed for best range

〈해설〉문제의 그래프에서 원점을 지나는 직선과 접하는 점 X는 최대항속거리(maximum range)를 얻을 수 있는 속도가 된다. 그리고 필요동력(power required)이 최저인 minimum power 상태에서의 속도가 Y인 지점이 최대항속시간(maximum endurance)을 얻을 수 있는 속도가 된다.

[정답] 30. ② 31. ② / 1. ③

【문제】2. 지면효과가 발생할 때 영향을 미치는 항력은?
　　① 유도항력　　② 간섭항력　　③ 유해항력　　④ 마찰항력

【문제】3. 날개가 지면효과의 영향을 받을 때 줄어드는 것은?
　　① 유해항력　　② 유도항력　　③ 양력　　④ 추력

【문제】4. 날개가 ground effect의 영향을 받을 때 downwash, upwash 및 wing tip vortex는?
　　① Downwash 및 wing tip vortex는 감소하고, upwash는 증가한다.
　　② Downwash 및 wing tip vortex는 증가하고, upwash는 감소한다.
　　③ Downwash, upwash 및 wing tip vortex 모두 감소한다.
　　④ Downwash, upwash 및 wing tip vortex 모두 증가한다.

【문제】5. 지면효과(ground effect)에 진입하는 항공기의 양력과 유도항력의 변화로 맞는 것은?
　　① 양력과 유도항력이 모두 증가된다.
　　② 양력과 유도항력이 모두 감소된다.
　　③ 양력이 감소되고 유도항력이 증가된다.
　　④ 양력이 증가되고 유도항력이 감소된다.

〈해설〉 지면효과는 상향흐름(upwash), 하향흐름(downwash) 및 날개끝 와류(wingtip vortex)의 감소를 가져온다. 지면효과로 인해 날개끝 와류가 감소하면 유도항력이 감소한다. 유도항력이 감소하면 날개는 동일한 양력계수를 만들기 위해 지면효과 내에서는 더 적은 받음각이 필요하게 된다. 만일 받음각을 일정하게 유지한 상태로 지면효과 내에 진입할 경우 양력계수는 커지게 된다.

【문제】6. 지면효과(ground effect)를 벗어날 때의 현상으로 맞는 것은?
　　① 동력의 감소가 요구된다.
　　② 안정성의 감소와 순간적으로 기수 들림이 발생한다.
　　③ 동일한 양력계수를 얻기 위해 보다 낮은 받음각이 요구된다.
　　④ 유도항력의 감소를 초래한다.

【문제】7. 지면효과를 이탈할 때의 현상으로 맞는 것은?
　　① 정압원의 감소로 지시속도가 증가한다.
　　② 동일한 양력을 얻기 위해 받음각의 감소가 필요하다.
　　③ 안정성의 감소와 순간적인 pitch-down 현상이 발생할 수 있다.
　　④ 유도항력이 감소하기 때문에 양력이 증가한다.

【문제】8. 이륙 시 ground effect가 없어질 때의 현상으로 틀린 것은?
　　① 실제속도보다 적게 지시한다.　　② 유도항력이 증가한다.
　　③ Power의 증가가 필요하다.　　④ Pitch-up 현상이 발생한다.

[정답]　2. ①　3. ②　4. ③　5. ④　6. ②　7. ①　8. ①

【문제】9. 지면효과(ground effect)를 벗어나는 항공기는?
① 지면마찰이 감소하여 동력을 약간 감소시켜야 한다.
② 유도항력이 증가하여 추력을 더 증가시켜야 한다.
③ 동일한 양력계수를 유지하기 위하여 받음각을 적게 하여야 한다.
④ 정압원이 증가하여 지시대기속도가 감소한다.

【문제】10. Ground effect를 벗어날 때의 특성으로 틀린 것은?
① 동일한 양력을 얻기 위해 받음각의 증가가 필요하다.
② 지시속도가 감소한다.
③ 순간적인 pitch-up 현상이 발생할 수 있다.
④ 유도항력이 증가하여 더 많은 추력이 요구된다.

【문제】11. Ground effect를 떠날 때의 현상 중 틀린 것은?
① 양력 감소로 추가 추력이 필요하다.   ② 지시속도가 증가한다.
③ 가로축에 대한 안정성이 감소한다.   ④ 세로축에 대한 안정성이 감소한다.

〈해설〉 이륙 후 지면효과를 벗어나는 항공기가 동일한 양력계수를 유지하기 위해서는 받음각을 증가시켜야 하며, 유도항력이 증가하므로 추력의 증가가 필요하다. 또한 가로축에 대한 안정성(세로 안정성)이 감소되어 순간적인 기수 들림(nose-up) 현상이 발생하고, 정압이 감소하여 지시대기속도(indicated airspeed)가 증가한다.

■ 잠깐! 알고 가세요.
[지면효과(ground effect)의 영향]

구 분	지면효과 이탈	지면효과 진입
유도항력	유도항력 증가로 양력 감소 받음각 증가 필요, 추력 증가 필요	유도항력 감소로 동일한 양력계수 유지를 위해 받음각 감소 필요
지시대기속도	정압의 감소로 지시대기속도 증가	정압의 증가로 지시대기속도 감소
안정성	세로 안정성 감소로 순간적인 기수 들림 현상 발생	—

【문제】12. 활주로 표면이 젖어있을 경우 브레이크를 사용하면 타이어와 노면 사이에 얇은 막이 형성되고 이로 인해 브레이크 효과가 줄어들어 방향 안정성을 잃게 되는 현상은?
① Skidding   ② Slipping
③ Hydroplaning   ④ Ground loop

【문제】13. 착륙 후 hydroplaning 현상을 피하기 위한 조치로 적합한 것은?
① 브레이크 사용 시기를 지연시킨다.
② 접지 후 즉시 브레이크를 사용한다.
③ 정상 속도보다 빠른 속도로 접근한다.
④ 착륙 후 접근 power보다 큰 power를 사용한다.

정답   9. ②   10. ②   11. ④   12. ③   13. ①

【문제】 14. 수막현상에 대한 설명 중 틀린 것은?
  ① 접지속도가 빠를수록 발생할 가능성이 높아진다.
  ② 타이어의 마찰력이 클수록 발생할 가능성이 감소한다.
  ③ 고여 있는 물의 깊이가 깊을수록 발생할 가능성이 높아진다.
  ④ 타이어의 압력이 낮을수록 발생할 가능성이 낮아진다.

【문제】 15. Hydroplaning에 대한 설명 중 틀린 것은?
  ① Hydroplaning 발생속도는 tire pressure에 비례한다.
  ② Viscous hydroplaning은 dynamic hydroplaning보다 낮은 속도에서 일어난다.
  ③ Hydroplaning 발생 시 속도를 줄이기 위해 aerodynamic brake를 사용한다.
  ④ 항공기 무게가 무거울수록 hydroplaning 발생속도는 감소한다.

【문제】 16. 권고하는 접지속도보다 더 빠른 속도로 착륙하는 경우 hydroplaning 가능성은?
  ① Hydroplaning 가능성은 높아진다.
  ② Hydroplaning 가능성은 낮아진다.
  ③ Hydroplaning 가능성은 동일하다.
  ④ Hydroplaning 가능성은 동일하거나, 약간 증가한다.

【문제】 17. 젖어 있는 활주로에 착륙 시 dynamic hydroplaning과 비교하여 viscous hydroplaning이 발생하는 속도는?
  ① Dynamic hydroplaning 속도와 동일한 속도에서 발생한다.
  ② Dynamic hydroplaning이 발생하는 속도의 약 2배의 속도에서 발생한다.
  ③ Dynamic hydroplaning 속도보다 느린 속도에서 발생한다.
  ④ Dynamic hydroplaning 속도보다 빠른 속도에서 발생한다.

【문제】 18. 일반적으로 활주로 양 끝단에 위치한 접지구역에서 발생할 수 있는 hydroplaning은?
  ① Dynamic hydroplaning
  ② Rubber reversion hydroplaning
  ③ Rubber steaming hydroplaning
  ④ Viscous hydroplaning

〈해설〉 Viscous hydroplaning은 접지구역과 같이 이전의 착륙으로 인하여 축적된 타이어 자국이 있는 매끄러운 표면에서 주로 일어나는 수막현상이며, dynamic hydroplaning보다 아주 낮은 속도에서도 발생할 수 있다.

【문제】 19. 타이어 마찰에 의해 발생된 수증기가 활주로 표면에 둘러 싸여 비행기가 들릴 때 발생하는 hydroplaning은?
  ① Viscous hydroplaning   ② Dynamic hydroplaning
  ③ Reverted rubber hydroplaning ④ Static hydroplaning

정답 14. ④   15. ④   16. ①   17. ③   18. ④   19. ③

【문제】 20. 과도한 wheel brake 사용 시 발생하는 hydroplaning은?
① Static hydroplaning ② Dynamic hydroplaning
③ Reverted rubber hydroplaning ④ Viscous hydroplaning

【문제】 21. 다음 중 hydroplaning의 종류에 포함되지 않는 것은?
① Dynamic hydroplaning ② Negative hydroplaning
③ Rubber reversion hydroplaning ④ Viscous hydroplaning

〈해설〉 수막현상의 종류 및 예방
  1. 수막현상(hydroplaning) : 물이 고여 있는 활주로에 착륙하는 경우 타이어가 활주로 표면에 완전하게 접촉되지 않아 브레이크 효과가 줄어들어 방향 안정성을 잃게 되는 현상을 말한다. 수막현상이 발생하는 속도는 항공기 무게와 타이어(tire) 공기 압력에 비례한다.
  2. 수막현상의 종류
    가. Dynamic hydroplaning : 활주로에 물이 많고 속도가 빠를 경우 수막에 의해 타이어가 떠있는 상태
    나. Viscous hydroplaning : 물의 점성으로 인하여 타이어에 물이 침투할 수 없으므로 타이어가 수막 위에서 활주하기 때문에 발생하는 현상으로, dynamic hydroplaning보다 아주 낮은 속도에서 발생할 수 있다.
    다. Reverted rubber hydroplaning : 젖은 활주로에 접지 시 마찰력으로 물이 끓어 타이어(tire)를 녹이고, 이 유액이 타이어 홈을 메워 물을 확산시키지 못함으로써 발생하는 현상이다. 주로 과도한 브레이크압 사용으로 인해 바퀴가 회전하지 않는 채로 오랜 시간 미끄러질 때 발생한다.
  3. 수막현상의 예방 : 안전을 위해 접지속도는 가능한 한 낮게 유지하고, 착륙 후 바퀴가 충분히 회전할 수 있도록 브레이크를 너무 빨리 밟지 않아야 한다. 만약 감속이 되지 않고 수막현상이 의심된다면 aerodynamic drag를 이용하여 효과적으로 제동이 되는 속도까지 감속한다.

【문제】 22. Hydroplaning의 진입속도(V_H)와 tire pressure(P)와의 관계로 맞는 것은?
① V_H는 P^2에 비례한다. ② V_H는 P에 비례한다.
③ V_H는 P에 반비례한다. ④ V_H는 $\sqrt{P}$에 비례한다.

〈해설〉 수막현상(hydroplaning)의 발생속도는 타이어(tire)의 공기 압력(P)에 비례하며, 수막현상이 발생하는 최소속도(knots) V_H는 대략 $9 \times \sqrt{\text{Tire Pressure}(P)}$ 이다.

【문제】 23. 140 knot의 속도로 최종접근 중인 항공기의 타이어 공기 압력이 121 psi 일 때, dynamic hydroplaning이 발생하는 최저속도는?
① 77 knots ② 88 knots ③ 99 knots ④ 110 knots

〈해설〉 수막현상이 발생하는 최저속도(minimum hydroplaning speed)를 V_H(knots)라고 하면,
$$\therefore V_H = 9 \times \sqrt{\text{Tire Pressure}} = 9 \times \sqrt{121} = 99\,knots$$

【문제】 24. 착륙 시 가장 좋지 않은 경우는?
① 하강기류가 있을 때 ② 측풍이 있을 때
③ 배풍에서 정풍으로 바뀔 때 ④ 정풍에서 배풍으로 바뀔 때

정답 20. ③ 21. ② 22. ④ 23. ③ 24. ④

【문제】 25. 접근 중 windshear가 가장 위험한 시기는?
① 정풍에서 배풍으로 바뀔 때　　② 배풍에서 정풍으로 바뀔 때
③ 측풍으로 흩어질 때　　　　　　④ 아래로 흩어질 때

〈해설〉 착륙하기 위해 활주로로 접근 중에 윈드시어(windshear)가 발생하여 갑자기 정풍이 멈추거나 배풍으로 변화되면, 날개에 대한 기류의 상대속도는 감소하고 따라서 항공기에 대한 대기속도는 감소한다. 대기속도가 감소하여 양력이 감소하게 되면 항공기의 제어가 불가능해지고, 활주로에 못 미쳐 추락하거나 불시착 사고처럼 착륙 도중 뒤집힐 수도 있다.

【문제】 26. 착륙 접근 중 항공기 지시대기속도 증가, 피치 증가 및 강하율이 감소된다면 이때의 바람 상태는?
① 배풍 증가　　② 정풍 감소　　③ 정풍 증가　　④ 배풍 감소

〈해설〉 착륙 접근 중 윈드시어(windshear)가 항공기에 미치는 영향은 다음과 같다.

구 분	정풍 감소(배풍 증가)	정풍 증가(배풍 감소)
지시대기속도(IAS)	감소	증가
피치(pitch)	감소	증가
강하율(sink rate)	증가	감소
대지속도(GS)	증가	감소

【문제】 27. 착륙 접근 시 wind gust factor에 대한 속도 보정값은?
① Wind gust factor의 1/2　　② Wind gust factor의 1/3
③ Wind gust factor의 1/4　　④ Wind gust factor의 1/5

〈해설〉 난기류 상태에서 착륙 접근할 때는 정풍 성분의 갑작스러운 상실 등을 고려하여 정상적인 최종접근속도에 지표면 돌풍 성분(wind gust fact)의 1/2을 더한 속도로 접근할 것을 권고하고 있다.

【문제】 28. Spiral Slipstream 효과에 대한 설명 중 틀린 것은?
① 후류가 수직 안정판 좌측에 작용한다.
② 항공기 속도가 높을수록 강한 효과를 나타낸다.
③ 종축에 대하여 오른쪽으로 rolling 모멘트가 발생한다.
④ 프로펠러 RPM이 높을수록 강한 효과를 나타낸다.

【문제】 29. Tail wheel 항공기가 이륙 시 좌회전하는 left turning tendency의 원인은?
① Torque effect　　　② Spiral slipstream
③ P-factor　　　　　④ Gyroscopic action

【문제】 30. Torque 현상에 의한 turning moment의 강도와 관련이 없는 것은?
① 활주로의 상태　　　② 항공기의 무게
③ 엔진의 추력　　　　④ 프로펠러의 크기

〈해설〉 프로펠러 비행기의 좌선회 경향(left turning tendency)에 영향을 미치는 요소는 다음과 같다.

정답　25. ①　26. ③　27. ①　28. ②　29. ④　30. ②

1. 토크 효과(Torque effect), 또는 토크 반작용(Torque reaction)

    토크 효과(또는 토크 반작용)는 프로펠러가 한쪽 방향으로 회전함에 따라 그와 동일한 회전 모멘트가 반대쪽 방향으로 동체에 작용하는 것을 말한다. 이러한 모멘트의 강도는 엔진의 크기 및 마력, 프로펠러의 크기 및 rpm, 비행기의 크기, 그리고 지면의 상태 등의 변수에 좌우된다.

2. 나선 후류(Spiral slipstream)의 corkscrew 영향

    빠른 속도로 회전하는 프로펠러에 생성된 나선 모양의 후류는 항공기 수직꼬리날개의 좌측 측면을 강하게 밀게 된다. 따라서 항공기의 기수(nose)는 좌측으로 돌아가려 하고, 세로축에 대하여 우측 방향으로 rolling moment를 발생시킨다. 나선 후류의 영향은 프로펠러의 RPM이 높을수록 강하며, 항공기의 전방속도가 빨라짐에 따라 점점 약해진다.

3. 자이로스코픽 운동(Gyroscopic Action), 또는 섭동성(Precession)

    회전하는 프로펠러 역시 자이로스코프(gyroscope)의 일종이라고 할 수 있으며, 좌선회 경향과 관련된 특성은 섭동성이다. 꼬리바퀴(tail wheel)를 가지고 있는 프로펠러 항공기의 경우, 이륙활주(take-off roll) 중 꼬리가 위로 올라갈 때 섭동성으로 인해 프로펠러가 반시계 방향으로 회전하는 항공기는 우측으로 빗놀이 운동(yaw)을 하게 된다.

비행이론 (Flight Theory)

PART 4

모의고사

- 비행이론 제1회 모의고사
- 비행이론 제2회 모의고사
- 비행이론 제3회 모의고사
- 비행이론 제4회 모의고사
- 비행이론 제5회 모의고사
- 비행이론 제6회 모의고사
- 비행이론 제7회 모의고사
- 비행이론 제8회 모의고사
- 비행이론 제9회 모의고사
- 비행이론 제10회 모의고사
- 비행이론 제11회 모의고사
- 비행이론 제12회 모의고사
- 비행이론 제13회 모의고사

모의고사는 실제시험같이, *실제시험은 모의고사같이!*

| NOTICE | 점수별 추천 방안 |

합격 점수는 70점입니다. 따라서 18문제 이상을 맞추어야 합격입니다.
모든 분들의 합격을 진심으로 기원 드리며, 모의고사 점수별 추천 방안은 다음과 같습니다.

나의 점수	점수별 추천 방안
100점	축하합니~다. 축하합니~다. 당신의 합격을 축하합니다. ♪ 이제 누가 나를 막을 수 있겠는가! 두 손을 높이 들고 만세를 3번 외친 다음, 자기 자신에게 수고했다고 큰 소리로 박수를 쳐준다. 모든 책을 덮고 3박 4일 동안 푹 쉰다. (잊을 뻔 했다!) 혹시 숨겨놓은 비상금이 있다면 복권을 산다.
80/90점 대	합격은 하긴 했는데 왠지 허전한 것은 무엇 때문일까? 만족하지 말고 100점을 목표로 삼고 다시 시작한다. 이왕 공부하는 것 100점도 한번 맞아 보자. ■ 틀린 문제 위주로 다시 한 번 살펴본다.
70점 대	애초 목표는 합격(70점 이상)이었다. "70점이나 100점이나 어차피 똑 같이 합격이다. 100점 맞는다고 자격증 2개 주는 것 아니다~"라고 위안을 하고, 80/90점 대를 목표로 다시 시작한다. ■ 기출문제 위주로 공부한다. 틀린 문제는 해설을 참고하여 관련 내용을 숙지한다.
60점 대	집중만이 살 길이다. 대부분 한 두 문제 차이로 불합격한다는 것을 잊지 말자. 불합격과 합격의 차이는 조금 더 집중하느냐? 아니면 집중하지 않고, 이것인가 보다 하고 대충 지나가느냐에 따라 달라진다. 정말 종이 한 장 차이다. 한 두 문제 때문에 떨어져서 다시 시험을 봐야 하다니 수수료가 아깝지 않는가! 잊지 말자, 아까운 내 돈~~ ■ 출제예상문제부터 다시 시작한다. 특히 해설을 정독하여 관련 내용을 숙지한다.
50점 이하	포기할 것인가? 계속할 것인가? 심사숙고하여 결정한다. 선택은 당신의 몫이다. 포기하기에는 그 동안의 노력이 너무 아깝다. 나의 피가 끓는다. 계속 도전하기로 작정을 하였다면 각서를 쓰고 도장을 찍어서 책상 앞에 붙여 둔다. 다시 1일차이다. 마음을 다잡고 날밤을 새운다. 느슨해질 때 마다 각서를 쳐다보고 큰 소리로 외친다. 나도 할 수 있다. **나도 날 수 있다!** ■ 출제예상문제부터 다시 시작한다. 이해되지 않는 부분은 본문의 내용을 살펴보고, 관련 내용을 숙지한다.

자격분류명	자격명	과목명	시험시간	문제수	성 명	점 수
항공종사자 자격증명	조종사	비행이론	30분	25문항		

항공종사자 자격증명시험 제1회 모의고사

1. 대류현상이 일어나는 대기권은?
   ① Tropopause ② Troposphere
   ③ Thermosphere ④ Stratosphere

2. "유체의 속도가 빠르면 정압은 낮고, 유체의 속도가 느리면 정압은 높다."는 것은 무슨 이론인가?
   ① 관성의 법칙
   ② 뉴턴의 법칙
   ③ 작용과 반작용의 원리
   ④ 베르누이의 정리

3. 가로세로비와 wing tip vortex의 관계로 맞는 것은?
   ① Vortex의 강도는 가로세로비에 반비례한다.
   ② Vortex의 강도는 가로세로비에 비례한다.
   ③ Vortex의 강도는 가로세로비의 제곱근에 비례한다.
   ④ Vortex의 강도와 가로세로비는 관계가 없다.

4. 다음 에어포일 그림에서 각 부분의 용어가 잘못된 것은?

   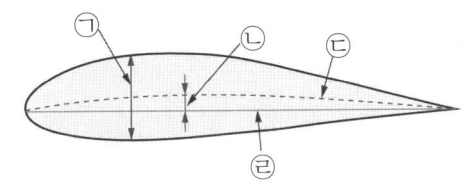

   ① ㉠: 최대 캠버
   ② ㉡: 캠버
   ③ ㉢: 평균 캠버선
   ④ ㉣: 시위선

5. 양력과 항력의 작용점이면서 받음각이 변하더라도 일정한 모멘트를 유지하는 점은?
   ① 풍압중심 ② 공력중심
   ③ 무게중심 ④ 모멘트중심

6. Shock wave를 통과한 후 공기의 특성으로 맞는 것은?
   ① 속도 감소, 온도 감소, 밀도 감소
   ② 속도 감소, 온도 증가, 밀도 증가
   ③ 속도 증가, 온도 감소, 밀도 감소
   ④ 속도 증가, 온도 증가, 밀도 증가

7. 표면마찰항력과 압축항력은 어떠한 항력인가?
   ① 조파항력 ② 간섭항력
   ③ 형상항력 ④ 유도항력

8. 수평비행 상태에서 최대 양항비를 얻을 수 있는 속도 이하로 비행기를 감속시키면 총항력은?
   ① 유해항력이 감소하기 때문에 총항력은 감소한다.
   ② 유해항력이 증가하기 때문에 총항력은 증가한다.
   ③ 유도항력이 감소하기 때문에 총항력은 감소한다.
   ④ 유도항력이 증가하기 때문에 총항력은 증가한다.

9. 다음 중 양력 발생이 가장 크고 항력이 가장 작은 것은?
   ① Fowler flap ② Slotted flap
   ③ Split flap ④ Plain flap

10. 항공기의 상승 동력 벡터를 바르게 설명한 것은? (W: 중량, L: 양력, D: 항력, F: 추진력)
    ① $W > L$ ② $F > D$, $W = L$
    ③ $L > W$, $F > D$ ④ $W = L$, $D = F$

11. 상승률에 대한 설명 중 맞는 것은?
    ① 필요마력이 증가하면 상승률은 증가한다.
    ② 상승률은 고도가 증가함에 따라 증가한다.
    ③ 실용상승한계는 상승률이 100 fpm이 되는 고도이다.
    ④ 절대상승한계는 상승률이 10 fpm이 되는 고도이다.

12. 최대활공거리를 유지하려면?
① 무게를 증가시킨다.
② 무게를 감소시킨다.
③ 무게와 상관없이 최대활공속도(best glide speed)를 유지한다.
④ 무게와 상관없이 최대체공속도(best endurance speed)를 유지한다.

13. 선회 시 adverse yaw가 발생하는 원인으로 맞는 것은?
① 선회축 바깥쪽 날개는 항력이 감소하고, 안쪽 날개는 항력이 증가하기 때문에
② 선회축 바깥쪽 날개는 항력이 증가하고, 안쪽 날개는 항력이 감소하기 때문에
③ 선회축 바깥쪽 날개는 양력이 감소하고, 안쪽 날개는 항력이 증가하기 때문에
④ 선회축 바깥쪽 날개는 양력이 증가하고, 안쪽 날개는 항력이 증가하기 때문에

14. 하중계수와 실속속도의 관계로 맞는 것은?
① 하중계수가 9배 커지면 실속속도는 9배 증가한다.
② 하중계수가 9배 커지면 실속속도는 3배 증가한다.
③ 하중계수가 3배 커지면 실속속도는 1/3 감소한다.
④ 하중계수가 3배 커지면 실속속도는 1/3 증가한다.

15. 일정한 경사각과 고도를 유지하며 선회비행 시 항공기 속도가 2배가 되면 선회율과 선회반경은?
① 선회율은 1/2로 감소하고, 선회반경은 4배 증가한다.
② 선회율은 1/2로 감소하고, 선회반경은 2배 증가한다.
③ 선회율은 1/4로 감소하고, 선회반경은 4배 증가한다.
④ 선회율은 1/4로 감소하고, 선회반경은 2배 증가한다.

16. 다음 중 유일하게 조종면이 움직이는 방향과 같은 방향으로 움직이는 트림 장치는?
① Trim tab
② Balance tab
③ Lagging tab
④ Anti-servo tab

17. 밀도고도가 높은 공항에서 이륙하는 터보프롭 항공기의 특성으로 맞는 것은?
① 밀도가 높아 프로펠러 효율이 증가한다.
② 밀도가 낮아 엔진 성능이 저하된다.
③ 밀도가 낮아 보다 높은 이륙속도가 요구된다.
④ 밀도가 높아 항공기의 이륙거리가 감소한다.

18. 다음 중 방향 안정성과 관련이 없는 것은?
① Dutch roll
② Directional divergence
③ Spiral divergence
④ Pitch down

19. Turbo fan engine에서 제일 앞의 fan을 구동시키는 것은?
① N_1
② N_2
③ 소형 압축기
④ 대형 압축기

20. Thrust reverser는 언제 사용해야 하는가?
① Touchdown 바로 이전
② Touchdown 이후 즉시
③ Roll-out 시
④ Speed brake 사용 직후

21. 다음 중 정압과 관계없는 계기는?
① 속도계
② 고도계
③ 승강계
④ 방향지시계

22. 항공기의 무게가 감소하면 Va는?
① Va는 감소한다.
② Va는 증가한다.
③ Va는 변하지 않고 일정하다.
④ Va는 중량과 관계가 없다.

23. 무게중심이 압력중심의 어디에 위치해 있을 때 실속으로부터 회복이 어려운가?
① 전방
② 후방
③ 무게중심은 이동하지 않는다.
④ 무게중심의 위치는 실속과 관련이 없다.

24. 고도 35,000 ft에서 외기온도가 −65℃일 때 density altitude(DA)와 pressure altitude(PA)의 관계로 옳은 것은?
① DA가 PA보다 높다.
② DA가 PA보다 낮다.
③ DA와 PA는 같다.
④ DA와 PA는 관련이 없다.

25. 항공기가 지면효과를 벗어날 때의 현상이 아닌 것은?
① 유도항력의 증가로 더 큰 추력이 요구된다.
② 양력보상을 위해 더 큰 받음각이 요구된다.
③ 안정성 감소로 기수가 내려간다.
④ 지시속도가 증가한다.

제1회 정답 및 해설

문제	1	2	3	4	5
정답	❷	❹	❶	❶	❷
문제	6	7	8	9	10
정답	❷	❸	❹	❶	❸
문제	11	12	13	14	15
정답	❸	❸	❷	❷	❶
문제	16	17	18	19	20
정답	❹	❷	❹	❶	❷
문제	21	22	23	24	25
정답	❹	❶	❷	❷	❸

1. ②

대류권(troposphere)에서는 높이 올라갈수록 기온이 낮아지므로 대류현상이 발생한다. 또한 이러한 대류현상과 대류권에 존재하는 수증기로 인하여 구름, 비와 눈 등의 기상현상이 일어난다.

2. ④

베르누이 정리는 정상흐름의 경우에 정압과 동압을 합한 결과가 항상 일정하다는 것을 나타낸다. 따라서 어느 한 점에서 유체의 속도가 빨라지면 동압은 증가하고, 그 곳에서의 정압은 감소한다. 반대로 유체의 속도가 느려지면 동압은 감소하고 정압은 증가한다.

3. ①

날개끝 와류(wing tip vortex)의 강도는 항공기의 중량, 속도 및 날개의 형상에 좌우된다. 그러나 기본요인은 항공기의 중량이며, 와류의 강도는 중량에 비례하여 증가한다. 그리고 날개 길이와 속도에 반비례한다.

날개 면적이 일정한 상태에서 날개 길이가 길어지면 가로세로비는 증가하므로, 와류의 강도는 가로세로비에 반비례한다.

4. ①

문제의 에어포일(airfoil) 그림에서 ㉠은 "최대 두께"를 나타낸다.

5. ②

날개골의 어떤 한 점은 받음각이 변하더라도 모멘트 계수의 크기가 변하지 않는 점이 있는데 이 점을 공기력 중심(또는 공력 중심, aerodynamic center)이라고 한다.

6. ②

충격파(shock wave)를 지난 공기의 특성은 다음과 같다.

구 분	속 도	압력/밀도	온 도
경사 충격파	감소나 계속 초음속	증가	증가
수직 충격파	아음속으로 감소	더 적게 증가	증가

7. ③

형상항력(profile drag)은 물체의 모양에 따라서 다른 값을 가지는 항력으로 표면마찰항력과 압력항력(압축항력)을 합한 항력이다.

8. ④

수평비행 중 유해항력과 유도항력이 동일한 속도로 비행할 때 총항력은 최소가 된다. 즉, 이 비행 상태에서 양항비가 최대인 속도를 얻을 수 있다. 수평비행 상태에서 최대 양항비를 얻을 수 있는 속도보다 낮은 속도로 비행을 하면 유도항력의 증가로 인하여 총항력이 증가한다.

9. ①

문제 보기의 플랩 중에서는 파울러 플랩(fowler flap)이 가장 효율이 좋아서 가장 큰 양력을 얻을 수 있다. 이어서 슬롯 플랩(slotted flap), 스플릿 플랩(split flap), 단순 플랩(plain flap) 순으로 효율이 좋다.

10. ③

양력, 중력, 추력 및 항력과의 관계에 따른 비행상태는 다음과 같다.

작용하중	양력(L), 중력(W)	추력(F), 항력(D)
비행상태	$L = W$; 수평비행 $L > W$; 상승비행 $L < W$; 하강비행	$F = D$; 등속비행 $F > D$; 가속비행 $F < D$; 감속비행

11. ③

상승률에 대한 설명은 다음과 같다.
1. 필요마력이 증가하면 상승률은 감소한다.
2. 상승률은 고도가 증가함에 따라 감소한다.
3. 상승한계에 따른 상승률은 다음과 같다.

상승한계	상승률
절대상승한계 (absolute ceiling)	0 ft/min
실용상승한계 (service ceiling)	100 ft/min(0.5 m/sec)
운용상승한계 (operation ceiling)	500 ft/min(2.5 m/sec)

12. ③

최대 양항비가 얻어지고 최소의 고도 침하를 하는 속도를 최대활공속도(best glide speed)라고 하며, 대부분의 경우 이 속도에서만 최대의 활공거리를 얻을 수 있다. 따라서 엔진이 고장난 경우 항공기 무게와 상관없이 최대활공속도를 유지하는 것이 매우 중요하다.

13. ②

선회 진입 시 선회축 안쪽의 내려간 날개의 양력은 감소(유도항력 감소)하고, 바깥쪽의 올라간 날개의 양력은 증가(유도항력 증가)하기 때문에 도움날개의 역작용인 역 빗놀이(adverse yaw)가 발생한다.

14. ②

비행 중 항공기가 하중배수(하중계수)를 받는 가속도 운동을 한다면 중량은 n배가 되고, 실속속도는 하중배수(n)의 제곱근에 비례하는 값을 갖게 된다. 예를 들어 하중배수가 9배 증가하면 실속속도는 $\sqrt{9}$배, 즉 3배 증가한다.

15. ①

비행기의 선회속도를 V, 선회경사각을 ϕ, 그리고 중력가속도를 g라 하면, 선회반경(R)과 선회율을 구하는 식은 다음과 같다.

$$R = \frac{V^2}{g \tan \phi}, \quad 선회율 = \frac{g \tan \phi}{V}$$

식과 같이 선회반경은 속도의 제곱에 비례하고, 선회율은 속도에 반비례한다. 따라서 비행기의 선회속도가 2배가 되면 선회율은 1/2로 감소하고, 선회반경은 4배 증가한다.

16. ④

조종간을 움직일 때 각 탭(tab)의 조종면에 대한 방향은 다음과 같다.

종류	조종면에 대한 방향
트림 탭(trim tab)	반대방향
평형 탭(balance tab)	반대방향
서보 탭(servo tab)	반대방향
안티 서보 탭(anti-servo tab)	동일방향
래깅 탭(lagging tab)	반대방향

17. ②

밀도고도가 높은 공항에서는 공기의 밀도가 낮아 출력 등의 엔진 성능은 감소하고, 더 긴 이륙거리를 필요로 한다.

18. ④

가로 및 방향 불안정의 종류는 다음과 같다.
1. 방향 불안정(directional divergence): 음(−)의 방향안정으로 인해 생긴다.
2. 나선 불안정(spiral divergence): 정적 방향 안정성이 정적 가로 안정성보다 훨씬 클 때 나타난다.
3. 가로 방향 불안정(lateral divergence): 더치 롤(dutch roll)이라고도 한다. 가로진동과 방향 진동이 결합된 것으로서, 정적 방향안정보다 쳐든각 효과가 클 때 일어난다.

19. ①

Dual-spool 터보팬 엔진의 전방 압축기는 저압 압축기 또는 N_1 압축기라고 하며, 후방 압축기는 고압 압축기 또는 N_2 압축기라고 한다. 저압 압축기는 팬(fan)과 저압 터빈에 연결되어 있으며, 고압 압축기는 고압 터빈에 연결되어 있다.

20. ②

일반적으로 착륙할 때 접지 직후 역추력장치(thrust reverser)를 작동시켜 항공기를 감속하고, 역추력장치를 원상태로 돌린 이후 휠 브레이크(wheel brake)를 사용하는 조작이 이루어진다.

21. ④

고도계와 승강계는 정압공(static port)에서 측정된 공기의 정압을 이용하고, 속도계는 정압공에서 측정된 정압과 피토관(pitot tube)에서 측정되는 공기의 전압(동압+정압)을 이용하여 속도를 측정한다.

22. ①

설계기동속도(V_A, design maneuver speed)란 항공기의 구조적 손상없이 안전하게 기동할 수 있는 최대속도이다. 무게가 가벼운 항공기는 돌풍이나 난기류에 더 빠른 가속을 받을 수 있기 때문에 항공기 무게가 감소하면 설계기동속도(V_A)는 감소한다.

23. ②

무게중심의 위치가 후방에 있는 경우 다음과 같은 성능변화가 발생된다.
1. 실속속도는 낮아지지만 실속/스핀에 진입하기 쉬우며, 진입할 경우 회복이 어려울 수 있다.
2. 전반적으로 안정성이 감소되며 과도한 비행조작(over control)으로 인한 과응력(overstress)을 초래할 수 있다.
3. 순항성능은 좋아진다.

24. ②

표준대기에서 해면고도의 온도는 15℃이고, 고도 11 km까지 1,000 ft 당 약 2℃의 비율로 감소한다. 따라서 고도 35,000 ft의 표준대기온도는 $15 - (2 \times 35) = -55$℃ 이다.

현재 외기온도가 −65℃로 표준대기온도보다 더 낮으므로 밀도는 농후해지고, 밀도고도(DA)는 기압고도(PA)보다 낮아진다. 반대로 기온이 표준대기온도보다 높으면 공기는 팽창되어 밀도는 희박해지고 밀도고도는 기압고도보다 높아진다.

25. ③

항공기가 지면효과를 벗어날 때 발생하는 현상은 다음과 같다.
1. 동일한 양력계수를 얻기 위해서는 받음각을 증가시켜야 한다.
2. 유도항력이 증가하므로 동력의 증가가 필요하다.
3. 안정성이 감소되어 순간적인 기수 들림(nose-up) 현상이 발생한다.
4. 정압이 감소하여 지시대기속도(IAS)가 증가한다.

항공종사자 자격증명시험 제2회 모의고사

자격분류명	자격명	과목명	시험시간	문제수	성 명	점 수
항공종사자 자격증명	조종사	비행이론	30분	25문항		

1. 압축성(compressibility) 유체의 기준이 되는 공기의 Mach No.는?
   ① 0.3   ② 0.5
   ③ 0.7   ④ 1.0

2. 높은 Reynolds 수가 갖는 의미로 맞는 것은?
   ① 더 낮은 AOA에서 실속한다.
   ② 더 높은 AOA에서 실속한다.
   ③ 동일한 AOA에서 실속한다.
   ④ AOA와는 관련이 없다.

3. 익현선(chord line)을 바르게 설명한 것은?
   ① 날개의 윗면과 아랫면의 중간 위치가 연결된 선
   ② 날개의 윗면과 아랫면까지 연결된 선
   ③ 날개의 익단에서 익근까지 연결된 선
   ④ 날개의 앞전에서 뒷전까지 연결된 선

4. 받음각(AOA)이 0° 일 때, 전형적인 항공기 날개에서 날개 윗면의 공기 압력은?
   ① 주변의 대기압과 같다.
   ② 주변의 대기압보다 높다.
   ③ 주변의 대기압보다 낮다.
   ④ 날개 아랫면의 공기 압력과 같다.

5. 날개의 aspect ratio 란?
   ① 날개의 tip chord와 root chord의 비
   ② 날개 span과 mean aerodynamic chord의 비
   ③ 날개 span과 root chord의 비
   ④ 날개의 tip chord와 날개 span의 비

6. 비행기가 실속될 수 있는 받음각은?
   ① CG가 전방으로 이동하면 커진다.
   ② 총무게가 증가하면 커진다.
   ③ 총무게가 증가하면 작아진다.
   ④ 총무게에 관계없이 일정하다.

7. 날개의 면적이 일정할 때 가로세로비가 증가하면?
   ① 실속속도가 감소한다.
   ② 유도항력이 증가한다.
   ③ 유도항력이 감소한다.
   ④ 돌풍하중계수(gust load)가 감소한다.

8. 익단 실속을 방지하는 방법으로 맞는 것은?
   ① 날개 끝으로 갈수록 받음각을 작게 한다.
   ② 날개 끝 부분의 날개 앞전에 strip을 설치한다.
   ③ 날개의 테이퍼를 너무 작게 하지 않는다.
   ④ 날개 끝 부분에 앞전 반지름이 작은 날개골을 사용한다.

9. Slat에 대한 설명 중 맞는 것은?
   ① 항력과 양력을 증가시킨다.
   ② 속도의 증가 없이 보다 깊은 강하각으로 착륙할 수 있도록 한다.
   ③ 날개끝 와류를 감소시킨다.
   ④ 날개의 캠버 및 면적을 증가시켜 양력을 증가시킨다.

10. 항공기가 속도를 증속하거나 고도를 상승시킬 수 있도록 엔진이 발생하는 추력은?
    ① 필요추력   ② 이용추력
    ③ 여유추력   ④ 제동추력

11. 다음 중 유도항력이 가장 작게 발생되는 날개는?
    ① 후퇴 날개   ② 타원 날개
    ③ 직사각형 날개   ④ 삼각 날개

12. 활공비란?
    ① 고도/활공거리   ② 활공거리/고도
    ③ 고도/활공속도   ④ 활공속도/고도

13. 항공기의 이착륙 성능에 대한 설명 중 틀린 것은?
   ① 정풍에서는 이륙거리와 착륙거리 모두 감소한다.
   ② 항공기 무게가 무거우면 이륙거리와 착륙거리 모두 길어진다.
   ③ 내리막(downhill) 활주로에서는 이륙거리와 착륙거리 모두 길어진다.
   ④ 밀도고도가 높으면 이륙거리와 착륙거리 모두 길어진다.

14. Spin에 대한 설명 중 맞는 것은?
   ① 완전실속 이후에 상향 및 하향 두 날개가 실속상태에서 벗어나지 못하고 나선 강하한다.
   ② 완전실속 이후에 상향날개는 실속상태에서 벗어나면서 약간의 양력이 발생하고 나선 강하한다.
   ③ 부분실속 이후에 상향날개는 실속상태에서 벗어나면서 양력이 발생하고, 하향날개는 실속상태에서 벗어나지 못하고 나선 강하한다.
   ④ 부분실속 이후에 실속상태의 날개가 실속상태에서 벗어나지 못하고 나선 강하한다.

15. 정상 선회비행에 대한 설명 중 틀린 것은?
   ① 원심력은 항공기 속도의 제곱에 비례한다.
   ② 원심력은 항공기 중량에 비례한다.
   ③ 선회반경이 1/2로 작아지면 원심력은 4배 증가한다.
   ④ 속도가 2배 커지면 선회반경은 4배 증가한다.

16. 조종간을 앞으로 압력을 가했다가 다시 놓았더니 원래 위치로 돌아가려고 하는 성질이 있었다면?
   ① 정적 안정성이 있다.
   ② 정적 중립성이 있다.
   ③ 동적 안정성이 있다.
   ④ 동적으로 불안정하다.

17. 다음 중 가로 안정성과 무관한 것은?
   ① 상반각   ② 후퇴각
   ③ 수직꼬리날개 ④ 수평꼬리날개

18. Yaw damper 고장 시 조치사항으로 적합한 것은?
   ① 출력을 줄이고 러더로만 수평을 잡는다.
   ② 에어러론으로만 조종한다.
   ③ 고고도로 올라간다.
   ④ 저고도로 내려간다.

19. Turboprop 엔진을 사용한 항공기의 장점이 아닌 것은?
   ① 조작이 간편하다.
   ② 무게가 덜 나간다.
   ③ 진동이 최소화된다.
   ④ 비행속도가 빠를수록 효율이 좋아진다.

20. Detonation이 발생하는 원인이 아닌 것은?
   ① 마그네토의 늦은 점화
   ② 실린더 내의 높은 압력
   ③ 실린더 내의 남은 연료
   ④ 낮은 등급의 연료 사용

21. 프로펠러가 1회전 할 때 앞으로 전진할 수 있는 이론적인 거리는 geometric pitch라고 하고 실제 전진하는 거리는 effective pitch라고 한다. 이 두 값의 차이를 무엇이라고 하는가?
   ① Propeller efficiency
   ② Propeller slip
   ③ Propeller pitch
   ④ Propeller advance ratio

22. 다음 중 vacuum system과 관련이 있는 계기는?
   ① HDG indicator ② SPD indicator
   ③ ALT   ④ VSI

23. 4,000 lbs 항공기의 무게중심 위치가 station 91 이었다. Station 160에 있는 화물을 station 40으로 이동하였더니 무게중심이 station 88로 변경되었다면, 이동시킨 화물의 무게는?
   ① 89 lbs   ② 92 lbs
   ③ 100 lbs   ④ 110 lbs

24. Turbulence 진입 시 유지해야 하는 속도의 기준은?
① Vx ② Vc
③ Va ④ Vs

25. 수막현상에 대한 설명 중 틀린 것은?
① 접지속도가 빠를수록 발생할 가능성이 높아진다.
② 타이어의 마찰력이 클수록 발생할 가능성이 감소한다.
③ 고여 있는 물의 깊이가 깊을수록 발생할 가능성이 높아진다.
④ 타이어의 압력이 낮을수록 발생할 가능성이 낮아진다.

제2회 정답 및 해설

문제	1	2	3	4	5
정답	❶	❷	❹	❸	❷
문제	6	7	8	9	10
정답	❹	❸	❶	❷	❷
문제	11	12	13	14	15
정답	❷	❷	❸	❷	❸
문제	16	17	18	19	20
정답	❶	❹	❹	❹	❶
문제	21	22	23	24	25
정답	❷	❶	❸	❸	❹

1. ①
대부분의 액체 및 마하수 0.3 이하의 저속으로 흐르는 기체는 압력이나 흐름의 속도 변화에 비하여 밀도 변화가 아주 작아서 비압축성 유체(incompressible fluid)로 간주한다.

2. ②
레이놀즈 수가 증가하면 층류 흐름이 난류로 천이된다. 난류는 큰 받음각에서도 쉽게 흐름의 떨어짐이 발생하지 않으므로, 레이놀즈 수가 커지면 실속각과 $C_L max$는 커진다. 실속각이 커지면 항공기는 더 높은 받음각(AOA)에서 실속이 일어나게 된다.

3. ④
시위(chord) 또는 시위선(chord line)이란 날개의 앞전과 뒷전을 연결한 직선을 말한다. 시위선을 익현선(翼弦線)이라고도 한다.

4. ③
캠버가 있는 일반적인 날개골, 즉 비대칭형인 전형적인 항공기 날개에서는 받음각이 0°이더라도 날개 윗면의 공기 압력은 주변의 대기압보다 낮다.

5. ②
가로세로비(AR, aspect ratio)란 날개 길이와 시위 길이의 비를 말한다. 직사각형 날개가 아닌 경우 평균공력시위(mean aerodynamic chord)를 시위 길이로 한다.

$$AR = \frac{\text{날개 길이(wing span)}}{\text{평균공력시위(mean aerodynamic chord)}}$$

6. ④
비행기의 받음각이 임계 받음각을 초과하면 기류는 과도한 방향의 변화로 날개의 상부면을 따라 흐르지 못하고 비행기는 실속된다. 비행기가 실속될 수 있는 받음각(실속 받음각)은 항공기의 총무게와는 관계가 없다.

7. ③
유도항력(D_i)은 아래 식과 같이 양력계수(C_L)의 제곱에 비례하고, 가로세로비(AR)에 반비례한다.

$$D_i \propto \frac{C_L^2}{AR}$$

따라서 비행기 날개 면적이 일정한 상태에서 가로세로비(aspect ratio)를 증가시키면 유도항력은 감소하고, 양력은 증가한다.

8. ①
날개끝(익단) 실속 방지 방법은 다음과 같다.
1. 날개의 테이퍼를 너무 크게 하지 않는다. 즉 후퇴익을 감소시킨다.

2. 날개 끝으로 감에 따라 받음각이 작아지도록 날개에 앞내림(washout)을 준다.
3. 날개 끝 부분에 두께비, 앞전 반지름, 캠버 등이 큰 날개골을 사용한다.
4. 날개 뿌리에 실속판인 스트립(strip)을 붙인다.
5. 날개 끝 부분의 앞전 안쪽에 슬롯(slot)을 설치한다.

9. ②

슬랫(slat)은 날개 전면부에 설치되는 앞전 플랩이다. 날개 앞전에 틈을 만들어 큰 받음각 일 때 밑면의 흐름을 윗면으로 유도하여 흐름의 떨어짐을 지연시킴으로서, 속도의 증가 없이 보다 깊은 강하각으로 착륙할 수 있도록 한다.

10. ②

이용추력(Pa: available power)이란 항공기를 가속시키거나 고도를 상승시키기 위해 엔진으로부터 발생시킬 수 있는 출력을 말한다.

11. ②

타원 날개는 유도항력이 최소이나, 구조상 제작이 어렵다. 또한 실속이 발생하면 회복이 어렵고, 속도가 빠른 비행기에는 적합하지 않아 현재는 거의 사용하지 않는다.

12. ②

활공비(glide ratio)란 활공거리와 고도(활공고도)의 비를 말한다.

$$\text{활공비} = \frac{\text{활공거리}}{\text{고도}}$$

13. ③

이착륙 성능에 영향을 미치는 요소는 다음과 같다.
1. 총무게(gross weight): 항공기 무게가 무거워지면 이륙거리와 착륙거리는 증가한다.
2. 바람(wind): 정풍은 이륙거리와 착륙거리를 감소시킨다.
3. 밀도: 표고가 높은 공항이나 밀도고도가 높은 공항에 접근 시에는 밀도가 낮아 이륙거리와 착륙거리가 길어진다.
4. 활주로 경사: 내리막(downhill) 활주로에서는 이륙거리가 짧아지고, 착륙거리는 길어진다.

14. ②

스핀(spin)이란 자동회전과 수직강하가 조합된 비행이다. 완전실속 이후에 하향날개의 받음각은 상향날개의 받음각보다 커져 양력이 작아지고, 반대로 상향날개는 양력이 증가하여 계속 회전시키려는 힘이 발생하며 나선 강하하게 된다.

15. ③

비행기의 무게를 W, 선회속도를 V, 선회반경을 R, 그리고 중력가속도를 g라 하면, 원심력은

$$\text{원심력} = \frac{W}{g} \frac{V^2}{R}$$

식과 같이 원심력은 선회반경에 반비례한다. 따라서 선회반경이 1/2로 작아지면 원심력은 2배 증가한다.

16. ①

정적 안정성이란 비행기가 평형상태로부터 벗어난 뒤에 다시 원래의 평형상태로 되돌아가려는 초기 경향을 말한다.

17. ④

비행기의 가로안정(lateral stability)에 영향을 주는 요소는 다음과 같다.
1. 날개(wing): 기하학적으로 날개의 상반각(쳐든각)은 가로안정에 가장 중요한 요소이다. 날개의 후퇴각 효과(sweepback effect)도 정적 가로안정에 큰 기여를 한다.
2. 동체
3. 수직꼬리날개

18. ④

제트비행기가 정상적인 순항고도 및 속도로 비행 중 더치 롤이 발생하기 전에 요 댐퍼(yaw damper)가 고장 난 경우 고도 및 속도를 감소시켜야 한다. 더치 롤 시 요 댐퍼가 고장 난 경우, 조종사가 더치 롤을 개선하기 위하여 aileron을 사용할 것을 권

고하고 있다.

19. ④

터보프롭(turboprop) 엔진은 다른 유형의 엔진에 비해 무게가 가볍고, 조작이 간편하며 진동이 적다. 또한 단위 무게 당 출력이 높다는 장점을 가지고 있으며 저속 및 중속에서 효율이 좋다. 그러나 일반적인 순항속도 범위에서 속도가 증가하면 추진효율은 감소한다.

20. ①

디토네이션(detonation)을 일으키는 과도한 온도와 압력은 다음과 같은 원인 등에 의해 발생할 수 있다.
1. 낮은 등급의 연료 사용
2. 실린더 내의 높은 압력
3. 실린더 내의 남은 연료
4. 혼합비가 너무 희박할 때
5. 압축비가 너무 높을 때

21. ②

기하학적 피치(geometric pitch)와 유효 피치(effective pitch)의 차이를 프로펠러 슬립(slip)이라고 한다.

22. ①

자이로를 고속으로 회전시키기 위한 힘은 진공 압력(vacuum pressure)과 전기를 이용한다. 진공 압력을 발생시키는 진공펌프는 주로 자세계(attitude indicator)와 방향지시계의 자이로(directional gyro)를 회전시키고, 선회계(turn coordinator)의 자이로는 전기를 이용하여 회전시킨다.

23. ③

$$\therefore 옮긴\ 물체의\ 무게 = \frac{\Delta CG \times 항공기\ 총무게}{옮긴\ 물체의\ 이동거리}$$
$$= \frac{-(91-88) \times 4000}{-(160-40)} = 100$$

24. ③

비행하는 동안 악기류나 심한 난기류(turbulence)와 조우하였다면, 비행기 구조의 응력(stress)을 최소화하기 위하여 항공기 속도를 설계기동속도(V_a) 이하로 줄여야 한다.

25. ④

수막현상이 발생하는 속도는 항공기 무게와 타이어(tire) 공기 압력에 비례한다.

항공종사자 자격증명시험 제3회 모의고사					성 명	점 수
자격분류명	자격명	과목명	시험시간	문제수		
항공종사자 자격증명	조종사	비행이론	30분	25문항		

1. 지표면이 표준기압일 때, 대기압이 해면기압의 1/2로 감소되는 고도는?
   ① 8,000 피트
   ② 10,000 피트
   ③ 15,000 피트
   ④ 18,000 피트

2. "레이놀즈 수(Reynolds number)"란?
   ① 유체의 관성력과 점성력의 비
   ② 정압과 동압의 비
   ③ 진대기속도와 지시대기속도의 비
   ④ 표준대기상태와 실제대기상태의 비

3. 받음각(angle of attack) 이란?
   ① 항공기 진행방향과 날개의 시위선이 이루는 각
   ② 항공기 진행방향과 동체의 기준선이 이루는 각
   ③ 날개골의 시위선과 동체의 기준선이 이루는 각
   ④ 날개골의 시위선과 세로축이 이루는 각

4. NACA 4자 계열 날개골 2415에 대한 설명으로 틀린 것은?
   ① Max camber의 크기는 시위의 2% 이다.
   ② Max thickness의 크기는 시위의 15% 이다.
   ③ Max camber의 위치는 시위의 40% 이다.
   ④ Max camber는 전체 길이의 15% 이다.

5. 항공기 속도가 증가하면 유도항력은?
   ① 증가한다.
   ② 감소한다.
   ③ 항공기 중량에 따라 다르다.
   ④ 변하지 않고 일정하다.

6. Wing tip보다 wing root에서 stall이 먼저 발생하는 항공기 날개의 종류는?
   ① 타원형 날개
   ② Sweep back 날개
   ③ 직사각형 날개
   ④ Taper 날개

7. Sweep back wing의 특징에 대한 설명 중 틀린 것은?
   ① 임계 마하수를 높일 수 있다.
   ② 방향 안정성을 증가시킨다.
   ③ 압력중심(CP)이 전방으로 이동하면 pitch-up 이 된다.
   ④ Wingtip stall이 발생하면 압력중심(CP)이 뒤로 이동한다.

8. 날개의 플랩(flap)의 주요 기능은?
   ① 속도의 증가 없이 보다 깊은 강하각으로 착륙 접근을 할 수 있도록 한다.
   ② 조종간에 지속적으로 압력을 유지해야 하는 것을 완화시켜 준다.
   ③ 양력을 변화시키기 위하여 날개의 면적을 감소시킨다.
   ④ 순항비행 중 받음각의 변화 없이 속도 조절을 가능하게 한다.

9. 다음 중 고항력 장치가 아닌 것은?
   ① Spoiler
   ② Thrust reverser
   ③ Drooped leading edge
   ④ Drag chute

10. 다음 중 비행기의 상승률을 저하시키는 것은?
    ① 이용마력이 클 때
    ② 필요마력이 클 때
    ③ 항공기 중량이 감소할 때
    ④ 밀도고도가 낮아질 때

11. 항공기의 중량이 증가할 때 비행기 성능에 미치는 영향으로 틀린 것은?
    ① 이륙속도 증가
    ② 이륙거리 증가
    ③ 실속속도 감소
    ④ 상승각 감소

12. 다음 중 익면하중과 가장 관계가 깊은 것은?
 ① 상승률의 향상 ② 이륙거리의 단축
 ③ 항속거리의 연장 ④ 최대속도의 향상

13. 항공기가 수직으로 무동력 하강을 할 때 weight 와 drag의 관계로 맞는 것은?
 ① Drag보다 weight가 커야 한다.
 ② Weight보다 drag가 커야 한다.
 ③ Weight와 drag는 같아야 한다.
 ④ Weight와 drag는 관련이 없다.

14. 항공기의 착륙무게가 10% 증가했다면 착륙거리는 얼마나 증가하는가?
 ① 3% 증가 ② 5% 증가
 ③ 10% 증가 ④ 15% 증가

15. 정상선회 비행 시 선회반경을 크게 하고, 선회율을 줄이려면?
 ① 경사각을 작게 하고 선회속도를 감소시킨다.
 ② 경사각을 작게 하고 선회속도를 증가시킨다.
 ③ 경사각을 크게 하고 선회속도를 감소시킨다.
 ④ 경사각을 크게 하고 선회속도를 증가시킨다.

16. $C_L$max가 큰 항공기의 특성으로 맞는 것은?
 ① 선회반경이 작고 착륙속도가 작다.
 ② 활공속도가 크고 착륙속도가 작다.
 ③ 상승속도가 크고 착륙속도가 크다.
 ④ 체공시간이 길고 착륙속도가 크다.

17. 가로방향 안정성이 불안정 할 경우 발생할 수 있는 현상은?
 ① Dutch roll
 ② Spiral divergence
 ③ Directional divergence
 ④ Pitch up

18. 세로 안정성을 높이기 위한 방법이 아닌 것은?
 ① 무게중심이 압력중심의 앞에 오게 한다.
 ② 수평꼬리날개의 크기를 크게 한다.
 ③ Sweep back을 크게 한다.
 ④ 날개가 무게 중심점 위에 오게 설계한다.

19. 정적안정과 동적안정의 관계를 옳게 설명한 것은?
 ① 정적으로 안정하면 반드시 동적으로 안정하다.
 ② 정적으로 불안정하면 반드시 동적으로 안정하다.
 ③ 동적으로 안정하면 반드시 정적으로 안정하다.
 ④ 동적으로 불안정하면 반드시 정적으로 불안정하다.

20. Turboprop 엔진이 가장 효율이 좋은 고도는?
 ① 5,000 ft 미만
 ② 5,000~10,000 ft
 ③ 10,000~18,000 ft
 ④ 18,000~30,000 ft

21. Turbocharger 왕복엔진에서 waste gate의 역할은?
 ① 배기가스의 양 제어
 ② Supercharger 기어비(gear ratio) 제어
 ③ 스로틀 위치 제어
 ④ 연료-공기 혼합비 제어

22. Pressure altitude와 true altitude가 같아 질 때는 언제인가?
 ① 지시고도와 기압고도가 동일할 때
 ② 고도계에 장착오차가 없을 때
 ③ 해면에서 기온이 0°F일 때
 ④ 표준대기 상태일 때

23. 수정대기속도(Calibrated Air Speed, CAS)에 공기의 압축성 효과와 고도 변화에 따른 공기 밀도를 보정한 값은?
 ① 등가대기속도(Equivalent Air Speed, EAS)
 ② 지시대기속도(Indicated Air Speed, IAS)
 ③ 진대기속도(True Air Speed, TAS)
 ④ 수정대기속도(CAS) 그대로

24. CG가 후방에 있는 항공기의 특성으로 틀린 것은?
① 세로축에 대한 안정성이 감소한다.
② 실속 시에 회복이 어렵거나 회복이 안 된다.
③ 순항성능이 좋아진다.
④ 실속속도가 낮아진다.

25. 짧은 활주로에서 이륙 시 이륙 직후 유지해야 하는 속도는?
① Va   ② V$_R$
③ V$_x$ ④ V$_y$

제3회 정답 및 해설

문제	1	2	3	4	5
정답	❹	❶	❶	❹	❷
문제	6	7	8	9	10
정답	❸	❹	❶	❸	❷
문제	11	12	13	14	15
정답	❸	❷	❸	❸	❷
문제	16	17	18	19	20
정답	❶	❶	❸	❸	❹
문제	21	22	23	24	25
정답	❶	❹	❸	❶	❸

1. ④
　대기압은 고도 10,000 ft까지 1,000 ft 당 약 1 inHg의 비율로 감소하며 18,000 ft에서의 대기압은 해면 대기압의 약 1/2 이다.

2. ①
　레이놀즈 수(Reynolds number)는 동압으로 인한 관성력과 점성에 의한 마찰력(점성력)의 비로 표시하며, 유체 속에서 운동하는 물체에 작용하는 점성력의 특성을 나타내는 무차원수이다.

3. ①
　받음각(angle of attack)이란 공기 흐름의 속도방향, 즉 항공기 진행방향과 날개의 시위선이 이루는 각을 말한다.

4. ④
　NACA 4자 계열 날개골에서 각 숫자가 의미하는 것은 다음과 같다.

4자 계열 (예; NACA 2415)	
2	최대 캠버(max camber)의 크기: 시위의 2%
4	최대 캠버의 위치: 앞전에서부터 시위의 40%
15	최대 두께(max thickness)의 크기: 시위의 15%

5. ②
　항공기 속도가 감소하거나, 항공기 중량이 증가함에 따라 수평비행을 유지하기 위해 필요한 받음각은 더 커지기 때문에 유도항력은 유해항력보다 크게 증가한다. 유도항력의 전체적인 양은 대기속도의 제곱에 반비례하여 항공기 속도가 증가하면 유도항력은 감소한다.

6. ③
　날개의 모양에 따라 실속이 먼저 발생하는 부위는 다음과 같다.

날개의 모양	초기 실속 발생 부위
직사각형 날개 (rectangular wing)	날개 뿌리(wing root)
테이퍼형 날개 (taper wing)	날개 끝(wing tip)
타원형 날개 (elliptic wing)	날개 길이 전체 균일
뒤젖힘 날개 (sweep back wing)	날개 끝(wing tip)

7. ④
　뒤젖힘 날개(sweep back wing)는 날개끝 실속(wingtip stall)이 발생하면 압력중심(CP)이 전방으로 이동하고, pitch-up이 발생할 수 있다.

8. ①
　날개의 플랩(flap)은 양력(lift)을 증가시켜 속도의 증가 없이 보다 깊은 강하각으로 착륙 접근을 가능하게 해준다.

9. ③
　고항력 장치에는 스포일러(spoiler), 역추력 장치(thrust reverser) 및 드래그 슈트(drag chute) 등이 있다. 드루프 앞전(drooped leading edge)은 고양력 장치인 앞전 플랩 장치이다.

10. ②

이용마력과 필요마력과의 차를 여유마력 또는 잉여마력이라 하며 비행기의 상승성능을 결정하는데 중요한 요소가 된다. 최대 상승률은 이용마력과 필요마력과의 차이가 최대일 때, 즉 이용마력이 최대이고 필요마력이 최소일 때 얻어진다.

11. ③

실속속도는 항공기의 중량에 비례한다. 따라서 항공기의 중량이 증가하면 실속속도는 증가한다.

12. ②

익면하중(wing loading)이란 항공기 무게와 날개 면적과의 비를 말한다. 동일한 항공기 무게에서 날개 면적이 클수록 익면하중은 작아지고, 익면하중이 작아지면 이착륙 거리가 감소하게 된다.

13. ③

항공기가 일정한 속도로 급강하하고 있다면 가속도는 없으므로, 비행기에 작용하는 중력(W)과 항력(D)은 평형이 되어야 한다.

$$W = D$$

14. ③

착륙거리는 항공기 무게에 비례한다. 착륙 시에 항공기 무게가 10% 증가하면 착륙거리는 10% 증가하고, 착륙속도는 5% 증가한다.

15. ②

비행기의 선회속도를 V, 선회경사각을 ϕ, 중력가속도를 g라 하면,

$$선회율 = \frac{g \tan \phi}{V}$$

식과 같이 선회율은 선회경사각에 비례하고, 선회속도에 반비례한다. 따라서 선회율을 줄이려면 선회경사각을 작게 하고, 선회속도를 증가시켜야 한다.

16. ①

최대양력계수($C_{L}max$)가 큰 비행기 일수록 이착륙속도가 작아서 이착륙거리가 단축되고, 선회반경과 활공각은 작아진다.

17. ①

가로방향 불안정(lateral divergence)은 더치 롤(dutch roll)이라고도 하며, 가로진동과 방향진동이 결합된 것으로서 대개 동적으로는 안정하지만 진동하는 성질 때문에 문제가 된다. 이러한 운동은 바람직하지 않으며 이것은 정적 방향안정보다 쳐든각 효과가 클 때 일어난다.

18. ③

세로 안정성을 좋게 하기 위한 방법은 다음과 같다.
1. 무게중심이 날개의 공기역학적 중심(또는 압력중심)보다 앞에 위치할수록 안정성이 좋아진다.
2. 날개가 무게중심보다 높은 위치에 있을 때 안정성이 좋아진다.
3. 꼬리날개 부피(tail volume) 값이 클수록 안정성이 좋아진다. 즉 수평꼬리날개 면적을 크게 하거나, 무게중심에서 수평꼬리날개의 압력중심까지의 거리를 크게 해야 한다.
4. 꼬리날개 효율 값이 클수록 안정성이 좋아진다.

[참고] 날개의 뒤젖힘(sweep back)은 가로안정에 중요한 요소이다.

19. ③

일반적으로 정적안정이 있다고 해서 동적안정이 있다고는 할 수 없지만, 동적안정이 있는 경우에는 정적안정이 있다고 할 수 있다.

20. ④

터보프롭 엔진은 250~400 mph의 속도와 18,000~30,000 ft의 고도에서 가장 효율적이다.

21. ①

Turbocharger 왕복엔진에서 웨이스트 게이트(waste gate)는 터빈으로 향하는 배기가스의 양을 조절하여 로터(터빈과 임펠러)의 회전속도를 조절한다. 웨이스트 게이트가 완전히 닫히면 모든 배기가스가 터빈으로 보내지고, 완전히 열리

면 모든 배기가스는 외부로 배출된다.

22. ④

기압고도계(pressure altimeter)는 표준대기(ISA) 조건 하에서 진고도(true altitude)를 지시한다.

23. ③

속도의 종류는 다음과 같다.
1. 지시대기속도(IAS): 속도계에 표시되는 계기속도
2. 수정대기속도(CAS): 지시대기속도에서 전압, 정압 계통의 장착 위치 및 계기 자체의 오차를 수정한 속도
3. 등가대기속도(EAS): 수정대기속도에 공기의 압축성 효과를 고려한 속도
4. 진대기속도(TAS): 등가대기속도에서 공기의 밀도(외기온도)를 보정한 속도, 수정대기속도에 비표준 기압 및 기온을 수정한 속도

24. ①

무게중심(CG)의 위치가 후방에 있는 경우, 다음과 같은 성능변화가 발생된다.
1. 전반적으로 세로 안정성(가로축에 대한 안정성)이 감소되며 과도한 비행조작으로 인한 과응력(overstress)을 초래할 수 있다.
2. 실속속도는 낮아지지만 실속/스핀에 진입하기 쉬우며, 진입할 경우 회복이 어려울 수 있다.
3. 순항성능은 좋아진다.

25. ③

짧은 활주로에서 이륙 시에는 일반적으로 V_X로 장애물 고도까지 초기 상승할 수 있도록 기수를 올리고 부양(lift-off)한 직후 V_X로 가속하여야 한다. 그리고 장애물을 회피한 후 V_Y로 전환한다.

항공종사자 자격증명시험 제4회 모의고사

자격분류명	자격명	과목명	시험시간	문제수	성 명	점 수
항공종사자 자격증명	조종사	비행이론	30분	25문항		

1. 고도 20,000 ft의 표준대기온도는 약 얼마인가?
   ① -5℃
   ② -15℃
   ③ -25℃
   ④ -40℃

2. 층류를 난류로 변화시켜 박리를 지연시키는 장치는?
   ① Slat
   ② Vortex generator
   ③ Spoiler
   ④ Fowler flap

3. 임계 마하수(Critical Mach number)란?
   ① 버핏(buffet)이 시작되는 항공기 속도
   ② 날개 중 어느 한 곳의 최대 속도가 마하수 1에 도달할 때의 항공기 속도
   ③ 전체 날개의 공기 흐름 속도가 마하수 1에 도달할 때의 항공기 속도
   ④ 항공기의 속도가 마하수 1에 도달할 때의 속도

4. 항공기 날개의 캠버가 증가하면 양력과 항력은 어떻게 되는가?
   ① 양력이 증가하며 항력도 증가한다.
   ② 양력이 증가하며 항력은 감소한다.
   ③ 양력이 감소하며 항력은 증가한다.
   ④ 양력이 감소하며 항력도 감소한다.

5. 초음속 비행 시 충격파에 의하여 발생하는 항력은?
   ① 조파항력
   ② 간섭항력
   ③ 유도항력
   ④ 유해항력

6. 날개 윗면의 공기 흐름을 교란시켜 양력을 감소시키고 항력을 증가시키는 장치는?
   ① 슬롯
   ② 플랩
   ③ 슬랫
   ④ 스포일러

7. 항공기 총중량이 증가하면 유도항력과 유해항력은?
   ① 유도항력은 증가하고 유해항력은 감소한다.
   ② 유도항력은 감소하고 유해항력은 증가한다.
   ③ 유도항력은 유해항력보다 크게 증가한다.
   ④ 유도항력은 유해항력보다 크게 감소한다.

8. 다음 중 가장 효율이 좋은 flap은?
   ① Plain flap
   ② Single slotted flap
   ③ Fowler flap
   ④ Split flap

9. 상승률이 0(zero)이 되는 고도는?
   ① 절대상승한계
   ② 실용상승한계
   ③ 운용상승한계
   ④ 제로상승한계

10. Jet 항공기가 최대항속거리를 얻기 위한 비행 속도는?
    ① L/Dmax 속도보다 약간 큰 속도
    ② L/Dmax 속도보다 약간 작은 속도
    ③ L/Dmax 속도와 같은 속도
    ④ L/Dmax 속도와 관계가 없다.

11. 항공기 무게 감소에 따른 이륙성능의 변화로 옳은 것은?
    ① 가속은 더 느려지고 이륙거리는 짧아진다.
    ② 가속은 더 느려지고 이륙거리는 길어진다.
    ③ 가속은 더 빨라지고 이륙거리는 짧아진다.
    ④ 가속은 더 빨라지고 이륙거리는 길어진다.

12. 방향 안정성이 가로 안정성보다 클 때 일어나는 현상은?
    ① 나선 불안정(spiral divergence)
    ② 방향 불안정(directional instability)
    ③ 더치 롤(dutch roll)
    ④ 역요(reverse yaw)

13. 선회비행에 대한 다음 설명 중 맞는 것은?
   ① Load factor는 양력의 수직성분을 항공기 무게로 나눈 것이다.
   ② 양력의 수평성분보다 원심력이 크면 skid가 된다.
   ③ 선회반경을 줄이려면 경사각을 감소시킨다.
   ④ 구심력은 항공기 무게에 비례한다.

14. 다음 중 조종간의 힘을 줄여주는 장치가 아닌 것은?
   ① Trim tab   ② Servo tab
   ③ Balance tab   ④ Fowler flap

15. 방향 안정성과 관련된 모멘트는?
   ① 롤링 모멘트   ② 요잉 모멘트
   ③ 피칭 모멘트   ④ 회전 모멘트

16. 다음 중 보조 조종면은?
   ① Spoiler   ② Rudder
   ③ Aileron   ④ Elevator

17. 받음각(angle of attack)이 커지면 일반적으로 압력중심(CP)은?
   ① Leading edge 쪽으로 이동한다.
   ② Trailing edge 쪽으로 이동한다.
   ③ 이동하지 않는다.
   ④ 기류의 상태에 따라서 leading edge나 trailing edge 쪽으로 이동한다.

18. 수직 안정판(vertical stabilizer)은 어떤 안정성을 위한 것인가?
   ① 수직 안정성   ② 방향 안정성
   ③ 가로 안정성   ④ 세로 안정성

19. 피토-정압계통의 계기 중 전압과 정압을 모두 사용하는 계기는?
   ① 고도계   ② 속도계
   ③ 승강계   ④ 선회계

20. 다음 중 가로 불안정에 속하지 않는 것은?
   ① 나선 불안정성   ② Dutch roll
   ③ Wing drop   ④ Pitch up

21. 다음 중 가스터빈 엔진이 아닌 것은?
   ① 터보제트 엔진   ② 램제트 엔진
   ③ 터보프롭 엔진   ④ 터보팬 엔진

22. 모멘트(moment)의 정의로 맞는 것은?
   ① 무게÷길이   ② 무게×길이
   ③ 무게×길이÷2   ④ 무게÷길이×2

23. 전방 CG 상태에서 가장 위험한 비행단계는?
   ① 이륙단계   ② 착륙단계
   ③ 실속단계   ④ 상승단계

24. Multi engine 항공기가 single engine 비행일 때 최단거리 내에서 원하는 고도 상승을 얻기 위한 속도는?
   ① V_{XSE} ② V_{YSE}
   ③ V_{MC} ④ V_A

25. 항공기가 지면효과를 떠날 때의 특성이 아닌 것은?
   ① 유도항력의 증가로 더 큰 추력이 요구된다.
   ② 양력보상을 위해 더 큰 받음각이 요구된다.
   ③ 안정성이 증가하여 기수가 down 된다.
   ④ 지시속도가 증가한다.

제4회 정답 및 해설

문제	1	2	3	4	5
정답	❸	❷	❷	❶	❶
문제	6	7	8	9	10
정답	❹	❸	❸	❶	❶
문제	11	12	13	14	15
정답	❸	❶	❷	❹	❷
문제	16	17	18	19	20
정답	❶	❶	❷	❷	❹
문제	21	22	23	24	25
정답	❷	❷	❷	❶	❸

1. ③

표준대기에서 표준 해면고도의 온도는 15℃이고, 고도 11 km까지 1,000 ft 당 약 2℃의 비율로 감소한다. 따라서 고도 20,000 ft의 표준대기온도는 $15-(2\times20)=-25$℃이다.

2. ②

항공기 날개의 표면에 와류 발생장치(vortex generator)를 붙이거나, 날개의 윗면을 거칠게 하여 난류 경계층이 발생되도록 함으로서 흐름의 떨어짐(박리)을 방지한다.

3. ②

날개 윗면의 공기 흐름이 가장 빠른 지점에서 공기 흐름 속도가 음속(마하수 1)에 도달할 때의 항공기 속도를 마하수로 나타낸 것을 임계 마하수(critical Mach number)라 한다.

4. ①

같은 받음각에 대해서는 캠버(camber)가 큰 날개일수록 큰 양력을 얻을 수 있으며, 최대양력계수도 커진다. 그러나 캠버가 크면 항력도 증가하게 된다.

5. ①

날개면 상에 초음속 흐름이 형성되면 충격파가 발생하고, 이 결과로 인하여 생기는 모든 항력을 조파항력(wave drag)이라고 한다.

6. ④

스포일러(spoiler)는 날개 중앙 부분에 부착하는 일종의 평판으로, 이것을 날개 윗면 또는 밑면에 펼침으로써 흐름을 강제로 떨어지게 하여 양력을 감소시키고 항력을 증가시키는 역할을 한다.

7. ③

항공기 속도가 감소하거나, 항공기 총중량이 증가함에 따라 수평비행을 유지하기 위해 필요한 받음각은 더 커지기 때문에 유도항력은 유해항력보다 크게 증가한다. 유도항력의 전체적인 양은 대기속도의 제곱에 반비례하여 항공기 속도가 증가하면 유도항력은 감소한다.

8. ③

문제 보기의 뒷전 플랩 중에서는 파울러 플랩(fowler flap)이 가장 효율이 좋다. 이어서 슬롯 플랩(slotted flap), 스플릿 플랩(split flap), 단순 플랩(plain flap) 순으로 효율이 좋다.

9. ①

상승한계에 따른 상승률은 다음과 같다.

상승한계	상승률
절대상승한계 (absolute ceiling)	0 ft/min
실용상승한계 (service ceiling)	100 ft/min(0.5 m/sec)
운용상승한계 (operation ceiling)	500 ft/min(2.5 m/sec)

10. ①

최대항속거리(maximum range)를 얻기 위한 비행속도는 다음과 같다.
1. 제트 비행기: 양항비가 최대(L/Dmax)인 속도보다 약간 빠른 속도
2. 프로펠러 비행기: 양항비가 최대(L/Dmax)인 속도

11. ③

항공기 무게가 증가할수록 항공기의 가속은 느려지고 이륙거리는 길어진다. 반대로 항공기 무게가 감소하면 항공기의 가속은 더 빨라지고 이륙

거리는 짧아진다.

12. ①
나선 불안정(spiral divergence)은 정적 방향 안정성이 정적 가로 안정성보다 훨씬 클 때 나타나며 격심하지는 않다.

13. ②
선회비행에 대한 설명은 다음과 같다.
1. 하중계수(load factor)는 전체 양력을 항공기 무게로 나눈 것이다.
2. 양력의 수평성분보다 원심력이 크면 skid가 되고, 양력의 수평성분보다 원심력이 작으면 slip이 된다.
3. 선회반경을 줄이려면 경사각을 증가시켜야 한다.
4. 원심력은 항공기 무게에 비례한다.

14. ④
탭(tab)은 조종사의 조종력을 감소시켜 주는 부조종면으로 트림 탭(trim tab), 서보 탭(servo tab), 평형 탭(balance tab), 스프링 탭(spring tab) 등이 있다. 파울러 플랩(fowler flap)은 날개의 양력을 증가시켜 주는 고양력 장치이다.

15. ②
항공기의 기준축(body axis)은 다음과 같다.

기준축	모멘트	안 정
세로축(X축)	옆놀이 모멘트 (rolling moment)	가로안정
가로축(Y축)	키놀이 모멘트 (pitching moment)	세로안정
수직축(Z축)	빗놀이 모멘트 (yawing moment)	방향안정

16. ①
조종계통(조종면)을 구분하면 다음과 같다.
1. 주 조종계통(주 조종면): 도움날개(aileron), 승강키(elevator), 방향키(rudder)
2. 보조 조종계통(보조 조종면): 고양력 장치, 스포일러(spoiler), 탭(tab)

17. ①
보통의 날개에서 압력중심은 받음각이 클 때 앞전(leading edge) 쪽으로 이동하여 시위 길이의 1/4 정도인 곳이 된다. 반대로, 받음각이 작을 때에는 시위 길이의 1/2 정도까지 뒷전(trailing edge) 쪽으로 이동한다.

18. ②
수직 안정판(vertical stabilizer)은 비행기의 방향안정에 일차적으로 영향을 끼치는 요소이다.

19. ②
고도계와 승강계는 정압공(static port)에서 측정된 공기의 정압을 이용하고, 속도계는 피토관(pitot tube)에서 측정되는 공기의 전압(동압+정압)과 정압공에서 측정된 정압을 이용하여 속도를 측정한다.

20. ④
가로 불안정의 종류는 다음과 같다.
1. 날개 드롭(wing drop, wing heaviness): 비행기의 한쪽 날개가 충격실속을 일으켜서 갑자기 양력을 상실하여 급격한 옆놀이를 일으키는 현상
2. 옆놀이 커플링(roll coupling): 큰 옆놀이 각속도가 받음각을 가지게 되면 큰 관성 커플링을 일으켜 받음각과 옆미끄럼각을 계속 증가시켜서 발산하는 현상
3. 나선 불안정(spiral divergence): 정적 방향 안정성이 정적 가로 안정성보다 훨씬 클 때 나타난다.
4. 가로 방향 불안정(lateral divergence): 더치 롤(dutch roll)이라고도 하며, 가로진동과 방향진동이 결합된 것이다.

21. ②
압축기, 연소실 및 터빈을 기본 구성품으로 하는 터보제트 엔진, 터보팬 엔진, 터보프롭 엔진 및 터보샤프트 엔진을 가스터빈 엔진이라고 한다.

22. ②
항공기 무게중심을 계산할 때 모멘트(moment)

란 기준선으로부터의 거리인 길이와 항공기 무게를 곱한 값을 말한다.

23. ②

Elevator는 착륙을 하는 과정에서 항공기의 피치 자세를 유지시켜야 한다. 그러나 무게중심의 위치가 전방에 치우쳐 있는 경우, 기수가 무거워져 착륙을 위한 적절한 피치 자세를 유지하기 힘들어진다. 착륙을 위한 플레어(flare) 중에는 power를 줄이게 되고 속도가 감속되어 elevator 주위를 흐르는 공기 흐름이 줄어들게 되고, 이는 elevator의 효과를 감소시킨다.

따라서 무게중심의 위치가 전방에 치우쳐 있는 경우 착륙 진입 시에 가장 위험하다.

24. ①

V_{XSE}와 V_{YSE}를 구분하면 다음과 같다.

구분	내용
V_{XSE}	(Best angle of climb speed with one engine inoperative) 엔진 하나가 작동되지 않을 때 가장 짧은 거리 내에서 최대 상승이 가능한 속도
V_{YSE}	(Best rate of climb speed with one engine inoperative) 엔진 하나가 작동되지 않을 때 가장 짧은 시간 내에 최대 상승이 가능한 속도로

25. ③

항공기가 지면효과를 벗어날 때 발생하는 현상은 다음과 같다.

1. 동일한 양력계수를 얻기 위해서는 받음각을 증가시켜야 한다.
2. 유도항력이 증가하므로 동력의 증가가 필요하다.
3. 안정성이 감소되어 순간적인 기수 들림(nose-up) 현상이 발생한다.
4. 정압이 감소하여 지시대기속도(IAS)가 증가한다.

항공종사자 자격증명시험 제5회 모의고사

자격분류명	자격명	과목명	시험시간	문제수	성 명	점 수
항공종사자 자격증명	조종사	비행이론	30분	25문항		

1. 아음속 구간의 마하수 범위는?
   ① M<0.8
   ② 0.8<M<1.2
   ③ 1.2<M<5.0
   ④ M>5.0

2. 비행기 날개의 윗 표면에서는 천이(transition) 현상이 일어난다. 천이 현상이란?
   ① 표면에서 공기가 떨어져 나가는 현상
   ② 층류가 난류로 바뀌는 현상
   ③ 충격파에 의해서 압력이 급격하게 증가하는 현상
   ④ 풍압중심이 이동하는 현상

3. Supersonic flow에서 나타나는 shock wave가 아닌 것은?
   ① Oblique shock wave
   ② Normal shock wave
   ③ Expansion wave
   ④ Loop shock wave

4. 비행기 날개의 양력과 항력에 대한 설명 중 맞는 것은?
   ① 양력과 항력은 속도에 비례한다.
   ② 양력과 항력은 공기의 밀도, 날개의 면적, 속도의 제곱에 비례한다.
   ③ 양력은 양력계수에 반비례하고, 항력은 항력계수에 반비례한다.
   ④ 양력은 날개의 면적과 속도에 비례하고, 항력은 속도의 제곱에 반비례한다.

5. 공기력 중심에 대한 설명 중 맞는 것은?
   ① 받음각이 변하더라도 위치는 변하지 않는다.
   ② 받음각이 커지면 앞전 쪽으로 이동한다.
   ③ 일반적으로 무게 중심의 전방에 위치한다.
   ④ 대부분의 날개골은 앞전에서부터 약 30% 지점에 위치한다.

6. 다음 중 임계 마하수를 크게 하기 위한 방법이 아닌 것은?
   ① 후퇴각을 준다.
   ② 종횡비를 적게 한다.
   ③ 얇은 날개로서 종횡비를 적게 한다.
   ④ 앞전 반경을 크게 한다.

7. 날개의 가로세로비와 유도항력에 대한 설명 중 옳은 것은?
   ① 가로세로비가 감소하면 유도항력은 증가한다.
   ② 가로세로비가 증가하면 유도항력은 증가한다.
   ③ 유도항력은 가로세로비의 1.3배의 값을 갖는다.
   ④ 가로세로비는 유도항력에 영향을 주지 않는다.

8. Wing tip에서 실속이 시작되어 wing root로 전이되는 날개는?
   ① Delta wing
   ② Rectangular wing
   ③ Elliptic wing
   ④ Sweep back wing

9. 다음 중 trailing edge에 설치되는 고양력 장치가 아닌 것은?
   ① Slat
   ② Slot flap
   ③ Split flap
   ④ Fowler flap

10. 속도가 일정한 수평직선 비행 시 항공기에 작용하는 힘으로 맞는 것은?
    ① 양력=중력, 추력=항력
    ② 양력>중력, 추력>항력
    ③ 양력>중력, 추력<항력
    ④ 양력=중력, 추력>항력

11. 지시실속속도(indicated stall speed)에 영향을 주는 요소는?
    ① weight, load factor, power
    ② load factor, angle of attack, power

③ angle of attack, weight, air density
④ air density, angle of attack, power

12. 비행 중 엔진이 fail 되었을 때 어떻게 해야 하는가?
① V_X Speed를 유지한다.
② Best Glide Speed를 유지한다.
③ V_Y Speed를 유지한다.
④ Maximum Endurance Speed를 유지한다.

13. 착륙거리를 줄이는 방법이 아닌 것은?
① 날개하중 무게를 줄인다.
② 양항비를 크게 한다.
③ 활주로 마찰계수를 작게 한다.
④ 타이어 마찰계수를 크게 한다.

14. Spin에 대한 설명 중 틀린 것은?
① Flat spin은 저속에서 일어나고 회복이 쉽다.
② Spin 상태에서 aileron은 조종성능이 떨어진다.
③ Spin은 실속속도 부근에서 일어나는 고정적인 현상이다.
④ Spin으로부터의 회복은 rudder와 elevator로 한다.

15. Balance tab에 대한 설명으로 옳은 것은?
① Tab이 조종면과 반대 방향으로 움직여 조종 시 걸리는 힘을 경감한다.
② Tab이 조종면과 같은 방향으로 움직여 힌지 주위의 모멘트를 작게 한다.
③ Tab이 조종간과 같은 방향으로 움직여 조종 시 걸리는 힘을 경감한다.
④ 자동비행을 가능하게 한다.

16. 대형 항공기의 outboard aileron은 언제 정상적으로 사용 가능한가?
① Low speed 비행 시
② High speed 비행 시
③ Low speed 및 high speed 비행 시
④ Normal speed 비행 시

17. Dutch roll은 어떤 불안정이 조합되어 나타나는가?
① 방향 불안정과 세로 불안정
② 가로 불안정과 세로 불안정
③ 방향 불안정과 가로 불안정
④ 방향 불안정과 나선 불안정

18. Pitch up과 관계가 없는 것은?
① 승강타 효과의 감소
② 뒤젖힘 날개의 끝단에서 실속 발생
③ 날개의 풍압중심이 뒤로 이동
④ 뒤젖힘 날개에서 비틀림 발생

19. 가스터빈엔진의 3가지 주요 구성요소는?
① 흡입구, 압축기, 배기노즐
② 흡입구, 압축기, 연소실
③ 압축기, 연소실, 배기도관
④ 압축기, 연소실, 터빈

20. Fixed-pitch propeller에서 carburetor ice를 제거하기 위해 carburetor heater 작동 시 나타나는 현상은?
① RPM이 증가하다가 점차 감소한다.
② RPM이 감소한 다음에 일정해진다.
③ RPM이 증가한 다음에 일정해진다.
④ RPM이 감소하다가 점차 증가한다.

21. 여압되는 비행기의 static tube가 비행 중 깨졌다면 고도계의 지시는?
① 실제 고도보다 높게 지시한다.
② 실제 고도보다 낮게 지시한다.
③ 서서히 "0"으로 감소한다.
④ 현재 고도로 고정된다.

22. 접근 중 windshear가 가장 위험한 시기는?
① 정풍에서 배풍으로 바뀔 때
② 배풍에서 정풍으로 바뀔 때
③ 측풍으로 흩어질 때
④ 아래로 흩어질 때

23. 실속속도 또는 최소안전비행속도는?
① Vref ② Vs
③ Vc ④ Vy

24. 쌍발 엔진 항공기에서 한쪽 엔진 고장 시 sideslip을 줄이려면?
① 항공기의 wing level을 유지한다.
② 엔진의 power를 증가시킨다.
③ 살아있는 엔진 쪽으로 약간 bank를 준다.
④ 항공기의 pitch를 낮추고 증속한다.

25. 항공기 A 부위의 무게는 500 kg이고 무게중심은 기준선으로부터 170 in, B 부위의 무게는 1,000 kg이고 무게중심은 130 in, 그리고 C 부위의 무게는 500 kg이고 무게중심은 −30 in에 있을 때, 총무게와 무게중심(CG)의 위치는?
① 1,500 kg, 75 in ② 1,500 kg, 100 in
③ 2,000 kg, 75 in ④ 2,000 kg, 100 in

제5회 정답 및 해설

문제	1	2	3	4	5
정답	❶	❷	❹	❷	❶
문제	6	7	8	9	10
정답	❹	❶	❹	❶	❶
문제	11	12	13	14	15
정답	❶	❷	❸	❶	❶
문제	16	17	18	19	20
정답	❶	❸	❸	❹	❹
문제	21	22	23	24	25
정답	❷	❶	❷	❸	❹

1. ①

마하수의 범위에 따른 흐름의 특성은 다음과 같다.

마하수(Ma)	흐름의 특성
0.3 이하	아음속 흐름
0.3~0.8(또는 0.75)	아음속 흐름
0.8(또는 0.75)~1.2	천음속 흐름
1.2~5.0	초음속 흐름
5.0 이상	극초음속 흐름

2. ②

층류 흐름 상태에서 레이놀즈 수가 증가하면 흐름이 불안정한 상태로 되어 난류 흐름 상태로 바뀌는 현상을 천이(transition) 현상이라고 한다.

3. ④

흐름의 속도가 음속보다 빠른 초음속 흐름(supersonic flow)에서 충격파가 표면에 수직으로 생기면 수직 충격파(normal shock wave), 표면에서 경사지면 경사 충격파(oblique shock waver)라고 한다. 또 초음속 흐름에서 생기는 파로 팽창파(expansion wave)라는 것이 있다. 팽창파는 초음속 흐름에서만 생기고, 항상 표면에 경사지게 된다.

4. ②

비행기 날개의 양력은 양력계수(C_L), 공기의 밀도(ρ), 날개의 면적(S) 및 비행속도(V)의 제곱에 비례한다. 항력은 항력계수(C_D), 공기의 밀도, 날개의 면적 및 비행속도의 제곱에 비례한다.

$$양력 : L = C_L \frac{1}{2} \rho V^2 S$$

$$항력 : D = C_D \frac{1}{2} \rho V^2 S$$

5. ①

1. 날개골의 어떤 한 점은 받음각이 변하더라도 모멘트 계수의 크기가 변하지 않는 점이 있는데 이 점을 공기력 중심이라 하며, 이 점을 중심으로 하는 모멘트 계수를 Mac로 나타낸다. 대칭형 날개골에서 Mac는 "0"이 된다.
2. 대부분의 날개골에 있어서 이 공기력 중심은 앞전에서부터 25% C인 점에 위치한다.

6. ④

임계 마하수를 크게 하기 위한 방법은 다음과 같다.
1. 얇은 날개를 사용하여 날개 표면에서의 속도 증가를 줄인다.
2. 날개에 후퇴각(뒤젖힘각)을 준다.
3. 종횡비(가로세로비)가 작은 날개를 사용한다.

4. 경계층을 제어한다.

7. ①

유도항력(D_i)은 아래 식과 같이 양력계수(C_L)의 제곱에 비례하고, 가로세로비(AR)에 반비례한다. 따라서 가로세로비가 감소하면 유도항력은 증가한다.

$$D_i \propto \frac{C_L^2}{AR}$$

8. ④

날개의 모양에 따라 실속이 먼저 발생하는 부위는 다음과 같다.

날개의 모양	초기 실속 발생 부위
직사각형 날개 (rectangular wing)	날개 뿌리(wing root)
테이퍼형 날개 (taper wing)	날개 끝(wing tip)
타원형 날개 (elliptic wing)	날개 길이 전체 균일
뒤젖힘 날개 (sweep back wing)	날개 끝(wing tip)

9. ①

뒷전 플랩(trailing edge flap)에는 파울러 플랩(fowler flap), 슬롯 플랩(slotted flap), 스플릿 플랩(split flap)과 단순 플랩(plain flap) 등이 있다. 슬랫(slat)은 앞전 플랩(leading edge flap)이다.

10. ①

양력, 중력, 추력 및 항력과의 관계에 따른 비행상태는 다음과 같다.

작용하중	양력(L), 중력(W)	추력(F), 항력(D)
비행 상태	$L = W$; 수평비행 $L > W$; 상승비행 $L < W$; 하강비행	$F = D$; 등속비행 $F > D$; 가속비행 $F < D$; 감속비행

11. ①

실속속도(stall speed)는 서로 다른 환경에서 변할 수 있다. 항공기 무게(weight), 하중계수(load factor), 동력(power), 무게중심, 고도, 기온 및 항공기 날개의 눈, 얼음이나 서리의 존재 여부는 항공기의 지시실속속도에 영향을 미친다.

12. ②

최대 양항비가 얻어지고 최소의 고도 침하를 하는 속도를 최대활공속도(best glide speed)라고 하며, 대부분의 경우 이 속도에서만 최대의 활공거리를 얻을 수 있다. 따라서 엔진이 고장 난 경우 항공기 무게와 상관없이 최대활공속도를 유지하는 것이 매우 중요하다.

13. ③

착륙거리를 줄이기 위한 방법은 다음과 같다.
1. 항공기를 가볍게 한다.
2. 고양력 장치 등을 사용하여 접지속도를 감소시킨다.
3. 타이어와 활주로 표면과의 마찰계수를 크게 한다.

14. ①

수평스핀(flat spin)은 각속도가 크기 때문에 일반적인 스핀보다 회복이 더 힘들거나, 아예 회복이 되지 않는 경우가 많다.

15. ①

평형 탭(balance tab)은 조종사가 조종간을 움직일 때 조종면이 움직이는 방향과 반대 방향으로 자동적으로 움직이도록 기계적으로 연결되어 있다.

16. ①

대형 운송용항공기는 outboard aileron과 inboard aileron 2종류의 aileron을 설치하여 outboard aileron은 저속에서만, inboard aileron은 저속과 고속에서 작동하도록 되어 있다.

17. ③

가로 방향 불안정(lateral divergence)은 더치 롤(dutch roll)이라고도 하며, 가로진동과 방향진동이 결합된 것으로서 대개 동적으로는 안정하지만 진동하는 성질 때문에 문제가 된다.

18. ③

비행기가 하강비행을 하는 동안 조종간을 당겨

기수를 올리려 할 때, 받음각과 각속도가 특정값을 넘게 되면 예상한 정도 이상으로 기수가 올라가는데 이를 피치 업(pitch up)이라 한다. 이러한 피치 업의 원인은 다음과 같다.
1. 뒤젖힘 날개의 날개끝 실속
2. 뒤젖힘 날개의 비틀림
3. 날개의 풍압중심이 앞으로 이동
4. 승강키 효율 감소

19. ④

가스터빈엔진의 3가지 주요 구성품은 압축기, 연소실 및 터빈이며, 이들을 가스 발생기(gas generator)라고 한다.

20. ④

고정 피치 프로펠러 비행기에 결빙이 있는 경우, carburetor heater를 사용한다면 rpm이 감소한 다음에 결빙이 제거됨에 따라 점진적으로 rpm의 증가를 가져온다.

21. ②

동정압 계통(pitot-static system)의 정압공(static port)이 막힌 경우, 예비 정압공이 열려서 항공기 외부의 정압(대기압) 대신에 조종실의 기압을 정압 계통에 공급한다. 따라서 여압 항공기의 경우 정압공(static port)이 막히거나 정압관이 깨지면, 조종실의 기압을 지시하기 때문에 고도계는 실제 비행고도보다 낮게 지시한다.

22. ①

착륙하기 위해 활주로로 접근 중에 윈드시어(windshear)가 발생하여 갑자기 정풍이 멈추거나 배풍으로 변화되면 날개에 대한 기류의 상대속도는 감소하고, 따라서 항공기에 대한 대기속도는 감소한다. 대기속도가 감소하여 양력이 감소하게 되면 항공기의 제어가 불가능해지고, 활주로에 못 미쳐 추락하거나 불시착 사고처럼 착륙 도중 뒤집힐 수도 있다.

23. ②

V_S(stall speed)는 실속속도 또는 항공기를 조종할 수 있는 최소안전비행속도(minimum steady flight speed)이다.

24. ③

쌍발엔진 항공기에서 한쪽 엔진이 작동되지 않는 경우, zero sideslip 상태를 유지하기 위해서는 살아있는(작동하는) 엔진 쪽으로 제작사가 권고하는 경사각 또는 약 5°의 경사각을 유지한다.

25. ④

각 부위의 무게와 거리를 곱하여 각각의 모멘트를 구한 다음, 총 모멘트를 총 무게로 나누어 무게중심의 위치를 구한다.

부위	무게(kg)	거리(in)	모멘트
A	500	170	850,000
B	1,000	130	130,000
C	500	−30	−15,000
합계	2,000		200,000

$$\therefore 무게중심 = \frac{총\ 모멘트}{총\ 무게} = \frac{200,000}{2,000} = 100\ \text{in}$$

항공종사자 자격증명시험 제6회 모의고사

자격분류명	자격명	과목명	시험시간	문제수	성 명	점 수
항공종사자 자격증명	조종사	비행이론	30분	25문항		

1. 튜브 내의 흐름에 있어서 베르누이 이론으로 올바른 설명은?
   ① 튜브의 면적이 작아지면 동압도 작아진다.
   ② 튜브의 면적이 커지면 동압은 커지고 정압은 작아진다.
   ③ 튜브의 면적이 작아지면 동압과 정압 모두 커진다.
   ④ 튜브의 면적이 변해도 동압과 정압의 합은 일정하다.

2. 마하수의 설명으로 맞는 것은?
   ① 비행속도와 음속의 비
   ② 가속도와 음속의 비
   ③ 비행속도의 제곱과 음속의 비
   ④ 가속도의 제곱과 음속의 비

3. 날개에서 chord line이란 무엇인가?
   ① 날개의 가장 두꺼운 부분
   ② 날개의 윗면과 아랫면의 중간위치를 연결한 선
   ③ 날개의 앞전과 뒷전을 이은 선
   ④ 날개의 앞전부터 가장 두꺼운 부분까지의 거리

4. Angle of attack이 0°일 경우의 특성으로 맞는 설명은?
   ① 유도항력은 "0"이다.
   ② 날개 윗면과 아랫면의 압력은 같다.
   ③ 날개 윗면의 압력이 아랫면보다 높다.
   ④ 날개 윗면의 압력이 아랫면보다 낮다.

5. 직사각형 날개에서 실속은?
   ① 날개 뿌리에서 시작된다.
   ② 날개 끝에서 시작된다.
   ③ 날개 앞전에서 시작된다.
   ④ 날개 전체에서 동시에 시작된다.

6. 다음 중 항공기 속도가 증가함에 따라 감소하는 항력은?
   ① Profile drag   ② Induced drag
   ③ Parasite drag   ④ Friction drag

7. Aspect ratio의 정의로 맞는 것은?
   ① $\dfrac{\text{Wing span}}{\text{날개 면적}}$ ② $\dfrac{\text{Wing span}^2}{\text{날개 면적}}$
   ③ $\dfrac{\text{시위}}{\text{Wing span}}$ ③ $\dfrac{\text{시위}^2}{\text{Wing span}}$

8. 착륙 시 flap을 down 하면?
   ① 양력은 증가하고 항력은 감소한다.
   ② 양력은 감소하고 항력은 증가한다.
   ③ 양력과 항력 모두 증가한다.
   ④ 양력과 항력 모두 감소한다.

9. Aerodynamic brake는 항공기의 속도를 얼마까지 감소시키기 위하여 사용하는가?
   ① Landing speed의 10~20%까지 감소
   ② Landing speed의 30~40%까지 감소
   ③ Landing speed의 60~70%까지 감소
   ④ Landing speed의 90~100%까지 감소

10. 다음 중 맞는 것은?
    ① 잉여추력+필요추력=여유추력
    ② 여유추력+필요추력=잉여추력
    ③ 이용추력−필요추력=여유추력
    ④ 필요추력−이용추력=잉여추력

11. 정풍에서 최대항속거리를 낼 수 있는 속도로 맞추어져 있을 때, 바람이 배풍으로 바뀌면 항공기 속도를 어떻게 하여야 하는가?
    ① 항공기 속도를 감소시킨다.
    ② 항공기 속도를 증가시킨다.

③ 원래의 항공기 속도를 유지한다.
④ 항공기 속도와는 관계가 없다.

12. 최대활공거리를 얻기 위한 방법으로 맞는 것은?
① 활공각이 최대가 되는 비행자세로 활공한다.
② 활공속도가 최대가 되는 비행자세로 활공한다.
③ 침하속도가 최소가 되는 비행자세로 활공한다.
④ 양항비가 최대가 되는 비행자세로 활공한다.

13. 비행기가 spin에 접어들기 전에 반드시 일어나는 비행상태는?
① Dutch roll
② Steep diving spiral
③ Stall
④ Spiral divergence

14. 선회율을 증가시키면서 선회반경을 감소시키려면 어떻게 해야 하는가?
① 경사각과 선회속도를 감소시킨다.
② 경사각과 선회속도를 증가시킨다.
③ 경사각을 감소시키고 선회속도를 증가시킨다.
④ 경사각을 증가시키고 선회속도를 감소시킨다.

15. 다음 중 조종간에 작용하는 압력을 "0"이 되게 해주는 것은?
① Servo tab   ② Spring tab
③ Balance tab   ④ Trim tab

16. 비행기의 안정과 조종, 그리고 운동의 기준이 되는 3축의 중심이 되는 점은?
① Center of gravity
② Center of pressure
③ Mean aerodynamic center
④ Aerodynamic center

17. 다음 중 lateral stability와 관련이 없는 것은?
① 상반각   ② 후퇴각
③ 수직꼬리날개   ④ 수평꼬리날개

18. 제트엔진의 추진원리는?
① 뉴턴의 1법칙   ② 뉴턴의 2법칙
③ 뉴턴의 3법칙   ④ 뉴턴의 4법칙

19. 왕복엔진에서 throttle을 급격히 증가 시 발생할 수 있는 현상은?
① Spool   ② Overshooting
③ Overboosting   ④ Mushing

20. 이륙시 최대동력과 추력을 얻기 위하여 constant speed propeller의 깃각은 어떻게 되는가?
① 큰 받음각과 높은 RPM
② 큰 받음각과 낮은 RPM
③ 작은 받음각과 높은 RPM
④ 작은 받음각과 낮은 RPM

21. 비행기의 CG가 전방 CG 한계에 위치할 때 나타나는 특성은?
① 세로 안정성이 감소한다.
② 순항속도가 증가한다.
③ 실속에 들어가기가 쉽다.
④ 실속속도가 증가한다.

22. 다음 중 항공기의 weight가 증가할수록 감소하는 것은?
① Critical engine failure speed
② Rotation speed
③ Accelerate stop distance
④ Takeoff speed

23. 수막현상(hydroplaning)에 대한 설명 중 맞지 않는 것은?
① 항공기의 무게가 무거울수록 수막현상이 일어나는 속도가 적어진다.
② Viscous 수막현상은 dynamic 수막현상보다 낮은 속도에서 일어난다.
③ 수막현상의 발생속도는 tire의 압력에 비례한다.
④ 항공기의 속도가 빠를수록 잘 발생한다.

24. 항공기 고도 증가 시 Vx와 Vy 두 속도가 같아지는 지점은?
① Cruise ceiling
② Absolute ceiling
③ Maximum operating ceiling
④ Service ceiling

25. 정압공이 막힌 경우 계기의 지시로 맞는 것은?
① 고도계는 실제 고도보다 높게 지시한다.
② 속도는 점점 "0"으로 감소한다.
③ 고도가 변하여도 속도는 변하지 않는다.
④ 승강계는 "0"으로 고정된다.

제6회 정답 및 해설

문제	1	2	3	4	5
정답	❹	❶	❸	❹	❶
문제	6	7	8	9	10
정답	❷	❷	❸	❸	❸
문제	11	12	13	14	15
정답	❶	❹	❸	❹	❹
문제	16	17	18	19	20
정답	❶	❹	❸	❸	❸
문제	21	22	23	24	25
정답	❹	❶	❶	❷	❹

1. ④
베르누이 정리는 정상흐름의 경우에 정압과 동압을 합한 결과가 항상 일정하다는 것을 나타낸다. 따라서 어느 한 점에서 흐름의 속도가 빨라지면 동압은 증가하고, 그 곳에서의 정압은 감소한다. 튜브의 경우 면적이 작아져서 흐름 속도가 증가하면 동압은 커지고 정압은 작아진다. 반대로 튜브의 면적이 커지면 흐름 속도는 감소하여 동압은 작아지고 정압은 커진다.

2. ①
비행체의 속도(V)와 음속(C)과의 비를 마하수(Mach number)라고 한다.

$$Ma = \frac{V}{C}$$

3. ③
시위(chord) 또는 시위선(chord line)이란 날개의 앞전과 뒷전을 연결한 직선을 말한다.

4. ④
캠버가 있는 일반적인 날개골, 즉 전형적인 항공기 날개에서는 받음각(angle of attack)이 0°이더라도 날개 윗면의 공기 압력은 주변의 대기압보다 낮고, 날개 아랫면의 공기 압력은 주변의 대기압보다 높다. 따라서 날개 윗면의 압력이 날개 아랫면의 압력보다 낮다.

5. ①
직사각형 날개(rectangular wing)는 날개 뿌리 부분에서 먼저 실속이 일어난다.

6. ②
항공기 속도가 감소하거나, 항공기 중량이 증가함에 따라 수평비행을 유지하기 위해 필요한 받음각은 더 커지기 때문에 유도항력은 유해항력보다 크게 증가한다. 유도항력(induced drag)의 전체적인 양은 대기속도의 제곱에 반비례하여 항공기 속도가 증가하면 유도항력은 감소한다.

7. ②
날개의 길이(wing span)를 b, 시위(chord)를 c, 날개의 면적을 S, 그리고 가로세로비(aspect ratio)를 AR 이라고 하면,

$$AR = \frac{b}{c} = \frac{b \times b}{c \times b} = \frac{b^2}{S}$$

8. ③
착륙 시 플랩(flap)을 내리면 양력이 커지고 받음각도 증가하는 효과가 발생하지만, 동시에 항력도 증가한다.

9. ③
스포일러와 같은 공기역학적 브레이크(aerodynamic braking)는 접지속도의 약 60∼70%

의 속도로 감속할 때에만 유용하다. 이 속도보다 낮은 속도에서는 휠 브레이크(wheel brake)를 사용하여 정지하여야 한다.

10. ③

이용추력과 필요추력과의 차를 여유추력 또는 잉여추력이라 하며, 비행기의 상승성능을 결정하는데 중요한 요소가 된다. 여유추력을 구하는 식은 다음과 같다.
- 여유추력(잉여추력) = 이용추력 − 필요추력

11. ①

배풍(tailwind) 시에는 무풍 시의 최대항속거리를 얻기 위한 대기속도보다 조금 느리게 비행함으로써 항속거리를 증가시킬 수 있다.

12. ④

멀리 활공하려면 활공각이 작아야 하며, 활공각이 작으려면 양항비가 커야 한다. 즉, 주어진 고도에서 최대활공거리를 얻기 위해서는 양항비가 최대인 비행자세로 활공하여야 한다.

13. ③

스핀(spin)이란 자동회전과 수직강하가 조합된 비행이다. 이 현상은 비행기가 실속각을 넘는 받음각인 상태에서, 즉 완전실속(full stall) 이후에서 발생한다. 날개가 실속되지 않으면 스핀은 발생하지 않는다.

14. ④

비행기의 선회속도를 V, 선회경사각을 ϕ, 중력가속도를 g라 하면,

$$\text{선회율} = \frac{g \tan\phi}{V}$$

식과 같이 선회율은 선회경사각에 비례하고 선회속도에 반비례한다. 따라서 선회율을 증가시키면서 선회반경을 감소시키려면 선회경사각을 크게 하고, 선회속도를 감소시켜야 한다.

15. ④

트림 탭(trim tab)은 조종면의 힌지 모멘트를 감소시켜 조종사의 조종력을 "0"으로 조정해 주는 역할을 한다. 항공기가 불평형이 되었을 때 조종사가 조종석 내에서 그 위치를 임의로 조정할 수 있다.

16. ①

비행기의 안정과 조종, 그리고 운동의 문제를 다루는 데 있어서 기준이 되는 좌표축을 기체축(body axis)이라고 한다. 이 기체축은 비행기의 무게중심(CG; Center of Gravity)을 원점으로 한다.

17. ④

비행기의 가로안정(lateral stability)에 영향을 주는 요소는 다음과 같다.
1. 날개(wing): 기하학적으로 날개의 상반각(쳐든각)은 가로안정에 가장 중요한 요소이다. 날개의 후퇴각 효과(sweepback effect)도 정적 가로안정에 큰 기여를 한다.
2. 동체
3. 수직꼬리날개

18. ③

제트추진은 뉴턴의 운동 제3법칙, 즉 작용이 있으면 반드시 그것과 크기가 같고 방향이 반대인 반작용이 있다는 것을 응용한 것이다.

19. ③

Throttle을 급격하게 증가시키면 overboosting이 발생할 수 있다. Overboosting이란 왕복엔진에서 제작회사가 규정한 manifold 압력을 초과하는 상태를 말하며, 이러한 현상이 발생하면 엔진 구성품이 손상될 수 있다.

20. ③

이륙하는 동안 최대출력과 추력이 요구될 때, 정속 프로펠러는 작은 깃각(받음각)으로 설정된다. 작은 하중 때문에 엔진은 고회전(높은 RPM)하게 되고 추력은 최대가 된다.

21. ④

무게중심(CG)의 위치가 전방에 있는 경우, 다음과 같은 성능변화가 발생된다.
1. 이륙 시 항공기 기수가 무거워 부양이 늦어지므로 이륙속도가 높아지고 이륙거리가 길어진다.
2. 상승성능(angle/rate of climb)이 줄어든다.
3. 최대 상승고도가 낮아진다.
4. 순항성능이 감소된다.
5. 실속속도(stalling speed)가 증가된다.
6. 항공기 기동성(maneuverability)이 감소된다.

22. ①

무거운 이륙중량은 낮은 V_1(critical engine failure speed)을 야기하고, 반대로 낮은 이륙중량은 높은 V_1 값을 야기한다. V_R, V_{LOF}, V_2 및 V_3의 값은 양력을 생성하기 위하여 필요한 동압과 관련이 있다. 따라서 항공기 중량이 증가하면 이러한 속도의 값을 증가시킬 것이다. 이것은 이륙중량 증가가 각 이륙단계에서 도달해야 하는 속도를 증가시킨다는 것을 의미한다.

23. ①

수막현상이 발생하는 속도는 항공기 무게와 타이어(tire) 공기 압력에 비례한다. 따라서 항공기의 무게가 무거울수록 수막현상이 일어나는 속도도 커진다.

24. ②

항공기의 고도가 증가할수록 V_X(best angle of climb speed)는 증가하고, V_Y(best rate of climb speed)는 감소한다. 따라서 고도가 증가하면 두 속도는 교차하게 되며, 이 두 속도가 같아지는 지점이 비행기의 절대상승한계(absolute ceiling)가 된다.

25. ④

Pitot system은 정상이고 static system이 막힌 경우, 동정압 계통의 각 계기는 다음과 같이 지시한다.

구분	동정압 계통의 계기 지시		
	속도계	고도계	승강계
상태	서서히 "0"으로 감소	영향 없음	영향 없음
	수평비행 시 - 일정 상승비행 시 - 증가 강하비행 시 - 감소	영향 없음	영향 없음
	상승비행 시 - 감소 강하비행 시 - 증가	고정	"0" 지시

자격분류명	자격명	과목명	시험시간	문제수	성 명	점 수
항공종사자 자격증명	조종사	비행이론	30분	25문항		

항공종사자 자격증명시험 제7회 모의고사

1. 다음 중 기온이 가장 낮은 곳은?
   ① 대류권 계면
   ② 성층권 계면
   ③ 열권 계면
   ④ 중간권 계면

2. 레이놀즈수와 관련된 설명 중 틀린 것은?
   ① 레이놀즈수는 관성력과 점성력의 비로 나타낸다.
   ② 유체의 흐름이 층류에서 난류로, 또는 난류에서 층류로 바뀌는 것을 천이라고 한다.
   ③ 층류보다 난류의 마찰력이 더 크다.
   ④ 유체의 흐름 속도가 빠르면 레이놀즈수는 작아진다.

3. Airfoil의 특성에 대한 설명 중 틀린 것은?
   ① 같은 형상의 airfoil은 시위선의 길이에 관계없이 동일한 특성을 가진다.
   ② 두께가 두꺼우면 작은 받음각에서 항력이 크지만 큰 받음각에서는 큰 양력을 얻을 수 있다.
   ③ 앞전 반경이 커지면 작은 받음각에서 항력이 증가하고, 큰 받음각에서 항력이 감소한다.
   ④ 캠버가 큰 날개일수록 큰 양력을 얻을 수 있지만 항력도 증가한다.

4. Sweep back wing의 장점으로 맞는 것은?
   ① 임계 마하수를 높일 수 있다.
   ② 날개끝 실속을 방지할 수 있다.
   ③ 상승성능이 좋다.
   ④ 가로 안정성이 좋다.

5. 다음 설명 중 틀린 것은?
   ① 직사각형 날개의 테이퍼비는 "0"이다.
   ② 테이퍼비가 클수록 익근에서 실속이 먼저 발생한다.
   ③ 후퇴익은 실속이 익단에서 익근으로 진행된다.
   ④ 타원형 날개는 실속이 날개 길이 전체에 걸쳐 균일하게 발생한다.

6. Wing tip vortex에 대한 설명 중 틀린 것은?
   ① 이착륙 시에 최대가 된다.
   ② 공기 흐름 변화는 날개 끝으로 갈수록 적어진다.
   ③ Vortex 강도는 항공기의 무게에 비례하고, 날개 길이와 속도에 반비례한다.
   ④ 속도가 느린 항공기일수록 강도가 크다.

7. 형상항력은?
   ① 유도항력+압력항력
   ② 압력항력+마찰항력
   ③ 유해항력+유도항력
   ④ 마찰항력+유해항력

8. 수평비행 상태에서 항공기의 속도 변화에 따른 유도항력과 유해항력의 관계로 옳은 것은?
   ① 속도가 증가하면 유도항력과 유해항력 모두 증가한다.
   ② 속도가 증가하면 유도항력과 유해항력 모두 감소한다.
   ③ 속도가 증가하면 유도항력은 감소하고 유해항력은 증가한다.
   ④ 속도가 증가하면 유도항력은 증가하고 유해항력은 감소한다.

9. 항공기 날개의 시위선과 상대풍이 이루는 각을 무엇이라 하는가?
   ① 받음각
   ② 붙임각
   ③ 상반각
   ④ 후퇴각

10. 다음 중 고양력 장치가 아닌 것은?
    ① Slot
    ② Spoiler
    ③ Kruger flap
    ④ Drooped leading edge

11. 항공기가 가장 빨리 상승할 수 있는 경우는?
   ① 이용마력이 최소일 때
   ② 필요마력이 최소일 때
   ③ 여유마력이 최소일 때
   ④ 제동마력이 최소일 때

12. Uphill slope 활주로의 이륙성능에 대한 설명으로 맞는 것은?
   ① 이륙거리가 증가한다.
   ② 이륙거리가 감소한다.
   ③ 이륙거리는 동일하다.
   ④ 이륙속도가 감소한다.

13. 다른 조건이 동일한 경우, 고고도 공항에 approach 시 비행기의 ground speed는?
   ① 저고도 공항과 동일하다.
   ② 저고도 공항보다 높다.
   ③ 저고도 공항보다 낮다.
   ④ Ground speed는 고도와 관계가 없다.

14. 항공기 slip 시 수평양력 성분, 원심력과 하중계수의 관계로 맞는 것은?
   ① 수평양력 성분이 원심력보다 작고, 하중계수는 감소한다.
   ② 수평양력 성분이 원심력보다 작고, 하중계수는 증가한다.
   ③ 수평양력 성분이 원심력보다 크고, 하중계수는 감소한다.
   ④ 수평양력 성분이 원심력보다 크고, 하중계수는 증가한다.

15. 수평 비행할 때 실속속도가 80 knot인 비행기가 경사각 60°로 정상선회를 할 때 실속속도는?
   ① 90 knot   ② 109 knot
   ③ 113 knot   ④ 124 knot

16. 세로 동적 안정성이 음(-)일 때의 현상은?
   ① 진동이 증가하면서 상승한다.
   ② 진동이 증가하면서 강하한다.
   ③ 진동 주기가 점점 커진다.
   ④ 진동 주기가 점점 작아진다.

17. 세로 안정성을 좋게 하기 위한 방법이 아닌 것은?
   ① CG가 CP의 앞에 오도록 한다.
   ② 날개가 무게 중심점 위에 오도록 설계한다.
   ③ 수평꼬리날개를 크게 한다.
   ④ 날개에 처든각을 준다.

18. Swept back wing의 dutch roll을 방지하기 위한 장치는?
   ① Mach trimmer
   ② Yaw damper
   ③ Pitch damper
   ④ Pitch trim compensator

19. 프로펠러의 깃각이 허브에서 깃끝으로 갈수록 달라지는 이유는?
   ① 더 큰 기계적 응력(stress)에 견딜 수 있도록 하기 위하여
   ② 깃의 바깥쪽에서 더 큰 양력을 발생시키기 위해서
   ③ 깃의 안쪽에서 더 큰 양력을 발생시키기 위해서
   ④ 프로펠러 깃의 전 길이에 걸쳐 동일한 양력을 발생시키기 위해

20. 항공기 정압공이 막혔다면 영향을 받는 계기는?
   ① Altimeter, Vertical speed indicator, Airspeed indicator
   ② Vertical speed indicator
   ③ Altimeter, Vertical speed indicator
   ④ Altimeter

21. 속도 V_1의 정의로 맞는 것은?
   ① Take-off climb speed
   ② Take-off decision speed
   ③ Speed for best angle of climb
   ④ Engine failure speed

22. 터보제트엔진에서 가장 압력이 높은 곳은?
① 디퓨저 ② 터빈 노즐
③ Fan   ④ 연소실

23. 항공기에 손상을 주는 경계에까지 도달하는 하중계수는?
① 경계하중계수 ② 종극하중계수
③ 한계하중계수 ④ 기동하중계수

24. 다음 그림에서 점 S가 의미하는 것은?

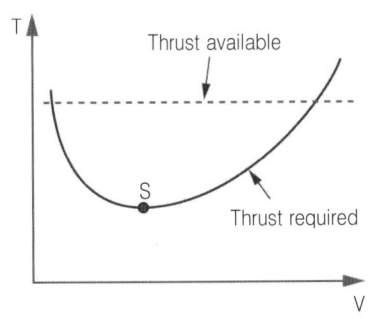

① Stall speed
② Maneuver speed
③ Best rate-of-climb speed
④ Best angle-of-climb speed

25. Tail wheel 항공기가 이륙 시 좌회전하는 left turning tendency의 원인은?
① Torque effect ② Spiral slipstream
③ P-factor ④ Gyroscopic action

제7회 정답 및 해설

문제	1	2	3	4	5
정답	④	④	①	①	①
문제	6	7	8	9	10
정답	②	②	③	①	②
문제	11	12	13	14	15
정답	②	①	②	③	③
문제	16	17	18	19	20
정답	③	④	②	④	①
문제	21	22	23	24	25
정답	②	①	③	④	④

1. ④

중간권에서는 높이에 따라 기온이 감소한다. 중간권과 열권의 경계면을 중간권 계면이라 하며, 대기권에서는 이곳의 기온이 가장 낮다.

2. ④

유체의 속도를 V, 시위 길이를 L, 그리고 동점성계수를 ν라고 하면 레이놀즈수(R_e)를 구하는 식은 다음과 같다.

$$R_e = \frac{VL}{\nu}$$

식과 같이 레이놀즈수는 유체의 속도에 비례하며, 유체의 흐름 속도가 빨라지면 레이놀즈수는 커진다.

3. ①

같은 형상의 날개골이라도 시위선의 길이가 길면 레이놀즈수가 커지므로, 날개 윗면을 흐르는 흐름이 난류로 천이되어 큰 받음각에도 쉽게 흐름의 떨어짐이 생기지 않는다. 이러한 레이놀즈수에 의한 특성변화를 레이놀즈수 효과 또는 치수효과(scale effect)라 한다.

4. ①

뒤젖힘 날개(sweep back wing)의 특징은 다음과 같다.
1. 임계 마하수를 높일 수 있다.
2. 방향 안정성이 좋다.
3. 날개끝 실속이 발생할 수 있다.

5. ①

테이퍼비(taper ratio)란 날개 뿌리 시위와 날개 끝 시위와의 비를 말한다. 직사각형 날개는 날개 뿌리 시위와 날개 끝 시위의 길이가 같으므로 테이퍼비는 "1"이 되고, 삼각 날개의 테이퍼비는 "0"이 된다.

6. ②

날개끝 와류(wing tip vortex)는 날개 후방에 공기의 내리흐름(downwash)을 만드는데, 내리흐름은 날개 끝 근처에서 매우 강하게 발생하고 날개 뿌리 쪽으로 갈수록 감소한다. 이러한 날개 끝 와류는 이착륙 시에 최대가 된다.

7. ②

형상항력(profile drag)은 물체의 모양에 따라서 다른 값을 가지는 항력으로 마찰항력과 압력항력을 합한 항력이다.

8. ③

수평비행 중 유해항력과 유도항력이 동일한 속도로 비행할 때 전체항력은 최소가 된다. 즉 이러한 비행상태에서 양항비가 최대인 속도를 얻을 수 있다. 수평비행 상태에서 최대 양항비를 얻을 수 있는 속도보다 높은 속도로 비행을 하면 유도항력은 감소하고 유해항력은 증가한다.

9. ①

받음각(angle of attack)이란 공기 흐름의 속도 방향, 즉 항공기 진행으로 인한 상대풍과 날개의 시위선이 이루는 각을 말한다.

10. ②

스포일러(spoiler)는 날개 중앙 부분에 부착하는 일종의 평판으로, 이것을 날개 윗면 또는 밑면에 펼침으로써 흐름을 강제로 떨어지게 하여 양력을 감소시키고 항력을 증가시키는 고항력 장치이다.

11. ②

이용마력과 필요마력과의 차를 여유마력 또는 잉여마력이라 하며, 비행기의 상승성능을 결정하는데 중요한 요소가 된다. 최대 상승률은 이용마력과 필요마력과의 차이가 최대일 때, 즉 이용마력이 최대이고 필요마력이 최소일 때 얻어진다.

12. ①

위로 경사진 활주로(upslope runway)는 항공기의 가속을 감소시키고 이륙거리를 증가시킨다. 반대로 아래로 경사진 활주로(downslope runway)는 항공기의 가속을 증가시키고, 따라서 이륙거리를 감소시킨다.

13. ②

표고가 높은 공항이나 밀도고도가 높은 공항에 접근 시에는 밀도가 낮아 진대기속도(TAS) 및 대지속도(ground speed)의 증가를 가져오고, 표고가 낮은 공항이나 밀도고도가 낮은 공항에 비해 더 긴 착륙거리를 필요로 한다.

14. ③

외활(skid) 및 내활(slip)시 비행기에 작용하는 하중은 다음과 같다.

구분	외활(skid)	내활(slip)
하중	원심력 > 양력 수평성분	원심력 < 양력 수평성분
하중계수	증가	감소

15. ③

실속속도가 80 knot인 비행기가 경사각 60°로 정상선회를 할 때 실속속도는,
$$\therefore V_{ts} = \frac{V_s}{\sqrt{\cos\phi}} = \frac{80}{\sqrt{\cos 60°}} = 113.14 \text{ knot}$$

16. ③

음(−)의 동적안정, 즉 동적 불안정이란 운동의 진폭이나 진동의 주기가 시간이 지남에 따라 점점 커지는 것을 말한다.

17. ④

세로 안정성을 좋게 하기 위한 방법은 다음과 같다.
1. 무게중심이 날개의 공기역학적 중심(또는 압력 중심)보다 앞에 위치할수록 안정성이 좋아진다.
2. 날개가 무게중심보다 높은 위치에 있을 때 안정성이 좋아진다.
3. 꼬리날개 부피(tail volume) 값이 클수록 안정성이 좋아진다. 즉 꼬리날개 면적을 크게 하거나, 무게중심에서 수평꼬리날개의 압력 중심까지의 거리를 크게 해야 한다.
4. 꼬리날개 효율 값이 클수록 안정성이 좋아진다.

〔참고〕 날개의 쳐든각은 가로안정에 가장 중요한 요소이다.

18. ②

더치 롤(dutch roll)은 가로진동과 방향진동이 결합된 것으로서, 대개 동적으로는 안정하지만 진동하는 성질 때문에 문제가 된다. 통상 항공기는 자동적으로 rudder를 움직여 비감쇠 현상을 보정하는 요 댐퍼(yaw damper)를 장비함으로서 더치 롤에 대한 안정성을 개선한다.

19. ④

프로펠러 깃은 전 길이에 걸쳐 비교적 일정한 받음각이 얻어지도록, 즉 동일한 양력을 발생시키기 위해 허브에서 깃 끝으로 갈수록 깃각이 작아지도록 비틀어져 있다.

20. ①

동정압관(pitot-static tube)은 정압을 수감하는 정압공과 전압을 수감하는 피토관으로 구성되어 있으며, 일반적으로 고도계, 속도계 및 승강계가 장착된다. 정압공(static port)은 속도계, 고도계 및 승강계에 정압 또는 대기압을 제공한다. 따라서 정압공이 막히면 이 세 가지 계기가 모두 작동하지 않게 된다.

21. ②

속도 V_1은 항공기가 이륙 활주 중에 장비된 엔진 중 한 대가 고장인 경우 이륙을 할 것인가 또는 중지할 것인가를 판정하기 위해 설정된 Takeoff Decision Speed 이다. 임계점 속도(critical engine failure speed) 또는 단념 속도(refusal speed)라고도 한다.

22. ①

디퓨저(diffuser)는 압축기와 연소실 사이에 위치하는 확산 구조로서 공기 속도를 줄이고 정압을 상승시키는 역할을 하며, 터빈 엔진에서 압력이 가장 높은 곳이다.

23. ③

한계하중(또는 제한하중이라고도 한다)은 설계상 항공기가 감당할 수 있는 최대하중으로 비행기는 이 한계하중 내에서만 운용하도록 되어 있다. 이러한 한계하중을 초과하여 비행하면 구조적 손상(structural damage)을 초래할 수 있다.

24. ④

점 S는 이용추력(available thrust)과 필요추력(required thrust)과의 차이인 여유추력(excess thrust)이 최대인 지점이다. 이 지점에서 가장 짧은 거리 내에서 최대 상승이 가능한 속도인 V_X(best angle of climb speed)가 얻어진다.

25. ④

자이로스코프(gyroscope)는 기본적으로 강직성(rigidity)과 섭동성(precession)의 특성을 가지고 있으며, 좌선회 경향과 관련된 특성은 섭동성이다. 섭동성이란 회전하는 물체에 힘이 주어졌을 때 결과적으로 적용되는 힘은 최초 힘이 주어진 지점으로부터 90° 회전한 지점에 적용된다는 것이다.

회전하고 있는 프로펠러 역시 자이로스코프(gyroscope)의 일종이므로 자이로스코픽 운동(gyroscopic action) 현상이 적용된다. 특히 꼬리바퀴(tail wheel)를 가지고 있는 항공기의 경우 이륙활주(take-off roll)중 꼬리가 위로 올라갈 때 이 현상이 발생한다.

항공종사자 자격증명시험 제8회 모의고사

자격분류명	자격명	과목명	시험시간	문제수	성 명	점 수
항공종사자 자격증명	조종사	비행이론	30분	25문항		

1. 정상흐름의 경우에 동압과 정압의 합은 항상 일정하다는 것을 나타내는 법칙은?
   ① 관성의 법칙 ② 뉴턴의 법칙
   ③ 베르누이의 정리 ④ 파스칼의 원리

2. 레이놀즈수와 stall speed와의 관계로 맞는 것은?
   ① 레이놀즈수가 커지면 stall speed는 증가한다.
   ② 레이놀즈수가 커지면 stall speed는 감소한다.
   ③ 레이놀즈수가 변하여도 stall speed는 변하지 않는다.
   ④ 레이놀즈수는 stall speed와 관계가 없다.

3. 다음 중 충격파에 의해 발생하는 것은?
   ① 충격파 실속 ② 조파 실속
   ③ 완전 실속 ④ 날개끝 실속

4. 받음각의 변화 없이 비행기의 속도가 두 배로 증가하면 항력은?
   ① $\sqrt{2}$ 배 증가한다. ② 2배 증가한다.
   ③ 4배 증가한다. ④ 6배 증가한다.

5. 항공기의 longitudinal axis와 chord line 간의 각을 무엇이라고 하는가?
   ① Angle of incidence
   ② Glide path angle
   ③ Angle of attack
   ④ Climb path angle

6. 비행기의 날개 면적이 일정한 상태에서 날개의 길이가 길어질 때 발생하는 현상이 아닌 것은?
   ① Wingtip vortex가 감소한다.
   ② 전체항력이 감소한다.
   ③ 양력이 증가한다.
   ④ 유도항력이 증가한다.

7. 임계 마하수를 높이기 위한 방법 중 맞는 것은?
   ① 날개를 얇게 해서 날개 위를 흐르는 공기의 속도를 낮춘다.
   ② Sweep back을 줄인다.
   ③ 가로세로비가 큰 날개를 이용한다.
   ④ 날개 끝의 받음각이 작아지도록 날개에 비틀림을 준다.

8. Wingtip stall을 줄이는 방법으로 옳지 않은 것은?
   ① 날개 끝 부분의 앞전에 slot을 설치한다.
   ② 날개의 후퇴각을 크게 한다.
   ③ 날개 끝으로 갈수록 받음각을 작게 한다.
   ④ 날개에 washout을 준다.

9. 양력계수가 큰 순서대로 flap을 맞게 나열한 것은?
   ① Slotted flap - Fowler flap - Split flap
   ② Slotted flap - Split flap - Fowler flap
   ③ Fowler flap - Slotted flap - Split flap
   ④ Fowler flap - Split flap - Slotted flap

10. Jet engine을 장착한 항공기가 최대항속거리를 얻기 위한 속도는?
    ① L/Dmax를 위한 속도보다 작아야 한다.
    ② L/Dmax를 위한 속도보다 커야 한다.
    ③ L/Dmax를 위한 속도와 같아야 한다.
    ④ L/Dmax를 위한 속도와 관계가 없다.

11. 높은 밀도고도에서 이륙 시의 특성으로 맞는 것은?
    ① 엔진 및 프로펠러 성능이 감소한다.
    ② 밀도가 낮아 이륙을 위해 높은 지시속도가 필요하다.
    ③ 항공기 이륙거리가 감소한다.
    ④ 항공기 성능이 증가한다.

12. 이용마력과 필요마력이 같아져서 상승률이 0 fpm이 되는 고도는?
① 절대상승한계 ② 실용상승한계
③ 운용상승한계 ④ 필요상승한계

13. 무풍 시 이륙거리 1,000 ft 인 항공기가 정풍 7 kt의 바람이 불고 있는 활주로에서 70 kt의 take-off roll 속도로 이륙하고 있다면 실제이륙거리는?
① 810 ft ② 900 ft
③ 1,100 ft ④ 1,280 ft

14. 선회비행 시 항공기 선회율을 증가시키는 조작은?
① 항공기 속도를 증가시키고 경사각을 감소시킨다.
② 항공기 속도 및 경사각을 증가시킨다.
③ 항공기 속도 및 경사각을 감소시킨다.
④ 항공기 속도를 감소시키고 경사각을 증가시킨다.

15. Load factor를 구하는 식으로 맞는 것은?
① Lift×Weight ② Lift／Weight
③ Weight／Lift ④ Lift＋Weight

16. 비행기의 primary flight control은?
① Flap, Elevator, Rudder
② Aileron, Flap, Rudder
③ Aileron, Elevator, Flap
④ Aileron, Elevator, Rudder

17. 방향 안정성을 증가시키려면?
① Vertical stabilizer를 크게 한다.
② Horizontal stabilizer를 크게 한다.
③ 날개에 상반각을 준다.
④ 무게중심이 압력중심의 앞에 오게 한다.

18. Turbine 엔진에서 온도가 가장 높은 지점은?
① Compressor discharge
② Turbine inlet
③ Fuel igniter
④ Fuel spray nozzles

19. 무게중심(CG)과 압력중심(CP)의 영향에 대한 설명으로 맞는 것은?
① CG가 CP의 전방에 있으면 stall 회복이 어렵다.
② CG가 CP의 전방에 있으면 항공기의 안정성이 높다.
③ CG가 CP의 후방에 있으면 항공기의 nose에 압력이 커진다.
④ CG가 CP의 후방에 있으면 세로 안정성이 좋다.

20. 프로펠러가 1회전 했을 때 앞으로 전진할 수 있는 이론적인 거리는?
① Geometric pitch
② Effective pitch
③ Blade pitch
④ Relative pitch

21. FL310에서 온도가 ISA보다 10℃ 낮을 때, true altitude(TA)와 pressure altitude(PA)의 관계로 옳은 것은?
① TA는 PA보다 낮다.
② TA는 PA보다 높다.
③ TA는 PA와 동일하다.
④ TA와 PA는 관련이 없다.

22. 항공기 무게중심(cg)의 위치는 어느 축을 기준으로 계산하는가?
① 종축 ② 횡축
③ 수직축 ④ 수평축

23. V-N 선도의 정의로 가장 올바른 것은?
① 비행속도와 공기의 저항에 의한 하중과의 관계를 나타내는 그래프
② 비행속도에 따른 하중계수의 변화를 그린 그래프
③ 비행속도에 따른 양력과 항력의 변화를 그린 그래프
④ 받음각의 변화에 따른 양력의 증가와 감소를 나타내는 그래프

24. 다음과 같은 Power-speed 그래프에서 원점을 지나는 직선과 접하는 점을 X라 하고 곡선 그래프 상의 최하점을 Y라고 할 때, Y점이 의미하는 것은?

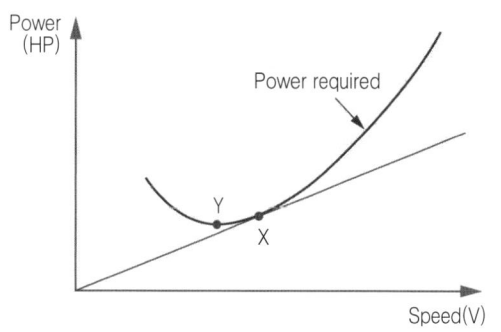

① Maximum power speed for max endurance
② Minimum power speed for max endurance
③ Maximum power speed for best range
④ Minimum power speed for best range

25. Ground effect를 떠날 때의 현상 중 틀린 것은?
① 양력 감소로 추가 추력이 필요하다.
② 지시속도가 증가한다.
③ 가로축에 대한 안정성이 감소한다.
④ 세로축에 대한 안정성이 감소한다.

제8회 정답 및 해설

문제	1	2	3	4	5
정답	❸	❷	❶	❸	❶
문제	6	7	8	9	10
정답	❹	❶	❷	❸	❷
문제	11	12	13	14	15
정답	❶	❶	❶	❹	❷
문제	16	17	18	19	20
정답	❹	❶	❷	❷	❶
문제	21	22	23	24	25
정답	❶	❶	❷	❷	❹

1. ③

베르누이 정리는 정상흐름의 경우에 정압과 동압을 합한 결과가 항상 일정하다는 것을 나타내며, 어느 한 점에서 흐름의 속도가 빨라지면 그 곳에서의 정압은 감소함을 나타낸다.

2. ②

레이놀즈 수가 증가하면 층류 흐름이 난류로 천이된다. 난류는 큰 받음각에서도 쉽게 흐름의 떨어짐이 발생하지 않으므로, 레이놀즈 수가 커지면 실속각과 $C_L$max는 커지고 실속속도(stall speed)는 감소한다.

3. ①

충격파가 발생하면 흐름 속도는 급격히 감소되어 아음속이 되고, 밀도와 압력은 증가되며 물체 표면 가까이에 존재하는 경계층에서 흐름의 떨어짐이 일어나게 된다. 이 결과 양력은 감소되고 항력은 급격하게 증가되는데, 이 현상은 날개골의 받음각을 크게 할 때의 실속 현상과 비슷하므로 이를 충격 실속(충격파 실속)이라 한다.

4. ③

비행기의 항력은 비행속도의 제곱에 비례한다. 따라서 비행기의 속도가 2배로 증가하면 항력은 4배 증가한다.

5. ①

항공기 날개의 붙임각(angle of incidence)이란 기체의 세로축(longitudinal axis)과 날개의 시위선(chord line)이 이루는 각으로, 취부각이라고도 한다.

6. ④

유도항력(D_i)은 아래 식과 같이 양력계수(C_L)의 제곱에 비례하고, 가로세로비(AR)에 반비례한다.

$$D_i \propto \frac{C_L^{\,2}}{AR}$$

면적이 일정한 상태에서 날개의 길이가 길어지면 가로세로비는 커진다. 따라서 날개의 길이가 길어지면 날개끝 와류(wing tip vortex)가 감소하므로, 유도항력과 전체항력은 감소하고 양력은 증가한다.

7. ①

임계 마하수를 크게 하기 위한 방법은 다음과 같다.
1. 얇은 날개를 사용하여 날개 표면에서의 속도 증가를 줄인다.
2. 날개에 뒤젖힘각(sweep back angle)을 준다.
3. 가로세로비가 작은 날개를 사용한다.
4. 경계층을 제어한다.

8. ②

날개끝 실속 방지 방법은 다음과 같다.
1. 날개의 테이퍼를 너무 크게 하지 않는다. 즉 후퇴익을 감소시킨다.
2. 날개 끝으로 감에 따라 받음각이 작아지도록 날개에 앞내림(washout)을 준다.
3. 날개 끝 부분에 두께비, 앞전 반지름, 캠버 등이 큰 날개골을 사용한다.
4. 날개 뿌리에 실속판인 스트립(strip)을 붙인다.
5. 날개 끝 부분의 앞전 안쪽에 슬롯(slot)을 설치한다.

9. ③

문제 보기의 뒷전 플랩 중에서는 파울러 플랩(fowler flap)이 가장 효율이 좋아서 가장 큰 양력계수를 얻을 수 있다. 이어서 슬롯 플랩(slotted flap), 스플릿 플랩(split flap), 단순 플랩(plain flap) 순으로 효율이 좋다.

10. ②

최대항속거리(maximum range)를 얻기 위한 비행속도는 다음과 같다.
1. 프로펠러 비행기: 양항비가 최대(L/Dmax)인 속도
2. 제트 비행기: 양항비가 최대(L/Dmax)인 속도보다 약간 빠른 속도

11. ①

밀도고도가 높으면 공기의 밀도가 낮아 엔진의 출력은 감소하고, 프로펠러의 추력이 감소하여 더 긴 이륙거리를 필요로 한다.

12. ①

상승한계에 따른 상승률은 다음과 같다.

상승한계	상승률
절대상승한계 (absolute ceiling)	0 ft/min
실용상승한계 (service ceiling)	100 ft/min(0.5 m/sec)
운용상승한계 (operation ceiling)	500 ft/min(2.5 m/sec)

13. ①

무풍 시의 이륙거리를 S_0, 비행기의 이륙속도를 V_T라고 하면, 정풍이 V_W일 때의 이륙거리 S_W를 구하는 식은 다음과 같다. 정풍 시에는 "$-$", 배풍 시에는 "$+$" 기호를 적용한다.

$$\therefore S_W = S_0 \left(1 \pm \frac{V_W}{V_T}\right)^2 = 1000 \times \left(1 - \frac{7}{70}\right)^2$$
$$= 810 \text{ ft}$$

14. ④

비행기이 선회속도를 V, 선회경사각을 ϕ, 중력가속도를 g라 하면 선회율을 구하는 식은 다음과 같다.

$$\text{선회율} = \frac{g \tan \phi}{V}$$

식과 같이 선회율은 선회경사각에 비례하고, 선회속도에 반비례한다. 따라서 선회율을 증가시키려면 선회경사각을 크게 하고, 선회속도를 감소시켜야 한다.

15. ②

하중계수(load factor)는 비행 중 발생하는 전체 양력(lift)을 항공기 무게(weight)로 나눈 것이다.

16. ④

조종계통(조종면)을 구분하면 다음과 같다.
1. 주 조종계통(primary flight control): 도움날

개(aileron), 승강키(elevator), 방향키(rudder)
2. 보조 조종계통(secondary flight control): 고양력 장치, 스포일러(spoiler), 탭(tab)

17. ①

수직 안정판(vertical stabilizer)은 비행기의 방향안정에 일차적으로 영향을 끼치는 요소이다.

18. ②

압축기를 거친 공기는 연소실로 들어가 연소되며, 연소된 가스는 터빈으로 들어간다. 따라서 터빈 엔진에서 온도가 가장 높은 지점은 연소실 출구, 즉 터빈 입구(turbine inlet) 이다.

19. ②

무게중심(CG)이 날개의 공기역학적 중심(또는 압력 중심)보다 앞에 위치할수록 항공기의 세로 안정성이 좋아진다.

20. ①

프로펠러 피치(propeller pitch)를 구분하면 다음과 같다.
1. 기하학적 피치(geometric pitch): 깃을 한 바퀴 회전시켜 프로펠러가 앞으로 전진할 수 있는 이론적 거리
2. 유효피치(effective pitch): 공기 중에서 프로펠러가 1회전 할 때 실제로 전진하는 거리

21. ①

기온이 표준기온보다 높은 지역에서는 지시고도(또는 기압고도)가 진고도보다 낮아지고, 낮은 지역에서는 지시고도(또는 기압고도)가 진고도보다 높아진다.

22. ①

무게중심은 항공기 총중량이 집중되는 지점이며 특정의 한계 내에 위치해야 한다. 종적, 횡적 평형이 모두 중요하지만 종적 평형이 주 관심사이다. 따라서 항공기 무게중심의 위치는 기준선을 원점으로 하여 앞쪽이나 뒤쪽, 즉 종축(세로축)을 기준으로 계산한다.

23. ②

하중배수선도(V-n 선도) 란 항공기 속도에 따른 하중배수(하중계수)의 변화를 나타내는 그래프로서 구조 역학적으로 항공기의 안전한 비행범위를 정해 준다.

24. ②

문제의 그래프에서 원점을 지나는 직선과 접하는 점 X는 최대항속거리(maximum range)를 얻을 수 있는 속도가 된다. 그리고 필요동력(power required)이 최저인 minimum power 상태에서의 속도가 Y인 지점이 최대항속시간(maximum endurance)을 얻을 수 있는 속도가 된다.

25. ④

항공기가 지면효과를 벗어날 때 발생하는 현상은 다음과 같다.
1. 동일한 양력계수를 얻기 위해서는 받음각을 증가시켜야 한다.
2. 유도항력이 증가하므로 동력의 증가가 필요하다.
3. 가로축에 대한 안정성(세로 안정성)이 감소되어 순간적인 기수 들림(nose-up) 현상이 발생한다.
4. 정압이 감소하여 지시대기속도(IAS)가 증가한다.

자격분류명	자격명	과목명	시험시간	문제수	성 명	점 수
항공종사자 자격증명	조종사	비행이론	30분	25문항		

항공종사자 자격증명시험 제9회 모의고사

1. 표준대기에 대한 설명으로 틀린 것은?
   ① 표준 해면고도에서의 온도는 15℃ 이다.
   ② 표준 해면고도의 기압은 760 mmHg 이다.
   ③ 7 km 상공까지는 6.5℃/km의 기온감률을 갖고, 그 이상의 고도에서는 −56.5℃로 일정한 기온을 유지한다고 가정한다.
   ④ 대기압은 고도 10,000 ft까지 1,000 ft 당 약 1 inHg의 비율로 감소한다.

2. 레이놀즈수 증가 시 나타나는 현상은?
   ① 실속을 일으키는 받음각에 영향을 미치지 않는다.
   ② 양력계수가 감소한다.
   ③ 실속을 일으키는 받음각이 더 작아진다.
   ④ 실속을 일으키는 받음각이 더 커진다.

3. 동일한 대기속도로 비행 시 고도가 증가하면?
   ① 음속은 증가하고 마하수는 감소한다.
   ② 음속은 감소하고 마하수는 증가한다.
   ③ 음속과 마하수 모두 증가한다.
   ④ 음속과 마하수 모두 감소한다.

4. 대칭형 날개골에서 받음각이 커지면 center of pressure는?
   ① 전방 또는 후방으로 약간 이동한다.
   ② 날개골을 따라 후방으로 이동한다.
   ③ 변하지 않는다.
   ④ 앞전 쪽으로 이동한다.

5. 5자 계열 날개골 NACA 23015에 대한 설명으로 틀린 것은?
   ① Max camber의 크기는 시위의 2% 이다.
   ② Max camber의 위치는 앞전에서부터 시위의 30% 뒤에 있다.
   ③ Mean camber line의 뒤쪽 반은 직선이다.
   ④ Max thickness의 크기는 시위의 15% 이다.

6. 다음 중 가장 큰 강도의 와류를 발생시키는 항공기는?
   ① Light, dirty, and fast 항공기
   ② Heavy, dirty, and fast 항공기
   ③ Heavy, clean, and slow 항공기
   ④ Light, clean, and slow 항공기

7. 다음 중 parasite drag가 아닌 것은?
   ① Profile drag   ② Interference drag
   ③ Induced drag   ④ Skin friction drag

8. 수평비행 상태에서 비행속도가 최대 양항비를 얻을 수 있는 속도 이하로 줄어들면 나타나는 현상은?
   ① 유도항력의 증가로 전체항력 증가
   ② 유도항력의 감소로 전체항력 감소
   ③ 유해항력의 증가로 전체항력 증가
   ④ 유해항력의 감소로 전체항력 감소

9. Wingtip stall을 감소시키는 방법이 아닌 것은?
   ① 날개의 테이퍼를 작게 한다.
   ② 후퇴익을 감소시킨다.
   ③ 날개 뿌리의 앞쪽에 실속 스트립(strip)을 설치한다.
   ④ 날개 뿌리의 붙임각을 적게 한다.

10. 고항력 장치가 아닌 것은?
    ① Slot   ② Drag chute
    ③ Spoiler   ④ Thrust reverser

11. 실속속도에 영향을 주는 요소는?
    ① angle of attack, weight, air density
    ② load factor, angle of attack, power
    ③ weight, load factor, power
    ④ air density, angle of attack, power

12. 다음 중 Best glide speed가 얻어지는 경우는?
① 유도항력과 양력계수가 같아질 때
② 유도항력과 유해항력이 같아질 때
③ 유도항력이 유해항력보다 커질 때
④ 유해항력이 유도항력보다 커질 때

13. 항공기에 실속이 발생했을 때 제일 먼저 나타나는 현상은?
① Nose down
② Buffet
③ Decreasing drag
④ Decreasing effectiveness of the elevator

14. C_Lmax가 큰 항공기의 특성으로 맞는 것은?
① 활공속도가 크고 접근속도는 적어진다.
② 활공속도는 적고 접근속도는 커진다.
③ 선회반경이 적고 접근속도도 적어진다.
④ 선회반경이 적고 접근속도는 커진다.

15. 조종석의 조종장치와 직접 연결된 tab은?
① Trim tab   ② Servo tab
③ Balance tab   ④ Spring tab

16. 선회 시 adverse yaw의 발생 원인은?
① Lower wing은 양력이 증가하고 raised wing은 항력이 감소하기 때문에
② Lower wing은 양력이 증가하고 raised wing은 항력이 증가하기 때문에
③ Lower wing은 양력이 감소하고 raised wing은 항력이 증가하기 때문에
④ Lower wing은 양력이 감소하고 raised wing은 항력이 감소하기 때문에

17. 다음 중 lateral stability와 관련이 있는 것은?
① 후퇴날개, 상반각, 하반각
② Keel effect, 후퇴날개, 하반각
③ Keel effect, 후퇴날개, 상반각
④ 후퇴날개, 상반각, 하반각

18. 쳐든각 효과(dihedral effect)보다 방향 안정성이 클 경우 나타나는 현상은?
① 가로 불안정   ② 세로 불안정
③ 나선 불안정   ④ 방향 불안정

19. 터빈엔진의 연소실에 유입된 공기의 상태는?
① 연료를 만나 연소하여 온도는 상승하고 부피는 팽창한다.
② 공기와 연료가 혼합 연소되며, 온도는 일정하고 부피만 팽창한다.
③ 유입된 전체 공기는 연료와 완전히 혼합된다.
④ 유입된 공기는 연소와 엔진 냉각에 쓰인다.

20. 프로펠러 항공기가 wind milling 상태일 때 프로펠러의 항력을 최소화하기 위한 방법은?
① Propeller를 feather 위치로 조절한다.
② 항공기 속도를 감소시킨다.
③ Power를 idle로 줄인다.
④ Mixture control을 idle cutoff 위치로 set한다.

21. TAS를 구하는 올바른 순서는?
① IAS - EAS - CAS = TAS
② EAS - CAS - IAS = TAS
③ CAS - EAS - IAS = TAS
④ IAS - CAS - EAS = TAS

22. CG가 최대 후방에 있는 항공기의 특성으로 틀린 것은?
① 실속속도가 증가한다.
② 순항속도가 증가한다.
③ 세로 안정성이 감소한다.
④ 실속 회복이 어려워진다.

23. 속도 V_{S0}의 정의로 맞는 것은?
① 최소 이륙속도
② 최대 활공속도
③ 플랩을 내릴 수 있는 최대속도
④ 착륙형태에서의 실속속도 또는 최소 비행속도

24. 이륙 중 쌍발 엔진의 한쪽 엔진이 고장난 경우 안전한 고도까지 상승에 필요한 속도는?
① V_{XSE} ② V_{YSE}
③ V_A ④ V_{SSE}

25. 젖어 있는 활주로에 착륙 시 dynamic hydroplaning과 비교하여 viscous hydroplaning이 발생하는 속도는?
① Dynamic hydroplaning 속도와 동일한 속도에서 발생한다.
② Dynamic hydroplaning이 발생하는 속도의 약 2배의 속도에서 발생한다.
③ Dynamic hydroplaning 속도보다 느린 속도에서 발생한다.
④ Dynamic hydroplaning 속도보다 빠른 속도에서 발생한다.

제9회 정답 및 해설

문제	1	2	3	4	5
정답	③	④	②	③	②
문제	6	7	8	9	10
정답	③	③	①	④	①
문제	11	12	13	14	15
정답	③	②	②	③	②
문제	16	17	18	19	20
정답	③	③	③	④	①
문제	21	22	23	24	25
정답	④	①	④	①	③

1. ③

표준대기에서 고도 11 km까지는 기온이 1,000 m당 -6.5℃(1,000 ft 당 약 2℃)의 일정한 비율로 감소하고, 그 이상의 고도에서는 -56.5℃로 일정한 기온을 유지한다고 가정한다.

2. ④

레이놀즈 수가 증가하면 층류 흐름이 난류로 천이된다. 난류는 큰 받음각에서도 쉽게 흐름의 떨어짐이 발생하지 않으므로, 레이놀즈 수가 커지면 실속을 일으키는 받음각(실속각)과 C_{Lmax}는 커지고 실속속도는 감소한다.

3. ②

동일한 대기속도로 비행 시 고도가 증가하면 온도가 감소하여 음속이 작아지므로 마하수는 증가한다.

4. ③

대칭형 날개골에서는 받음각이 변하더라도 압력중심(center of pressure)은 변하지 않는다.

5. ②

NACA 5자 계열 날개골에서 각 숫자가 의미하는 것은 다음과 같다.

5자 계열 (예: NACA 23015)	
2	최대 캠버의 크기 : 시위의 2%
3	최대 캠버의 위치 : 앞전에서부터 시위의 15%
0	평균 캠버선의 뒤쪽 반이 직선이다. (1이면 뒤쪽 반이 곡선임을 뜻한다)
15	최대 두께의 크기 : 시위의 15%

6. ③

대형 제트기는 heavy, slow, clean(gear와 flap up) 시 가장 큰 강도의 날개끝 와류를 발생하여 심각한 비행위험을 유발한다.

7. ③

항력 중에 양력을 발생시키지는 않지만 비행기의 운동을 방해하는 항력을 통틀어 유해항력(parasite drag)이라 한다. 즉 유도항력(induced drag)을 제외한 모든 항력은 유해항력이라 할 수 있다.

따라서 형상항력(profile drag)인 표면마찰항력(skin friction drag)과 압력항력(pressure drag), 조파항력(wave drag), 간섭항력(interference drag)은 유해항력에 속한다.

8. ①

수평비행 중 유해항력과 유도항력이 동일한 속도로 비행할 때 전체항력은 최소가 된다. 즉 이 비행상태에서 양항비가 최대인 속도를 얻을 수 있다. 수평비행 상태에서 최대 양항비를 얻을 수 있는 속도보다 낮은 속도로 비행을 하면 유도항력의 증가로 인하여 전체항력이 증가한다.

9. ④

날개끝 실속(wingtip stall) 방지 방법은 다음과 같다.
1. 날개의 테이퍼를 너무 크게 하지 않는다. 즉 후퇴익을 감소시킨다.
2. 날개 끝으로 감에 따라 받음각이 작아지도록 날개에 앞내림(washout)을 준다.
3. 날개 끝 부분에 두께비, 앞전 반지름, 캠버 등이 큰 날개골을 사용한다.
4. 날개 뿌리에 실속판인 스트립(strip)을 붙인다.
5. 날개 끝 부분의 앞전 안쪽에 슬롯(slot)을 설치한다.

10. ①

고항력 장치에는 스포일러(spoiler), 역추력 장치(thrust reverser) 및 드래그 슈트(drag chute) 등이 있다. 슬롯(slot)은 고양력 장치인 앞전 플랩 장치이다.

11. ③

실속속도(stall speed)는 서로 다른 환경에서 변할 수 있다. 항공기 무게(weight), 하중계수(load factor), 동력(power), 무게중심, 고도, 기온 및 항공기 날개의 눈, 얼음이나 서리의 존재 여부는 항공기의 실속속도에 영향을 미친다.

12. ②

유도항력과 유해항력이 같아질 때 최대 양항비가 얻어지고 최소의 고도 침하를 하게 된다. 이때의 속도를 최대활공속도(best glide speed)라고 하며, 대부분의 경우 이 속도에서만 최대의 활공거리를 얻을 수 있다.

13. ②

버핏(buffet) 현상이란 흐름이 날개에서 떨어지면서 발생되는 후류가 주날개나 꼬리날개를 진동시켜 발생되는 현상으로서, 이러한 버핏이 시작되면 실속이 일어나는 징조이다.

14. ③

최대양력계수($C_L$max)가 큰 비행기 일수록 이착륙속도가 작아서 이착륙거리가 단축되고, 선회반경과 활공각은 작아진다.

15. ②

서보 탭(servo tab)은 조종석의 조종장치와 직접 연결되어 탭만 작동시켜 조종면을 움직이도록 설계된 탭이다. 탭이 위로 올라가거나 아래로 내려가면 탭에 작용하는 공기력 때문에 조종면은 이와 반대 방향으로 움직이게 된다.

16. ③

선회 진입 시 선회축 안쪽의 내려간 날개의 양력은 감소(유도항력 감소)하고, 바깥쪽의 올라간 날개의 양력은 증가(유도항력 증가)하기 때문에 도움날개의 역작용인 역 빗놀이(adverse yaw)가 발생한다.

17. ③

비행기의 가로안정(lateral stability)에 영향을 주는 요소는 다음과 같다.
1. 날개(wing): 기하학적으로 날개의 상반각(쳐든각)은 가로안정에 가장 중요한 요소이다. 날개의 뒤젖힘각 효과(sweepback effect)도 정적 가로안정에 큰 기여를 한다.
2. 동체: keel effect(동체 측면과 수직꼬리날개에 의해 발생하는 가로 안정성 효과)
3. 수직꼬리날개

18. ③

나선 불안정(spiral divergence)은 방향 안정성이 날개의 쳐든각에 의한 가로 안정성보다 훨씬 클 때 나타나며 결코 격심하지는 않다.

19. ④

압축기로부터 연소실에 들어오는 공기 중 1차 공기는 연소에 사용된다. 연소되지 않은 2차 공기는 연소실 뒤쪽으로 공급되어 연소된 1차 공기와 혼합됨으로써 연소실 출구온도를 낮추어 주는 냉각 역할을 한다.

20. ①

비행 중 엔진에 고장이 발생되었을 때 정지된 프로펠러에 의한 공기 저항을 감소시키고, 프로펠러의 풍차작용(wind milling)으로 자동 회전하여 고장이 확대되는 것을 방지하기 위해서 프로펠러 깃을 비행방향과 평행이 되도록 피치를 변경하는 것을 프로펠러 페더링(feathering)이라고 한다.

21. ④

진대기속도(TAS)를 구하는 순서는 다음과 같다.

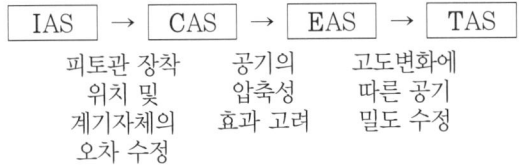

| IAS | → | CAS | → | EAS | → | TAS |

피토관 장착 위치 및 계기자체의 오차 수정 / 공기의 압축성 효과 고려 / 고도변화에 따른 공기 밀도 수정

✓ ICE Tea로 기억하세요.

22. ①

무게중심(CG)의 위치가 후방에 있는 경우 다음과 같은 성능변화가 발생된다.
1. 전반적으로 안정성이 감소되며, 조종력의 감소로 인한 과도한 비행조작(over control)으로 기체에 과응력(overstress)을 초래할 수 있다.
2. 실속속도는 낮아지지만 실속/스핀에 진입하기 쉬우며, 진입할 경우 회복이 어려울 수 있다.
3. 순항성능은 좋아진다.

23. ④

V_{S0}(stall speed with landing configuration)는 착륙형태(landing configuration)에서의 실속속도 또는 최소비행속도이다.

24. ①

이륙 초기 상승 중 한쪽 엔진이 고장난 경우, 장애물을 벗어날 수 있도록 가장 짧은 거리 내에서 최대 상승이 가능한 V_{XSE}를 사용한다. V_{XSE}를 사용하여 안전한 고도까지 상승한 후 V_{YSE}로 전환한다.

25. ③

Viscous hydroplaning은 접지구역과 같이 이전의 착륙으로 인하여 축적된 타이어 자국이 있는 매끄러운 표면에서 주로 일어나는 수막현상이며, dynamic hydroplaning보다 아주 낮은 속도에서도 발생할 수 있다.

항공종사자 자격증명시험 제10회 모의고사

자격분류명	자격명	과목명	시험시간	문제수	성 명	점 수
항공종사자 자격증명	조종사	비행이론	30분	25문항		

1. 대기를 구성하는 주요 가스의 성분비가 맞는 것은?
   ① 질소 : 80%, 산소 : 14%, 아르곤 : 6%
   ② 질소 : 78%, 산소 : 21%, 아르곤 : 1%
   ③ 질소 : 72%, 산소 : 18%, 아르곤 : 10%
   ④ 질소 : 70%, 산소 : 26%, 아르곤 : 4%

2. 항공기 날개에 경계층이 생기는 근본적인 원인은?
   ① 공기가 점성이 있는 유체이기 때문에
   ② 날개에 작용하는 공기의 압력차 때문에
   ③ 날개 표면의 마찰 때문에
   ④ 불연속적인 공기 흐름 때문에

3. Angle of attack의 정의로 맞는 것은?
   ① 상대풍과 동체의 기준선이 이루는 각
   ② 상대풍과 chord line이 이루는 각
   ③ 상대풍과 항공기 진행방향이 이루는 각
   ④ 가로축과 chord line이 이루는 각

4. 압력중심(center of pressure)에 대한 설명 중 틀린 것은?
   ① 날개에 공기 압력이 작용하는 합력점이다.
   ② 압력중심의 위치는 앞전으로부터 압력중심까지의 거리와 시위 길이와의 비(%)로 나타낸다.
   ③ 높은 받음각에서 압력중심은 후방으로 이동한다.
   ④ 압력중심의 이동이 크면 비행기의 안정성에 좋지 않다.

5. 비행기의 날개 면적이 일정한 상태에서 aspect ratio를 증가시키면?
   ① 유도항력이 증가하고 양력이 감소한다.
   ② 유도항력이 감소하고 양력이 증가한다.
   ③ 유도항력과 양력이 증가한다.
   ④ 유도항력과 양력이 감소한다.

6. 항공기의 날개 길이가 7.5 m, 시위선이 1.25 m일 때 가로세로비는?
   ① 5   ② 6
   ③ 7   ④ 8

7. 날개에 양력이 발생함에 따라 생성되는 항력은?
   ① Parasite drag   ② Form drag
   ③ Profile drag   ④ Induced drag

8. Sweep back 날개는 어느 부분부터 실속이 일어나는가?
   ① 날개 끝   ② 날개 뿌리
   ③ 날개 앞전 ④ 날개 전체

9. 다음 그림과 같은 플랩의 명칭은?

   ① Kruger flap   ② Split flap
   ③ Slotted flap ④ Fowler flap

10. 다음 중 여유마력과 가장 관계가 깊은 것은?
    ① 상승률   ② 선회율
    ③ 실속속도 ④ 수평최대속도

11. 비행기가 실속될 수 있는 받음각은?
    ① CG가 전방으로 이동하면 커진다.
    ② 총무게가 증가하면 커진다.
    ③ 총무게가 증가하면 작아진다.
    ④ 총무게에 관계없이 일정하다.

12. 프로펠러 항공기가 L/Dmax로 비행할 경우?
    ① 최대항속시간을 얻을 수 있다.
    ② 최대활공거리와 최대항속시간을 얻을 수 있다.
    ③ 최대활공거리와 최대항속거리를 얻을 수 있다.
    ④ 연료 소모량을 최소화 할 수 있다.

13. 비행기의 착륙속도는 stall speed의 몇 배인가?
   ① 1.0
   ② 1.2
   ③ 1.3
   ④ 2.0

14. Spin에 대한 설명 중 틀린 것은?
   ① Flat spin은 저속에서 일어나고 회복이 쉽다.
   ② Spin 상태에서 aileron은 조종성능이 떨어진다.
   ③ Spin은 실속속도 부근에서 일어나는 고정적인 현상이다.
   ④ Spin으로부터의 회복은 rudder와 elevator로 한다.

15. 조종석의 조종력을 "0"으로 조정해 주는 역할을 하며, 조종석 내에서 그 위치를 조정할 수 있는 tab은?
   ① Trim tab
   ② Servo tab
   ③ Balance tab
   ④ Lagging tab

16. 항공기의 종축(longitudinal axis)에 대한 회전 운동은?
   ① Pitching
   ② Yawing
   ③ Rolling
   ④ Slipping

17. 운송용항공기의 inboard 및 outboard aileron 작동에 대한 설명 중 맞는 것은?
   ① Outboard aileron은 고속에서만, inboard aileron은 저속과 고속에서 작동된다.
   ② Outboard aileron은 저속에서만, inboard aileron은 저속과 고속에서 작동된다.
   ③ Outboard aileron은 저속과 고속에서, inboard aileron은 고속에서만 작동된다.
   ④ Outboard aileron은 저속과 고속에서, inboard aileron은 저속에서만 작동된다.

18. 가로 방향의 동적 상호작용으로 생기는 불안정이 아닌 것은?
   ① Directional divergence
   ② Dutch roll
   ③ Spiral instability
   ④ Tuck under

19. Turboprop 엔진의 효율이 가장 좋은 고도는?
   ① 5,000 ft 미만
   ② 5,000~10,000 ft
   ③ 10,000~18,000 ft
   ④ 18,000~30,000 ft

20. 습도와 항공기 성능에 대한 설명으로 맞는 것은?
   ① 습도가 증가하면 밀도가 커지므로 항공기 성능은 좋아진다.
   ② 습도가 감소하면 밀도가 작아지므로 항공기 성능은 좋아진다.
   ③ 습도가 증가하면 밀도가 작아지므로 항공기 성능은 감소한다.
   ④ 습도가 감소하면 밀도가 작아지므로 항공기 성능은 감소한다.

21. 착륙 접근중 항공기 pitch up, indicated airspeed increase, sink rate decrease 된다면 바람 상태는?
   ① 배풍 증가
   ② 정풍 증가
   ③ 배풍 감소
   ④ 정풍 감소

22. Pitot system의 ram air input hole과 drain hole이 모두 막힌 경우 속도계는?
   ① 속도는 "0"을 지시한다.
   ② 고도가 변하여도 속도는 변하지 않는다.
   ③ 고도 상승 시 속도가 증가한다.
   ④ 고도 강하 시 속도가 증가한다.

23. 고정 피치 프로펠러에서 carburetor에 icing이 생겼다면 나타나는 징후로 맞는 것은?
   ① rpm이 감소한다.
   ② rpm이 증가한다.
   ③ Manifold pressure가 감소한다.
   ④ Manifold pressure가 증가한다.

24. Multi-engine 항공기에서 한쪽 엔진 고장 시 sideslip을 줄이려면?
① 작동 엔진의 출력을 증가시킨다.
② 작동 엔진 쪽으로 5° 이내의 bank를 준다.
③ Pitch를 낮추고 증속한다.
④ Wings level을 유지한다.

25. 비행 중 항공기 중량이 동체와 날개 접합부에 작용하여 구조적 강도에 무리를 줄 수 있으므로 제한하는 무게는?
① Maximum Take-off Weight
② Maximum Landing Weight
③ Maximum Cruise Weight
④ Maximum Zero Fuel Weight

제10회 정답 및 해설

문제	1	2	3	4	5
정답	②	①	②	③	②
문제	6	7	8	9	10
정답	②	④	①	④	①
문제	11	12	13	14	15
정답	④	③	③	①	①
문제	16	17	18	19	20
정답	③	②	④	④	③
문제	21	22	23	24	25
정답	②	③	①	②	④

1. ②

해발고도에서 건조공기의 주성분은 질소(N_2) 78.09%, 산소(O_2) 20.95%, 아르곤(Ar) 0.93%, 이산화탄소(CO_2) 0.03%, 그리고 기타 0.01%이다.

2. ①

경계층(boundary layer)은 점성의 영향이 뚜렷한 벽 가까운 구역의 가상적인 층으로, 공기의 점성으로 인하여 물체에 표면 마찰력이 발생하기 때문에 형성된다.

3. ②

받음각(angle of attack)이란 공기 흐름의 속도 방향, 즉 항공기 진행으로 인한 상대풍과 날개의 시위선(chord line)이 이루는 각을 말한다.

4. ③

보통의 날개에서 압력중심은 받음각이 클 때 전방으로 이동하여 시위 길이의 1/4 정도인 곳이 된다. 반대로, 받음각이 작을 때에는 시위 길이의 1/2 정도까지 후방으로 이동한다.

5. ②

유도항력(D_i)은 아래 식과 같이 양력계수(C_L)의 제곱에 비례하고, 가로세로비(AR)에 반비례한다.

$$D_i \propto \frac{C_L^2}{AR}$$

따라서 비행기 날개 면적이 일정한 상태에서 가로세로비(aspect ratio)를 증가시키면 유도항력은 감소하고 양력은 증가한다.

6. ②

날개의 길이(span)를 b, 시위(chord)를 c, 그리고 가로세로비(aspect ratio)를 AR이라고 하면,

$$\therefore AR = \frac{b}{c} = \frac{7.5}{1.25} = 6$$

7. ④

날개에 의한 내리흐름(downwash)으로 날개의 유효 받음각이 작아지면 날개의 양력이 기울어져 그 흐름 방향의 성분이 항력으로 작용한다. 이것은 유도속도 때문에 생기는 항력이므로 유도항력이라 한다. 즉 날개에 양력이 발생함으로써 발생하는 항력이 유도항력이다.

8. ①

날개의 모양에 따라 실속이 먼저 발생하는 부위는 다음과 같다.

날개의 모양	초기 실속 발생 부위
직사각형 날개 (rectangular wing)	날개 뿌리(wing root)

날개의 모양	초기 실속 발생 부위
테이퍼형 날개 (taper wing)	날개 끝(wing tip)
타원형 날개 (elliptic wing)	날개 길이 전체 균일
뒤젖힘 날개 (sweep back wing)	날개 끝(wing tip)

9. ④

문제의 그림은 파울러 플랩(fowler flap)으로서 플랩을 내리면 우선 날개 뒷전과 플랩 앞전 사이에 틈을 만들면서 밑으로 굽히도록 만들어졌다.

10. ①

이용마력과 필요마력과의 차를 여유마력 또는 잉여마력이라 하며, 비행기의 상승성능을 결정하는데 중요한 요소가 된다.

11. ④

비행기의 받음각이 임계 받음각을 초과하면 기류는 과도한 방향의 변화로 날개의 상부면을 따라 흐르지 못하며 비행기는 실속된다. 비행기가 실속될 수 있는 받음각(실속 받음각)은 항공기의 총 무게와는 관계가 없다.

12. ③

프로펠러 항공기는 양항비가 최대(L/Dmax)인 속도에서 최대활공거리와 최대항속거리(maximum range)를 얻을 수 있다.

13. ③

착륙속도는 양력과 비행기 무게가 같아지는 실속속도이지만, 안전을 고려하여 일반적으로 실속속도보다 약 1.3배 되는 속도를 착륙속도로 한다.

14. ①

수평스핀(flat spin)은 각속도가 크기 때문에 일반적인 spin보다 회복이 더 힘들거나, 아예 회복이 되지 않는 경우가 많다.

15. ①

트림 탭(trim tab)은 조종면의 힌지 모멘트를 감소시켜 조종사의 조종력을 "0"으로 조정해 주는 역할을 한다. 항공기가 불평형이 되었을 때 조종사가 조종석 내에서 그 위치를 임의로 조정할 수 있다.

16. ③

항공기의 기준축(body axis)은 다음과 같다.

기준축	운동(motion)
세로축(종축, longitudinal axis)	옆놀이(rolling)
가로축(횡축, lateral axis)	키놀이(pitching)
수직축(vertical axis)	빗놀이(yawing)

17. ②

대형 운송용항공기는 outboard aileron과 inboard aileron 2종류의 aileron을 설치하여 outboard aileron은 저속에서만, inboard aileron은 저속과 고속에서 작동하도록 되어 있다.

18. ④

동적 가로 불안정의 종류는 다음과 같다.
1. 방향 불안정(directional divergence): 음(−)의 방향안정으로 인해 생긴다.
2. 나선 불안정(spiral divergence): 정적 방향 안정성이 정적 가로 안정성보다 훨씬 클 때 나타난다.
3. 가로 방향 불안정(lateral divergence): 더치 롤(dutch roll)이라고도 한다. 가로진동과 방향진동이 결합된 것으로서, 정적 방향안정보다 쳐든각 효과가 클 때 일어난다.

19. ④

터보프롭 엔진은 250~400 mph의 속도와 18,000~30,000 ft의 고도에서 가장 효율적이다.

20. ③

공기 중 수분의 양이 많아져서 습도가 증가할수록 공기의 밀도는 감소하며, 따라서 추력은 감소한다.

21. ②

착륙 접근 중 윈드시어가 항공기에 미치는 영향은 다음과 같다.

구 분	정풍 감소 (배풍 증가)	정풍 증가 (배풍 감소)
지시대기속도(IAS)	감소	증가
피치(pitch)	감소	증가
강하율(sink rate)	증가	감소
대지속도	증가	감소

22. ③

Pitot system이 막히고 static system은 정상인 경우, 속도계는 다음과 같이 지시한다.

Pitot System		속도계
Pitot Tube (ram air)	Drain Hole	
Close	Open	서서히 "0"으로 감소
Close	Close	수평비행 시 - 일정 상승비행 시 - 증가 강하비행 시 - 감소
Close	Open	상승비행 시 - 감소 강하비행 시 - 증가

23. ①

고정 피치 프로펠러 비행기에서 기화기에 결빙이 발생하면 엔진 rpm이 감소하고, 이어서 엔진 진동이 발생할 수 있다.

정속 프로펠러에서는 조속기(governor)가 프로펠러 피치를 조정하여 기관 출력에 관계없이 항상 일정한 rpm을 유지하기 때문에 결빙이 발생해도 rpm은 변하지 않으며, 매니폴드 압력의 감소를 통해 결빙을 인지할 수 있다.

24. ②

쌍발엔진 항공기에서 한쪽 엔진이 작동되지 않는 경우, zero sideslip 상태를 유지하기 위해서는 작동하는 엔진 쪽으로 제작사가 권고하는 경사각 또는 약 5°의 경사각을 유지한다.

25. ④

최대무연료중량(Maximum zero fuel weight)은 비행기의 최대중량에서 탑재된 연료와 윤활유를 제외한 중량이다. 대부분의 연료가 날개에 탑재되는 항공기는 연료가 비어있는 상태에서는 비행 중 항공기의 전체중량이 모두 동체와 날개 접합부에 작용하여 구조적 강도를 초과할 수 있으므로 제작사에서 정해 놓은 중량이다.

항공종사자 자격증명시험 제11회 모의고사

자격분류명	자격명	과목명	시험시간	문제수	성 명	점 수
항공종사자 자격증명	조종사	비행이론	30분	25문항		

1. 마하수가 얼마 이상인 경우, 공기를 압축성 기체로 간주하는가?
   ① 마하수 0.1
   ② 마하수 0.2
   ③ 마하수 0.3
   ④ 마하수 0.4

2. 레이놀즈 수(Reynolds number)에 대한 설명 중 맞는 것은?
   ① 레이놀즈 수가 커지면 실속 받음각은 커진다.
   ② 유체의 속도가 증가하면 레이놀즈 수는 작아진다.
   ③ 동일한 면적의 날개에서 날개의 폭(span)을 넓게 하면 레이놀즈 수는 커진다.
   ④ 레이놀즈 수가 작으면 흐름은 난류가 된다.

3. 날개의 충격파에 대한 설명 중 틀린 것은?
   ① 충격파 뒤쪽의 압력은 급격히 감소한다.
   ② 충격파가 발생하면 항력이 증가한다.
   ③ 충격파 뒤쪽의 밀도와 온도는 급격히 증가한다.
   ④ 날개 윗면에 충격파가 발생한 후 비행속도가 빨라지면 충격파의 위치는 뒤로 이동한다.

4. 조종사가 날개의 받음각(AOA)을 변화시켜 변경할 수 있는 것은?
   ① 양력, 항력과 비행속도
   ② 양력과 비행속도, 항력은 불가능
   ③ 양력, 항력과 총중량
   ④ 양력과 항력, 비행속도는 불가능

5. 다음 중 가장 큰 강도의 vortex가 발생할 수 있는 조건은?
   ① 가벼운 항공기 무게, 고속
   ② 가벼운 항공기 무게, 저속
   ③ 무거운 항공기 무게, 고속
   ④ 무거운 항공기 무게, 저속

6. 날개의 aspect ratio란?
   ① Wing tip chord／Wing root chord
   ② Wing root chord／Wing tip chord
   ③ Chord line／Wing span
   ④ Wing span／Chord line

7. 조파항력(wave drag) 이란?
   ① 초음속 유체의 흐름 속에 있는 물체에 생기는 항력
   ② 충격파에 의해서 발생하는 항력
   ③ 압축 및 팽창파에 의해서 발생하는 항력
   ④ 충격파 속을 비행하는 비행기에 생기는 항력

8. Tapered wing은 어느 부분에서 실속이 먼저 발생하는가?
   ① Wing의 앞전에서 먼저 발생한다.
   ② Wing의 중앙에서 먼저 발생한다.
   ③ Wing의 익단에서 먼저 발생한다.
   ④ Wing의 익근에서 먼저 발생한다.

9. 항공기의 이착륙 성능에 대한 설명 중 틀린 것은?
   ① 정풍에서는 이륙거리와 착륙거리 모두 감소한다.
   ② 항공기 무게가 무거우면 이륙거리와 착륙거리 모두 길어진다.
   ③ 내리막(downhill) 활주로에서는 이륙거리와 착륙거리 모두 길어진다.
   ④ 밀도고도가 높으면 이륙거리와 착륙거리 모두 길어진다.

10. 항공기의 상승률이 최대일 때는?
    ① 이용마력이 최대일 때
    ② 필요마력이 최대일 때
    ③ 잉여마력이 최대일 때
    ④ 이용마력이 최소일 때

11. 일정한 power로 비행 중 연료가 감소하면 나타나는 현상은?
   ① 양력이 증가하고 속도는 감소한다.
   ② 속도는 증가하고 양력은 감소한다.
   ③ 속도와 양력은 증가한다.
   ④ 속도와 양력은 변하지 않는다.

12. 항공기 무게가 무거워지면 gliding speed는?
   ① 증가한다.
   ② 감소한다.
   ③ 변하지 않는다.
   ④ 증가했다가 감소한다.

13. Wingtip stall을 예방하기 위한 방법이 아닌 것은?
   ① 날개의 테이퍼를 크게 한다.
   ② 날개의 후퇴각을 줄인다.
   ③ 날개에 washout을 준다.
   ④ 날개에 stall fence를 설치한다.

14. 비행기가 상승 선회를 할 때는?
   ① 양력의 수직성분이 중량보다 커야 한다.
   ② 양력의 수직성분이 중량보다 작아야 한다.
   ③ 양력의 수직성분이 중량과 같아야 한다.
   ④ 양력의 수직성분이 중량보다 크거나 작거나 무관하다.

15. 탭(tab)에 대한 다음 설명 중 틀린 것은?
   ① Servo tab은 조종석의 조종장치와 직접 연결되어 탭만 작동시켜서 조종면이 움직이도록 설계되었다.
   ② Anti servo tab은 조종면과 반대 방향으로 움직이며, stabilator에 주로 장착되어 최대 조종면 위치의 이탈을 방지한다.
   ③ Trim tab은 조종면의 힌지 모멘트를 감소시켜 조종사의 조종력을 "0"으로 조정해주는 역할을 한다.
   ④ Balance tab은 조종면이 움직이는 방향과 반대 방향으로 움직이도록 기계적으로 연결되어 있다.

16. 동적 안정 및 정적 안정에 대한 다음 설명 중 틀린 것은?
   ① 정적 안정: 항공기가 외부의 요란을 받아 원래의 위치를 이탈한 후 원래의 위치로 되돌아가려 함
   ② 정적 불안정: 항공기가 외부의 요란을 받은 후 시간이 지남에 따라 진폭이 계속 커짐
   ③ 동적 안정: 항공기가 외부의 요란을 받은 후 시간이 지남에 따라 진폭이 점점 작아짐
   ④ 정적 중립: 항공기가 외부의 요란을 받아 원래의 위치를 이탈한 후 새로운 위치에 남아 있음

17. 다음 중 비행기의 가로 안정성과 관련이 없는 것은?
   ① 상반각   ② Wing fuel tank
   ③ 후퇴익   ④ 수직꼬리날개

18. 제트비행기가 정상적인 순항고도 및 속도로 비행 중 dutch roll이 발생하기 전에 yaw damper out 시 처치방법은?
   ① 특별한 조치가 필요하지 않다.
   ② Rudder를 사용하여 수동으로 회복한다.
   ③ 속도를 증가시킨다.
   ④ 고도 및 속도를 감소시킨다.

19. 터보제트 엔진의 추력은 무엇으로 확인할 수 있는가?
   ① rpm   ② EGT
   ③ EPR   ④ N_1

20. 비행 중 CAS에서 해당고도의 온도와 기압을 고려한 속도는?
   ① TAS   ② IAS
   ③ EAS   ④ GS

21. 소형 항공기에서 진공계통의 압력이 감소하면 오차를 일으킬 수 있는 계기는?
   ① 기압고도계   ② 속도계
   ③ 승강계   ④ 방향지시계

22. 프로펠러 효율(propeller efficiency) 이란?
① 제동마력에 대한 추진마력의 비율
② 프로펠러가 한 바퀴 회전할 때 실제 앞으로 나아간 거리
③ 프로펠러의 유효피치에 대한 기하학적 피치의 비율
④ 프로펠러의 유효피치와 기하학적 피치의 차이

23. 날개가 지면효과의 영향을 받을 때 줄어드는 것은?
① 유해항력   ② 유도항력
③ 양력   ④ 추력

24. 프로펠러 항공기의 토크 효과에 크게 영향을 미치지 않는 것은?
① 프로펠러 크기   ② 엔진 추력 세기
③ 항공기 중량   ④ 활주로의 상태

25. 브레이크를 세게 밟을 때 발생할 수 있는 hydro-planing은?
① Reverted rubber hydroplaning
② Dynamic hydroplaning
③ Viscous hydroplaning
④ Static hydroplaning

제11회 정답 및 해설

문제	1	2	3	4	5
정답	③	①	①	①	④
문제	6	7	8	9	10
정답	④	②	③	③	③
문제	11	12	13	14	15
정답	③	①	①	①	②
문제	16	17	18	19	20
정답	②	②	④	③	①
문제	21	22	23	24	25
정답	④	①	②	③	①

1. ③

마하수 0.3 이하의 속도에서 공기는 비압축성으로 고려되고, 마하수 0.3 이상인 경우 압축성 기체로 간주한다.

2. ①

레이놀즈 수(Reynolds number)에 따른 특성을 설명하면 다음과 같다.
1. 레이놀즈 수가 증가하면 층류 흐름이 난류로 천이된다. 난류는 큰 받음각에서도 쉽게 흐름의 떨어짐이 발생하지 않으므로, 레이놀즈 수가 커지면 실속 받음각(실속각)은 커진다.
2. 레이놀즈 수는 유체의 속도에 비례하며, 유체의 속도가 증가하면 레이놀즈 수는 커진다.
3. 동일한 면적의 날개에서 날개의 폭(span)을 넓게 하면 시위 길이는 짧아지고 레이놀즈 수는 작아진다.
4. 유체의 속도가 느릴 때는 층류 흐름을 유지한다. 유체의 속도가 빨라져서 레이놀즈 수가 커지면 흐름은 난류로 천이된다.

3. ①

항공기 날개에 충격파가 발생하면 흐름 속도는 급격히 감소되어 아음속이 된다. 밀도, 온도와 압력은 급격히 증가되며 물체 표면 가까이에 존재하던 경계층에서 흐름의 떨어짐이 일어나게 된다. 이 결과 양력은 감소되고 항력은 급격하게 증가된다.

4. ①

조종사는 날개의 받음각(AOA)을 변화시켜 비행기의 양력, 항력 및 비행속도를 조절할 수 있다.

5. ④

대형 제트기는 heavy, slow, clean(gear와 flaps up) 시 가장 큰 강도의 날개끝 와류(wing tip vortex)를 발생하여 심각한 비행위험을 유발한다.

6. ④

가로세로비(AR, aspect ratio) 란 날개 길이와

시위 길이의 비를 말한다.

$$AR = \frac{날개\ 길이(wing\ span)}{시위\ 길이(chord\ line)}$$

7. ②

날개면 상에 초음속 흐름이 형성되면 충격파가 발생하고 이 결과로 인하여 생기는 모든 항력을 조파항력(wave drag)이라고 한다.

8. ③

날개의 모양에 따라 실속이 먼저 발생하는 부위는 다음과 같다.

날개의 모양	초기 실속 발생 부위
직사각형 날개 (rectangular wing)	날개 뿌리(익근, wing root)
테이퍼형 날개 (taper wing)	날개 끝(익단, wing tip)
타원형 날개 (elliptic wing)	날개 길이 전체 균일
뒤젖힘 날개 (sweep back wing)	날개 끝(익단, wing tip)

9. ③

오르막 활주로(uphill runway)는 항공기의 가속을 감소시키고 이륙거리를 증가시킨다. 반대로 내리막 활주로(downhill runway)는 항공기의 가속을 증가시키고, 따라서 이륙거리를 감소시킨다.

10. ③

이용마력과 필요마력과의 차를 여유마력 또는 잉여마력이라 하며 비행기의 상승성능을 결정하는데 중요한 요소가 된다. 최대 상승률은 이용마력과 필요마력과의 차이가 최대일 때, 즉 이용마력이 최대이고 필요마력이 최소일 때 얻어진다.

11. ③

수평비행 중 연료가 소비되면 항공기 무게는 감소하기 때문에 동일한 출력을 유지하면 항공기의 속도는 증가하고, 따라서 양력도 증가한다.

12. ①

항공기 무게는 활공거리에 영향을 미치지 않는다. 다만 활공속도(glide speed)는 항공기 무게에 비례하여, 항공기 무게가 무거워지면 활공속도가 증가한다.

13. ①

날개끝 실속(wingtip stall) 방지 방법은 다음과 같다.
1. 날개의 테이퍼를 너무 크게 하지 않는다.
2. 날개 끝으로 감에 따라 받음각이 작아지도록 날개에 앞내림(washout)을 준다.
3. 날개 끝 부분에 두께비, 앞전 반지름, 캠버 등이 큰 날개골을 사용한다.
4. 날개 끝 부분의 앞전 안쪽에 슬롯(slot)을 설치한다.
5. 뒤젖힘 날개의 앞전에서부터 뒷전으로 경계층판(stall fence)을 장착한다.

14. ①

상승 선회를 하기 위하여 너무 큰 경사각을 주거나 속도를 작게 하면 비행기는 선회 중에 고도가 떨어지게 되어 선회를 하지 못한다. 그러므로 경사각을 주어 상승 선회를 할 때는 받음각을 증가시켜, 양력의 수직성분을 항공기의 중량보다 크게 해야 한다.

15. ②

안티 서보탭(anti-servo tab)은 조종면이 움직이는 방향과 같은 방향으로 움직이도록 기계적으로 연결되어 있다. 주로 스태빌레이터(stabilator)에 사용되어 공기력으로 인해 조종면이 최대 변위 위치(full-deflection position)를 벗어나지 않도록 방지하는 역할을 한다.

16. ②

정적 안정과 동적 안정의 종류는 다음과 같다.
1. 정적 안정(static stability)
 가. 정적 안정: 평형상태로부터 벗어난 뒤에 다시 평형상태로 되돌아가려는 경향
 나. 정적 불안정: 평형상태에서 벗어난 물체가 처음 평형상태로부터 더 멀어지려는 경향

다. 정적 중립: 평형상태에서 벗어난 물체가 새로운 위치에 그대로 남아 있으려는 경우
2. 동적 안정(dynamic stability)
   가. 동적 안정: 운동의 진폭이 시간이 지남에 따라 감소되는 것
   나. 동적 불안정: 운동의 진폭이 시간이 지남에 따라 커지는 것
   다. 동적 중립: 운동의 진폭이 시간이 경과되어도 변화가 없는 것

17. ②
   비행기의 가로안정(lateral stability)에 영향을 주는 요소는 다음과 같다.
   1. 날개(wing): 기하학적으로 날개의 상반각(쳐든각)은 가로안정에 가장 중요한 요소이다. 날개의 뒤젖힘각 효과(sweepback effect)도 정적 가로안정에 큰 기여를 한다.
   2. 동체
   3. 수직꼬리날개

18. ④
   제트비행기가 정상적인 순항고도 및 속도로 비행 중 더치 롤이 발생하기 전에 요 댐퍼가 고장 난 경우 고도 및 속도를 감소시켜야 한다. 더치 롤 시 요 댐퍼가 고장 난 경우, 조종사가 더치 롤을 개선하기 위하여 aileron을 사용할 것을 권고하고 있다.

19. ③
   기관 압력비(EPR; Engine Pressure Ratio)란 압축기 입구 전압력과 터빈 출구 전압력의 비를 말하며, 기관 압력비는 보통 추력에 직접 비례한다.

20. ①
   속도의 종류는 다음과 같다.
   1. 지시대기속도(IAS): 속도계에 표시되는 계기속도
   2. 수정대기속도(CAS): 지시대기속도에서 전압, 정압 계통의 장착 위치 및 계기 자체의 오차를 수정한 속도
   3. 등가대기속도(EAS): 수정대기속도에 공기의 압축성 효과를 고려한 속도
   4. 진대기속도(TAS): 등가대기속도에서 공기의 밀도(외기온도)를 보정한 속도, 수정대기속도에 비표준 기압 및 기온을 수정한 속도

21. ④
   자이로를 고속으로 회전시키기 위한 힘은 진공압력(vacuum pressure)과 전기를 이용한다. 진공 압력을 발생시키는 진공펌프는 주로 자세계(attitude indicator)와 방향지시계의 자이로(directional gyro)를 회전시키고, 선회계(turn coordinator)의 자이로는 전기를 이용하여 회전시킨다.

22. ①
   프로펠러 효율(propeller efficiency)이란 엔진으로부터 프로펠러에 전달된 축 동력인 제동마력에 대한 프로펠러의 출력인 추력마력(추진마력)의 비를 말한다.

23. ②
   지면효과는 상향흐름(upwash), 하향흐름(downwash) 및 날개끝 와류(wingtip vortex) 모두의 감소를 가져온다. 또한 지면효과로 인해 하향흐름과 날개끝 와류가 감소하면 유도항력이 감소한다.

24. ③
   프로펠러 항공기의 토크 효과(torque effect)는 프로펠러가 한쪽 방향으로 회전함에 따라 그와 동일한 회전 모멘트가 반대쪽 방향으로 동체에 적용되는 것을 말한다. 이러한 모멘트의 강도는 엔진의 크기 및 마력, 프로펠러의 크기 및 rpm, 비행기의 크기, 그리고 지면의 상태 등의 변수에 좌우된다.

25. ①
   Reverted rubber hydroplaning은 젖은 활주로에 접지 시 마찰력으로 물이 끓어 타이어(tire)

를 녹이고, 이 유액이 타이어 홈을 메워 물을 확산시키지 못함으로써 발생하는 수막현상이다. 주로 과도한 브레이크압 사용으로 인해 바퀴가 회전하지 않는 채로 오랜 시간 미끄러질 때 발생한다.

항공종사자 자격증명시험 제12회 모의고사

자격분류명	자격명	과목명	시험시간	문제수	성 명	점 수
항공종사자 자격증명	조종사	비행이론	30분	25문항		

1. 다음 중 베르누이의 정리를 옳게 설명한 것은?
   ① 유체의 속도가 증가하면 압력은 감소한다.
   ② 유체의 속도가 증가하면 압력은 증가한다.
   ③ 유체의 속도가 증가하면 동압은 감소한다.
   ④ 유체의 속도가 증가하더라도 압력은 항상 일정하다.

2. 층류 경계층 및 난류 경계층에 대한 설명으로 틀린 것은?
   ① 층류에서 난류로 바뀌는 임계 레이놀즈 수는 일정하다.
   ② 층류보다 난류가 표면과 마찰이 크다.
   ③ 층류보다 난류의 속도가 빠르다.
   ④ 층류보다 난류 경계층이 더 두껍다.

3. 다음 그림에서 mean camber line은?

   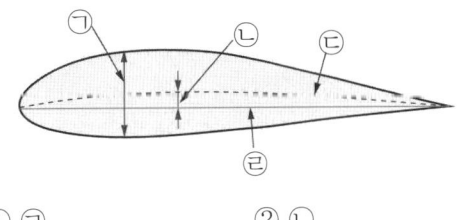

   ① ㄱ   ② ㄴ
   ③ ㄷ   ④ ㄹ

4. 항공기의 날개가 C_{LMAX}이 발생하는 받음각을 지나면 양력과 항력은 어떻게 되는가?
   ① 양력 증가, 항력 증가
   ② 양력 증가, 항력 감소
   ③ 양력 감소, 항력 증가
   ④ 양력 감소, 항력 감소

5. 비행기 날개의 설계에 있어서 직선날개와 비교하여 후퇴날개의 장점은?
   ① 날개 안쪽보다 날개 바깥쪽에서 실속이 먼저 발생한다.
   ② 임계 마하수를 현격하게 크게 할 수 있다.
   ③ 공기 압축성으로 인한 힘의 크기를 크게 변화시킬 수 있다.
   ④ 공기 압축효과를 증대시킬 수 있다.

6. 유도항력에 대한 다음 설명 중 맞는 것은?
   ① 속도가 증가하면 유도항력은 감소한다.
   ② 속도가 증가하면 유도항력도 증가한다.
   ③ 유도항력과 속도와는 관계가 없다.
   ④ 받음각이 증가하면 유도항력은 감소한다.

7. Rectangular wing은 어느 부분부터 실속이 발생하는가?
   ① Wing tip   ② Wing root
   ③ Wing 전체   ④ Wing leading edge

8. 다음 중에서 어느 형태의 플랩이 가장 큰 양력 변화를 발생하는가?
   ① Plain flap   ② Split flap
   ③ Fowler flap   ④ Slotted flap

9. 수평비행 상태에서 추력이 항력보다 크면?
   ① 일정한 속도를 유지한다.
   ② 증속한다.
   ③ 감속한다.
   ④ 상승한다.

10. 실용상승한도는?
    ① 상승률이 0 FPM이 되었을 때의 고도
    ② 상승률이 20 FPM이 되었을 때의 고도
    ③ 상승률이 50 FPM이 되었을 때의 고도
    ④ 상승률이 100 FPM이 되었을 때의 고도

11. 다음 중 stall speed의 증가 요인은?
    ① 비행고도 감소   ② 항공기 무게 증가
    ③ 하중계수 감소   ④ 공기압력 증가

12. 활공각을 줄이기 위한 방법으로 맞는 것은?
① 항공기 속도를 증가시킨다.
② 항공기 속도를 감소시킨다.
③ 양항비를 최소로 한다.
④ 양항비를 최대로 한다.

13. Spin에 대한 설명 중 맞는 것은?
① 완전실속 이후에 상향 및 하향 두 날개가 실속상태에서 벗어나지 못하고 나선 강하한다.
② 완전실속 이후에 상향날개는 실속상태에서 벗어나면서 약간의 양력이 발생하고 나선 강하한다.
③ 부분실속 이후에 상향날개는 실속상태에서 벗어나면서 양력이 발생하고, 하향날개는 실속상태에서 벗어나지 못하고 나선 강하한다.
④ 부분실속 이후에 실속상태의 날개가 실속상태에서 벗어나지 못하고 나선 강하한다.

14. 일정한 경사각으로 수평 선회비행 시 비행기의 속도가 증가하였다면 하중계수와 선회반경은?
① 하중계수는 증가하고 선회반경은 감소한다.
② 하중계수는 감소하고 선회반경은 증가한다.
③ 하중계수는 동일하고 선회반경은 증가한다.
④ 하중계수와 선회반경 모두 증가한다.

15. 중량 30,000 kg의 항공기가 60° bank angle로 선회를 할 때 날개에 걸리는 하중은?
① 60,000 kg ② 45,000 kg
③ 30,000 kg ④ 15,000 kg

16. 비행기의 primary flight control은?
① Flap, Elevator, Rudder
② Aileron, Flap, Rudder
③ Aileron, Elevator, Flap
④ Aileron, Elevator, Rudder

17. 프로펠러가 한 번 회전할 때 앞으로 전진하는 실제 거리는?
① Geometric pitch ② Relative pitch
③ Effective pitch ④ Resultant pitch

18. Absolute ceiling 이상의 고도에서 비행을 하다가 엔진이 하나 고장이 났다면, 그 이상의 고도에서 비행을 하기 위해 유지해야 하는 속도는?
① Vxse ② Vyse
③ Vsse ④ Va

19. Wing drop 이란?
① 충격파의 발생으로 양력이 상실되어 항공기가 급격히 강하하는 현상
② 천음속 영역에서 도움날개의 효과가 변화하는 현상
③ 한쪽 날개에 충격파가 발생하여 항공기가 갑자기 기울어지는 현상
④ 후퇴날개 항공기가 횡풍 중에 착륙 시 바람이 부는 쪽의 날개가 올라가서 기수가 떨리는 현상

20. Compressor stall 시 회복방법으로 적합한 것은?
① Power를 늘리고 비행기의 받음각을 감소시켜 속도를 증가시킨다.
② Power를 늘리고 비행기의 받음각을 증가시켜 속도를 감소시킨다.
③ Power를 줄이고 비행기의 받음각을 증가시켜 속도를 감소시킨다.
④ Power를 줄이고 비행기의 받음각을 감소시켜 속도를 증가시킨다.

21. Turboprop 항공기 착륙 시 reverse pitch는 언제 사용해야 하는가?
① 접지 후 바로 사용한다.
② 접지하기 바로 전에 사용한다.
③ Brake를 밟기 전에 사용한다.
④ Roll-out 시 사용한다.

22. V_1에 대한 설명 중 잘못된 것은?
① Critical engine failure speed 이다.
② V_1은 max tire limit speed보다 크다.
③ 이 이상의 속도에서 정상적인 이륙이 가능하다.
④ 이륙을 위한 결심속도이지 참고속도가 아니다.

23. Pitot tube가 막혔을 때 속도계의 지시는? (drain hole, static port는 정상)
① 속도가 점점 "0"으로 떨어진다.
② 고도계처럼 작동한다.
③ 현재 지시속도 그대로 멈춘다.
④ 영향을 받지 않는다.

24. 극단적으로 후방 CG인 항공기의 특성으로 올바른 것은?
① 순항성능이 감소한다.
② 실속속도가 증가한다.
③ 이륙거리가 길어진다.
④ Stall recovery가 힘들다.

25. 다음 설명 중 틀린 것은?
① 공력중심과 CG가 같으면 정적 안정성은 평형이다.
② 공력중심이 CG 앞에 있으면 정적으로 불안정하다.
③ 날개는 안정성과 관련이 없다.
④ 공력중심은 받음각과 관련이 없다.

제12회 정답 및 해설

문제	1	2	3	4	5
정답	①	①	③	③	②
문제	6	7	8	9	10
정답	①	②	③	②	④
문제	11	12	13	14	15
정답	②	④	②	③	①
문제	16	17	18	19	20
정답	④	③	②	③	④
문제	21	22	23	24	25
정답	①	②	①	④	③

1. ①
베르누이 정리는 정상흐름의 경우에 정압과 동압을 합한 결과가 항상 일정하다는 것을 나타낸다. 따라서 어느 한 점에서 유체의 속도가 빨라지면 동압은 증가하고, 그 곳에서의 정압(단순히 압력이라고 할 때 이때의 압력은 정압을 의미한다)은 감소한다.

2. ①
유체의 밀도를 ρ, 유체의 속도를 V, 시위 길이를 L, 그리고 점성계수를 μ라고 하면 레이놀즈 수(R_e)를 구하는 식은 다음과 같다.

$$R_e = \frac{\rho V L}{\mu}$$

식과 같이 레이놀즈 수는 유체의 밀도, 속도와 시위 길이에 비례하며, 점성계수에 반비례한다. 따라서 층류에서 난류로 바뀌는 임계 레이놀즈 수는 항공기 형상이 동일하더라도 공기 밀도와 항공기 속도에 따라 변한다.

3. ③
문제의 날개꼴 그림에서 ㉠은 최대 두께, ㉡은 캠버(camber), ㉢은 평균 캠버선(mean camber line), 그리고 ㉣은 시위선(chord line)을 나타낸다.

4. ③
받음각에 따른 양력계수와 항력계수의 변화는 다음과 같다.
1. 받음각을 증가시키면 거의 직선적으로 양력계수가 증가하여 실속각(stalling angle)에서 최대양력계수(C_{Lmax})가 발생한다.
2. 실속각을 넘으면 양력계수는 급격히 감소하고 항력계수는 급격히 증가한다.

5. ②
직선날개와 비교하여 후퇴날개는 임계 마하수를 현격하게 크게 할 수 있으므로 충격파의 발생을 지연시킬 수 있다.

6. ①
비행기 속도가 감소하거나, 항공기 중량이 증가함에 따라 수평비행을 유지하기 위해 필요한 받음각은 더 커지기 때문에 유도항력은 유해항력보다 크게 증가한다. 유도항력의 전체적인 양은 대기속도의 제곱에 반비례하여 비행속도가 증가하면 유도항력은 감소한다.

7. ②

직사각형 날개(rectangular wing)는 받음각을 크게 할수록 날개 뿌리(wing root) 부분에서 먼저 실속이 일어난다.

8. ③

문제 보기의 뒷전 플랩 중에서는 파울러 플랩(fowler flap)이 가장 효율이 좋아서 가장 큰 양력변화를 발생시킨다. 이어서 슬롯 플랩(slotted flap), 스플릿 플랩(split flap), 단순 플랩(plain flap) 순으로 효율이 좋다.

9. ②

양력, 중력 및 추력 및 항력과의 관계에 따른 비행상태는 다음과 같다.

작용하중	양력(L), 중력(W)	추력(F), 항력(D)
비행 상태	$L = W$; 수평비행 $L > W$; 상승비행 $L < W$; 하강비행	$F = D$; 등속비행 $F > D$; 가속비행 $F < D$; 감속비행

10. ④

상승한계(상승한도)에 따른 상승률은 다음과 같다.

상승한계	상승률
절대상승한계 (absolute ceiling)	0 ft/min
실용상승한계 (service ceiling)	100 ft/min(0.5 m/sec)
운용상승한계 (operation ceiling)	500 ft/min(2.5 m/sec)

11. ②

실속속도(stall speed)에 영향을 미치는 요소는 다음과 같다.
1. 실속속도는 항공기 무게에 비례하고, 공기의 밀도(압력), 날개 면적 및 최대양력계수에 반비례한다.
2. 비행 중 항공기가 하중배수(하중계수)를 받는 가속도 운동을 한다면, 실속속도는 하중배수(하중계수)의 제곱근에 비례한다.

12. ④

멀리 활공하려면 활공각이 작아야 한다. 활공각과 양항비는 반비례하기 때문에 활공각을 줄이기 위해서는 양항비를 최대로 하여야 멀리 활공할 수 있다.

13. ②

스핀(spin)이란 자동회전과 수직강하가 조합된 비행이다. 완전실속 이후에 하향날개의 받음각은 상향날개의 받음각보다 커져 양력이 작아지고, 반대로 상향날개는 양력이 증가하여 계속 회전시키려는 힘이 발생하며 나선 강하하게 된다.

14. ③

선회비행 시의 하중계수는 선회경사각에 의해서만 영향을 받으며, 비행속도와는 관계가 없다. 비행속도가 증가하면 선회반경은 증가한다.

15. ①

중량 30,000 kg의 항공기가 bank angle 60°로 정상선회를 할 때 하중배수(n)는

- $n = \dfrac{L}{W} = \dfrac{1}{\cos\phi} = \dfrac{1}{\cos 60°} = 2$

∴ 하중배수가 2라는 것은 날개에 중량의 2배의 하중이 작용한다는 의미이므로, 중량 30,000 kg의 항공기 날개에는 60,000 kg의 하중이 걸린다.

16. ④

조종계통(flight control)을 구분하면 다음과 같다.
1. 주 조종계통(primary control) : 도움날개(aileron), 승강키(elevator), 방향키(rudder)
2. 보조 조종계통(secondary control) : 고양력장치, 스포일러(spoiler), 탭(tab)

17. ③

프로펠러 피치(propeller pitch)를 구분하면 다음과 같다.
1. 기하학적 피치(geometric pitch) : 깃을 한 바

퀴 회전시켜 프로펠러가 앞으로 전진할 수 있는 이론적 거리
2. 유효 피치(effective pitch): 공기 중에서 프로펠러가 1회전 할 때 실제로 전진하는 거리

18. ②
V_{YSE}(Best rate of climb speed with one engine inoperative)는 엔진 하나가 작동되지 않을 때 가장 짧은 시간 내에 최대 상승이 가능한 속도로서, 엔진 정지 운용 중 모든 상승에서 활용되는 속도이다. Single-engine absolute ceiling 이상의 고도에서 하나의 엔진에 고장이 발생하면 V_{YSE}를 유지해야 한다.

19. ③
날개 드롭(wing drop)이란 비행기가 수평비행이나 급강하로 속도를 증가하여 천음속 영역에 도달하게 되면, 한쪽 날개가 충격실속을 일으켜서 갑자기 양력을 상실하여 급격한 옆놀이를 일으키는 현상을 말한다.

20. ④
조종사는 압축기 실속(compressor stall)이 발생하면 이를 회복하기 위해서 즉시 throttle을 감소시켜 power를 줄이고, 비행기의 받음각을 감소시켜 대기속도를 증가시켜야 한다.

21. ①
터보 프롭 항공기의 착륙 접지 직후에 프로펠러를 역피치(reverse pitch)로 하여 추진력을 뒤쪽으로 향하게 함으로써 제동효과를 증가시켜 착륙거리를 단축시킨다.

22. ②
V_1(이륙결심속도, Takeoff Decision Speed)은 항공기가 이륙 활주 중에 장비된 엔진 중 한 대가 고장인 경우 이륙을 할 것인가 또는 중지할 것인가를 결정하기 위해 설정된 속도이다. 임계점 속도(critical engine speed, critical engine failure speed) 또는 단념 속도(refusal speed)라고도 한다.

〔참고〕 V_1 speed는 max tire limit speed와는 직접적인 관련이 없다.

23. ①
Pitot system이 막히고 static system은 정상인 경우 속도계는 다음과 같이 지시한다.

Pitot System		속도계
Pitot Tube (ram air)	Drain Hole	
Close	Open	서서히 "0"으로 감소
Close	Close	수평비행 시 - 일정 상승비행 시 - 증가 강하비행 시 - 감소
Close	Open	상승비행 시 - 감소 강하비행 시 - 증가

24. ④
무게중심의 위치가 후방에 있는 경우 다음과 같은 성능변화가 발생된다.
1. 전반적으로 안정성이 감소되며 과도한 비행조작(over control)으로 인한 과응력(overstress)을 초래할 수 있다.
2. 실속속도는 낮아지지만 실속/스핀에 진입하기 쉬우며, 진입할 경우 회복이 어려울 수 있다.
3. 순항성능은 좋아진다.

25. ③
세로 안정성을 좋게 하기 위한 방법은 다음과 같다.
1. 무게중심(CG)이 날개의 공기역학적 중심(공력중심)보다 앞에 위치할수록 안정성이 좋아진다.
2. 날개가 무게중심보다 높은 위치에 있을 때 안정성이 좋아진다.

항공종사자 자격증명시험 제13회 모의고사					성 명	점 수
자격분류명	자격명	과목명	시험시간	문제수		
항공종사자 자격증명	조종사	비행이론	30분	25문항		

1. 지표면이 표준기압일 때, 대기압이 해면기압의 1/2로 감소되는 고도는?
   ① 8,000 피트
   ② 10,000 피트
   ③ 15,000 피트
   ④ 18,000 피트

2. 레이놀즈수에 대한 설명 중 틀린 것은?
   ① 레이놀즈수가 작으면 흐름은 층류이다.
   ② 층류에서 난류로 변할 때의 레이놀즈수를 임계 레이놀즈수라 한다.
   ③ 레이놀즈수는 공기 흐름의 관성력 대 점성력의 비로 표시한다.
   ④ 공기 흐름의 속도가 빠르면 레이놀즈수는 작아진다.

3. 조파항력을 줄이기 위한 날개의 모양으로 적합한 것은?
   ① 날개의 두께를 두껍게 한다.
   ② 날개의 모양을 뭉툭하게 한다.
   ③ Leading edge를 뾰족하게 한다.
   ④ 최대 두께를 날개의 전방에 위치시킨다.

4. 받음각(AOA)이 0°일 때, 전형적인 항공기 날개에서 날개 윗면의 공기 압력은?
   ① 주변의 대기압과 같다.
   ② 주변의 대기압보다 높다.
   ③ 주변의 대기압보다 낮다.
   ④ 날개 아랫면의 공기 압력과 같다.

5. 날개의 붙임각(incidence angle) 이란?
   ① 기축선과 날개의 시위선이 이루는 각도
   ② 날개의 시위선과 무양력받음각이 이루는 각도
   ③ 세로축과 항공기의 진행방향이 이루는 각도
   ④ 날개의 시위선과 항공기의 진행방향이 이루는 각도

6. 항공기 총중량이 증가하면 유도항력과 유해항력은?
   ① 유도항력은 증가하고 유해항력은 감소한다.
   ② 유도항력은 감소하고 유해항력은 증가한다.
   ③ 유도항력은 유해항력보다 크게 증가한다.
   ④ 유도항력은 유해항력보다 크게 감소한다.

7. Aspect ratio가 클 때 양력과 유도항력의 관계로 맞는 것은?
   ① 양력 감소, 유도항력 감소
   ② 양력 증가, 유도항력 감소
   ③ 양력 감소, 유도항력 증가
   ④ 양력 증가, 유도항력 증가

8. 수평비행 중 최대 양항비를 얻을 수 있는 항공기 속도는?
   ① 유해항력이 최소인 속도
   ② 유도항력이 최소인 속도
   ③ 유해항력이 유도항력의 2배인 속도
   ④ 유해항력과 유도항력이 동일한 속도

9. 날개 전면부에 설치되며, 큰 받음각에서 날개 밑면의 흐름을 윗면으로 유도하여 흐름의 떨어짐을 지연시키는 고양력 장치는?
   ① Slot
   ② Drooped leading edge
   ③ Kruger flap
   ④ Fowler flap

10. 비행기가 상승하려면 어느 조건이 만족되어야 하는가?
    ① 이용마력 > 필요마력
    ② 이용마력 = 필요마력
    ③ 이용마력 < 필요마력
    ④ 이용마력 ≤ 필요마력

11. 프로펠러 비행기에서 최대항속거리를 얻기 위한 비행속도는?
   ① 최대 양항비와 동등한 속도
   ② 최대 양항비보다 낮은 속도
   ③ 유도항력이 유해항력의 2배가 되는 속도
   ④ 유도항력이 유해항력의 1/2이 되는 속도

12. 배풍 시 최대활공거리를 얻기 위해서는?
   ① 현재 속도를 유지한다.
   ② 속도를 감소시킨다.
   ③ 속도를 증가시킨다.
   ④ 최대활공거리와 속도는 관계가 없다.

13. 실속 진입 시 조종면의 효율이 상실되는 순서는?
   ① Elevator - Aileron - Rudder
   ② Elevator - Rudder - Aileron
   ③ Aileron - Elevator - Rudder
   ④ Aileron - Rudder - Elevator

14. 정상 선회비행에 대한 설명 중 틀린 것은?
   ① 원심력은 항공기 속도의 제곱에 비례한다.
   ② 원심력은 항공기 중량에 비례한다.
   ③ 선회반경이 1/2로 작아지면 원심력은 4배 증가한다.
   ④ 속도가 2배 커지면 선회반경은 4배 증가한다.

15. 선회 진입 시 adverse yaw가 발생하는 원인으로 맞는 것은?
   ① 내려간 날개는 양력 감소, 유도항력 증가
   ② 내려간 날개는 양력 증가, 유도항력 증가
   ③ 올라간 날개는 양력 감소, 유도항력 증가
   ④ 올라간 날개는 양력 증가, 유도항력 증가

16. 다음 중 가로 안정성을 증가시키기 위한 것은?
   ① 상반각을 준다.
   ② Dorsal fin을 부착한다.
   ③ Spoiler를 부착한다.
   ④ Winglet을 부착한다.

17. Servo tab에 대한 설명으로 맞는 것은?
   ① 조종면이 움직이는 방향과 같은 방향으로 움직이도록 기계적으로 연결되어 있다.
   ② 조종석의 조종장치와 직접 연결되어 조종면이 움직이는 방향과 반대로 움직인다.
   ③ 조종면과 같은 방향으로 움직여 조종력을 "0"으로 만들어 준다.
   ④ 조종면과 반대로 움직이고 stabilator에 주로 장착되어 최대 조종면 위치의 이탈을 방지한다.

18. Tuck under를 방지하기 위한 장치는?
   ① Yaw damper   ② Mach trimmer
   ③ Vortilon   ④ Rudder limiter

19. 가스터빈엔진의 추력을 증가시키는 장치는?
   ① Thrust reverser, Noise suppression
   ② After burner, Noise suppression
   ③ Thrust reverser, Water injection
   ④ After burner, Water injection

20. Constant-speed propeller에서 최대 추력을 얻기 위하여 pitch와 RPM은 각각 어떻게 setting 하여야 하는가?
   ① High pitch, high RPM
   ② High pitch, low RPM
   ③ Low pitch, high RPM
   ④ Low pitch, low RPM

21. 속도계에서 green arc 하한의 속도는?
   ① V_{S0} ② V_{S1}
   ③ V_{NE} ④ V_{NO}

22. 총무게 4,000 lbs인 항공기의 무게중심이 STA 120.8에 위치한다. STA 140에 적재된 200 lbs의 화물을 STA 40으로 이동하였다면 새로운 무게중심(CG)의 위치는?
   ① STA 114. 2   ② STA 115.8
   ③ STA 117. 6   ④ STA 121.3

23. 속도 Vg의 정의로 맞는 것은?
① Best Glide Speed
② Maneuvering Speed
③ Best Angle of Climb Speed
④ Minimum Unstick Speed

24. 지면효과 고도 밖에서와 동일한 크기의 받음각을 가지고 지면효과 지역으로 진입할 때, 양력과 항력의 관계를 바르게 설명한 것은?
① 양력은 변하지 않고 항력만 감소한다.
② 양력은 증가하고 유해항력은 감소한다.
③ 항력은 변하지 않고 양력만 증가한다.
④ 양력은 증가하고 유도항력은 감소한다.

25. 항공기 main landing gear의 tire pressure가 36 psi 이다. Dynamic hydroplaning 현상이 발생할 수 있는 속도는?
① 42~44 knots   ② 47~49 knots
③ 52~54 knots   ④ 58~60 knots

제13회 정답 및 해설

문제	1	2	3	4	5
정답	❹	❹	❸	❸	❶
문제	6	7	8	9	10
정답	❸	❷	❹	❶	❶
문제	11	12	13	14	15
정답	❶	❷	❸	❸	❹
문제	16	17	18	19	20
정답	❶	❷	❷	❹	❸
문제	21	22	23	24	25
정답	❷	❷	❶	❹	❸

1. ④
대기압은 고도 10,000 ft까지 1,000 ft 당 약 1 inHg의 비율로 감소하며 18,000 ft에서의 대기압은 해면 대기압의 약 1/2 이다.

2. ④
공기 흐름의 속도를 V, 앞전으로부터의 거리를 L, 그리고 동점성계수를 ν라고 하면 레이놀즈수(R_e)를 구하는 식은 다음과 같다.

$$R_e = \frac{VL}{\nu}$$

식과 같이 레이놀즈수는 공기 흐름의 속도에 비례하며, 흐름 속도가 빨라지면 레이놀즈수는 커진다.

3. ③
초음속 흐름에서 충격파로 인하여 발생하는 조파항력(wave drag)을 최소화하기 위해서 초음속 날개골의 앞전은 뾰족하게 하고, 두께는 가능한 범위 내에서 얇게 해야 한다.

4. ③
캠버가 있는 일반적인 날개골, 즉 비대칭형인 전형적인 항공기 날개에서는 받음각이 0°이더라도 날개 윗면의 공기 압력은 주변의 대기압보다 낮다.

5. ①
날개의 붙임각(incidence angle)이란 기축선인 기체의 세로축과 날개의 시위선이 이루는 각으로, 취부각이라고도 한다.

6. ③
항공기 속도가 감소하거나, 항공기 총중량이 증가함에 따라 수평비행을 유지하기 위해 필요한 받음각은 더 커지기 때문에 유도항력은 유해항력보다 크게 증가한다. 유도항력의 전체적인 양은 대기속도의 제곱에 반비례하여 항공기 속도가 증가하면 유도항력은 감소한다.

7. ②
유도항력(D_i)은 아래 식과 같이 양력계수(C_L)의 제곱에 비례하고, 가로세로비(AR)에 반비례한다.
$$D_i \propto \frac{C_L^2}{AR}$$
따라서 가로세로비(aspect ratio)가 크면 양력은 증가하고 유도항력은 감소한다.

8. ④
수평비행 중 유해항력과 유도항력이 동일한 속도로 비행할 때 전체항력은 최소가 된다. 즉 이 비행상태에서 양항비가 최대인 속도를 얻을 수 있다.

9. ①
슬롯(slot)과 슬랫(slat)은 날개 전면부에 설치되는 앞전 플랩이다. 날개 앞전에 틈을 만들어 큰 받음각 일 때 밑면의 흐름을 윗면으로 유도하여 흐름의 떨어짐을 지연시켜서, 실속이 일어나지 않고 큰 받음각을 얻을 수 있도록 한다.

10. ①
이용마력과 필요마력과의 차를 여유마력 또는 잉여마력이라 하며 비행기의 상승성능을 결정하는데 중요한 요소가 된다. 비행기가 상승하려면 여유마력이 "0"보다 커야 한다. 즉 이용마력이 필요마력보다 커야 한다.

11. ①
최대항속거리(maximum range)를 얻기 위한 비행속도는 다음과 같다.
1. 프로펠러 비행기: 양항비가 최대(L/Dmax)인 속도
2. 제트 비행기: 양항비가 최대(L/Dmax)인 속도보다 약간 빠른 속도

12. ②
강한 정풍 상태에서는 최대활공속도보다 조금 빠르게 비행하고, 반대로 강한 배풍 상태에서는 최대활공속도보다 조금 느리게 비행함으로써 최대활공거리를 얻을 수 있다.

13. ③
실속에 진입하면 가장 먼저 aileron의 효율이 상실되고, 다음에 elevator, 그리고 마지막으로 rudder의 효율이 상실된다.

14. ③
비행기의 무게를 W, 선회속도를 V, 선회반경을 R, 그리고 중력가속도를 g라 하면, 원심력은

$$원심력 = \frac{W}{g} \frac{V^2}{R}$$

식과 같이 원심력은 선회반경에 반비례한다. 따라서 선회반경이 1/2로 작아지면 원심력은 2배 증가한다.

15. ④
선회 진입 시 선회축 안쪽의 내려간 날개의 양력은 감소(유도항력 감소)하고, 바깥쪽의 올라간 날개의 양력은 증가(유도항력 증가)하기 때문에 도움날개의 역작용인 역 빗놀이(adverse yaw)가 발생한다.

16. ①
비행기의 가로안정(lateral stability)에 영향을 주는 요소는 다음과 같다.
1. 날개(wing): 기하학적으로 날개의 상반각(쳐든각)은 가로안정에 가장 중요한 요소이다. 날개의 뒤젖힘각 효과(sweepback effect)도 정적 가로안정에 큰 기여를 한다.
2. 동체
3. 수직꼬리날개

17. ②
서보 탭(servo tab)은 조종석의 조종장치와 직접 연결되어 탭만 작동시켜 조종면을 움직이도록 설계된 탭이다. 탭이 위로 올라가거나 아래로 내려가면 탭에 작용하는 공기력 때문에 조종면은 이와 반대 방향으로 움직이게 된다.

18. ②
음속에 가까운 속도로 비행을 할 때 속도를 증가시키면 기수가 오히려 내려가는 경향이 생기므로 조종간을 당겨야 하는데, 이와 같이 기수가 내려가는 경향과 조종력의 역작용 현상을 턱 언더(tuck under)라 한다. 턱 언더는 조종사에 의해서 수정하기가 어려우므로 마하 트리머(mach trimmer)를 설치하여 자동적으로 수정할 수 있게 한다.

19. ④

가스터빈엔진의 추력증가장치는 다음과 같다.
1. 후기 연소기(after burner): 터빈을 통과한 고온의 배기가스와 2차 연소영역에서 나온 연소 가능한 공기와 연료를 혼합한 것을 다시 연소시켜 추력을 증가시키는 장치
2. 물분사 장치(water injection): 압축기 입구와 출구의 디퓨저 부분에 물이나 물-알코올의 혼합액을 분사함으로써 이륙할 때 출력을 증가시키는 장치

20. ③

이륙하는 동안 최대출력과 추력이 요구될 때, 정속 프로펠러는 작은 깃각(저피치)으로 설정된다. 작은 하중 때문에 엔진은 고회전하게 되고 추력은 최대가 된다.

21. ②

대기속도계에서 녹색 호선(green arc)은 안전운용 범위를 나타내며, 하한과 상한이 의미하는 것은 다음과 같다.
1. 녹색 호선의 하한 (V_{S1}): 특정 configuration에서의 실속속도 또는 최소비행유지속도(minimum steady flight speed)
2. 녹색 호선의 상한 (V_{NO}): 최대구조순항속도로 항공기에 구조적 손상을 끼치지 않는 최대속도

22. ②

• $\Delta CG = \dfrac{\text{옮긴 물체의 무게} \times \text{옮긴 물체의 이동거리}}{\text{항공기 총무게}}$

$= \dfrac{200 \times -(140-40)}{4000} = -5$

∴ 따라서 새로운 무게중심의 위치는
  $120.8 - 5 = 115.8$

23. ①

V_G는 최대활공속도(Best Glide Speed)이다.

24. ④

지면효과로 인해 날개끝 와류가 감소하면 유도항력이 감소한다. 그리고 받음각을 일정하게 유지한 상태로 지면효과 내에 진입할 경우 양력계수는 커지게 된다.

25. ③

수막현상이 발생하는 최소속도(minimum hydroplaning speed)를 V_H(knots)라고 하면,
∴ $V_H = 9 \times \sqrt{\text{Tire Pressure}} = 9 \times \sqrt{36}$
  $=$ 약 54 knots

별 표		주요 공식 23선	
순번	항목	공식	공식 설명
1	베르누이 정리	$P + \dfrac{1}{2}\rho V^2 = 일정$	P; 정압, ρ; 공기의 밀도, V; 유체의 속도
2	레이놀즈 수(R_e)	$R_e = \dfrac{관성력}{점성력} = \dfrac{VL}{\nu}$	ν; 동점성계수, V; 유체의 속도 L; 앞전으로부터의 거리
3	마하수(Ma)	$Ma = \dfrac{V}{C}$	V; 비행체의 속도, C; 음속
4	양력(L), 항력(D)	$L = C_L \dfrac{1}{2}\rho V^2 S$ $D = C_D \dfrac{1}{2}\rho V^2 S$	C_L; 양력계수, C_D; 항력계수, ρ; 공기의 밀도 V; 비행속도, S; 날개의 면적
5	가로세로비(AR)	$AR = \dfrac{b}{c} = \dfrac{b \times b}{c \times b} = \dfrac{b^2}{S}$	b; 날개 길이(wing span), c; 시위 길이(chord) S; 날개의 면적
6	테이퍼비(λ)	$\lambda = \dfrac{C_t}{C_r}$	C_r; 날개 뿌리 시위, C_t; 날개 끝 시위
7	유도항력계수(C_{Di})	$C_{Di} = \dfrac{C_L^2}{\pi e AR}$	C_L; 양력계수, e; 스팬 효율계수, AR; 가로세로비
8	여유마력(잉여마력)	여유마력 $= P_a - P_r$	P_a; 이용마력, P_r; 필요마력
9	활공비	활공비 $= \dfrac{활공거리}{활공고도}$	
10	활공각(θ)	$\tan\theta = \dfrac{D}{L} = \dfrac{C_D}{C_L}$	θ; 활공각, L; 양력, D; 항력, C_L; 양력계수 C_D; 항력계수
11	이륙거리(S_W)	$S_W = S_0 \left(1 + \dfrac{V_W}{V_T}\right)^2$ [∴ 정풍 시 "$-$", 배풍 시 "$+$" 기호 적용]	S_0; 무풍 시의 이륙거리, V_T; 비행기의 이륙속도 V_W; 풍속
12	착륙거리(S_2)	$S_2 = S_1 \cdot \dfrac{W_2}{W_1}$	S_1; 항공기 무게가 W_1 일 때의 착륙거리 S_2; 항공기 무게가 W_2 일 때의 착륙거리 W_1, W_2; 각 항공기 무게
13	실속속도(V_{sn})	$V_{sn} = \sqrt{n} \times V_s$	n; 하중배수, V_s; 정상비행 시 실속속도
14	선회비행 시 실속속도(V_{ts})	$V_{ts} = \dfrac{V_s}{\sqrt{\cos\phi}}$	ϕ; 선회경사각, V_s; 직선 수평 비행 때의 실속속도
15	선회반경(R)	$R = \dfrac{V^2}{g\tan\phi}$	g; 중력가속도, ϕ; 선회경사각, V; 선회속도
16	원심력(CF)	$CF = \dfrac{W}{g} \cdot \dfrac{V^2}{R}$	g; 중력가속도, R; 선회반경, W; 항공기 무게 V; 선회속도
17	선회율	선회율 $= \dfrac{g\tan\phi}{V}$	V; 선회속도, g; 중력가속도, ϕ; 선회경사각
18	하중배수(n)	$n = \dfrac{L}{W} = \dfrac{1}{\cos\phi}$	W; 항공기 무게, L; 양력, ϕ; 선회경사각
19	힌지 모멘트(H)	$H = C_h \cdot q \cdot b \cdot \overline{C}^2$	C_h; 힌지 모멘트 계수, q; 동압, b; 조종면의 폭 $\overline{C}$; 조종면의 평균 시위

순번	항 목	공 식
20	무게중심(CG)	무게중심 = $\dfrac{총\ 모멘트}{총\ 무게}$
21		무게중심의 변화량(ΔCG) = $\dfrac{옮긴\ 물체의\ 무게 \times 옮긴\ 물체의\ 이동거리}{항공기\ 총무게}$
22		옮겨야 할 물체의 거리 = $\dfrac{총무게 \times 무게중심의\ 변화(\Delta CG)}{옮겨야\ 할\ 물체의\ 무게}$
23	수막현상 발생속도 (V_H)	$V_H = 8.73(약\ 9) \times \sqrt{\text{Tire Pressure}}$

자가용/사업용/운송용 조종사를 위한

비행이론 필기

1판 1쇄 발행	2022년 8월 10일
2판 1쇄 발행	2024년 3월 20일
2판 2쇄 발행	2024년 10월 21일
2판 3쇄 발행	2026년 1월 2일

지은이 | 편집부
펴낸이 | 김명선
펴낸곳 | 항공출판사
등 록 | 2022. 7. 4(제25100-2022-000042호)
주 소 | 경기도 부천시 소사구 경인로 605
문 의 | 항공출판사 네이버 카페(https://cafe.naver.com/aerobooks)

정 가 18,000원
ISBN 979-11-979475-1-3 93550

※ 항공출판사의 서면 동의 없이 이 책을 무단 복사, 복제, 전재하는 것은 저작권법에 저촉됩니다.
※ 파손된 책은 구입한 곳에서 교환해 드립니다.

Copyright©2022 aviation books. All rights reserved.